国家自然科学基金项目（批准号：71263056）
云南省防灾减灾智库（云南省重点培育智库）
云南省高校巨灾风险评估科技创新团队
云南省高校灾害风险管理重点实验室

农业巨灾风险保障体系及实施难点研究

The Research on Security System and Implementation Difficulties of Agriculture Catastrophic Risk

钱振伟　张　艳　赵　丽　著

U0313605

科学出版社

北　京

内 容 简 介

我国是世界上遭受自然灾害影响最严重的国家之一。农业是我国基础产业，关系到社会稳定和国家自立，但农业保护制度基础薄弱，减灾抗灾能力不强。当前亟待进一步增强忧患意识，以习近平总书记系列讲话精神为指导，建立一个系统化和科学化的，以广覆盖、保（粮食）安全、多层次、可持续为建设方针的，以防为主、防抗救相结合的，以政府农业防灾救灾应急机制为支撑的，以建立健全农业巨灾保险制度为基础的，以完善"灾前预防—损失补偿—促进灾后恢复农业生产—推动农业现代化"的四位一体农业保险功能为重点的，以其他"三农"保险和社会救助为补充的，进一步建立农业灾害风险空间分布地图，努力实现从注重灾后救助向注重灾前预防转变，从应对单一灾种向综合减灾转变，从减少灾害损失向减轻灾害风险转变，以创新和规范农村合作经济组织为抓手的，各个部门相互衔接、统筹协调和立体式的现代农业巨灾风险保障体系，全面提升全社会抵御农业自然灾害的综合防范能力。

本书适合于农业部门、减灾委员会、金融工作办公室、保险机构和从事农业灾害风险管理、农业保险等的人员阅读。

图书在版编目（CIP）数据

农业巨灾风险保障体系及实施难点研究 / 钱振伟，张艳，赵丽著. —北京：科学出版社，2017.8

ISBN 978-7-03-050263-6

Ⅰ. ①农… Ⅱ. ①钱… ②张… ③赵… Ⅲ. ①农业-自然灾害-风险管理-研究-中国 Ⅳ. ①S42

中国版本图书馆 CIP 数据核字（2016）第 255132 号

责任编辑：马 跃/责任校对：高明虎
责任印制：吴兆东/封面设计：无极书装

科 学 出 版 社 出版
北京东黄城根北街 16 号
邮政编码：100717
http://www.sciencep.com

北京京华虎彩印刷有限公司 印刷
科学出版社发行 各地新华书店经销

*

2017 年 8 月第 一 版 开本：720×1000 1/16
2017 年 8 月第一次印刷 印张：16 1/2
字数：350 000

定价：98.00 元
（如有印装质量问题，我社负责调换）

作 者 简 介

钱振伟　特聘教授、三级教授，博士生导师，经济学博士，云南省中青年学术技术带头人，中国保险监督管理委员会博士后，云南财经大学金融学院副院长，保险金融大数据应用研究中心主任，巨灾风险管理研究中心（Catastrophic Risk Management Research Center，CRMRC）常务副主任，云南省高校巨灾风险评估技术科技创新团队首席专家（负责人），云南省防灾减灾智库（主管单位：中共云南省委宣传部）首席专家（负责人），中共云南省委联系专家，台盟云南省委外聘专家，第十届云南省青年联合会委员，中国志愿者协会理事，云南省减灾委员会专家委员会委员，云南省（保险）专业硕士专家委员会委员（召集人），云南省保险业专家（智囊）团成员，云南省人力资源社会保障咨询专家，云南省保险消费者权益保护工作社会监督员，中国保险学会理事。主持国家级课题四项，在高级别期刊上发表论文十余篇，出版著作五部，获省部级科研奖励十余项。曾是多家保险公司和一家银行筹建工作组的主要负责人。主持一些投资机构的股权收购计划的评估工作。主持某保险公司"十三五"规划编制。三家大型保险公司专家顾问。国家社会科学基金、国家自然科学基金和教育部社会科学研究项目评审专家。多次参与省级政府部门重要文件起草工作，决策咨询报告受国家领导人批示，主笔撰写的全国两会报告引起相关部门高度关注。

张艳　女，云南财经大学金融学院副教授，硕士研究生导师，云南省高校巨灾风险评估技术科技创新团队核心成员，云南省防灾减灾智库核心成员，参与或主持国家及省部级课题十余项，2010～2011年挂职中国人民财产保险股份有限公司昆明分公司总经理助理。

赵丽　女，美国圣约翰大学风险管理学院（原"纽约保险学院"）2005级工商管理硕士（master of business administration，MBA），专业

"风险管理及保险"，AXA9/11 风险管理奖获得者，LOMA 认证美国寿险管理师。曾担任高校老师；2010 年秋至 2011 年初借调中国保险监督管理委员会（以下简称中国保监会）人身保险监管部；2010 年参加国务院发展研究中心金融研究所关于"保险业系统性风险"研讨；2011～2012 年担任中国保险行业协会"中国寿险管理师"认证丛书编委；2014 年参与中国保险资产管理业协会的筹建工作。先后在核心期刊上发表过《关于我国存款保险制度的正负效应研究》《中国的"影子银行"及其类型分析》《我国商业性 P2P 借贷风险及其监管初探》，现为中国社会科学院金融研究所在职博士生。

国家自然科学基金课题组成员名单

姓名	职称/职务	工作单位/研究单位	备注/任务
钱振伟	特聘教授/博士研究生导师	云南财经大学巨灾风险管理中心/保险金融大数据应用中心/金融学院	课题负责人
刘洪江	教授/副主任	云南财经大学巨灾风险管理中心	气象灾害空间分布、"十二五"农业防灾减灾绩效评估
商维雷	总经理	中国平安财产保险股份有限公司农业保险部	调研
李鸿	总经理	中国太平洋财产保险股份有限公司云南分公司	调研
郜延华	副总经理	华安财产保险股份有限公司	农业保险
曹纳	副主任	中国保监会云南监管局办公室	调研
李江城	讲师	云南财经大学巨灾风险管理中心/保险金融大数据应用中心	风险模型
周若微	特聘教授	云南财经大学巨灾风险管理中心/保险金融大数据应用中心	风险模型
赵丽	—	中国社会科学院金融研究所	灾害风险管理
张艳	副教授	云南财经大学金融学院	调研
李云仙	副教授/副主任	云南财经大学保险金融大数据应用中心	风险模型与精算
范杰		中国平安财产保险股份有限公司农业保险部	专题报告
董志伟	讲师	云南财经大学保险金融大数据应用中心	跨境保险
何峰	讲师	云南财经大学巨灾风险管理中心	农业遥感技术

姓名	职称/职务	工作单位/研究单位	备注/任务
雷红秋	主任科员	中国保监会云南监管局	调研
周依祎		中国平安财产保险股份有限公司农业保险部	调研
李真	研究生	云南财经大学金融学院/保险金融大数据应用中心	专题报告
张滔	研究生	云南财经大学金融学院	专题报告
张春敏	讲师	云南师范大学 MBA 学院	专题报告
张成良	讲师	曲靖医学高等专科学校	调研

前　言

我国是世界上遭受自然灾害影响最严重的国家之一。自然灾害种类多、分布广、损失大。农业是我国基础产业，关系到社会稳定和国家自立，但农业保护制度基础薄弱，减灾抗灾能力不强，每年种植业受灾面积占种植面积的30%左右。从我国农业抗灾救灾实践来看，我国积极探索农业防灾救灾机制并形成了一定优势，如政府应急机制反应迅速、重大农业设施损毁修复快、可以动员全社会力量参与救灾等，但也存在各农业防灾救灾机制分散在各部门，没有形成一个系统性的制度安排，未形成合力，未形成有效的农业巨灾风险分散机制等问题。

当前亟待进一步增强忧患意识，以2016年7月28日（唐山大地震40周年之际）习近平总书记在河北唐山市考察时讲话精神为指导，建立一个系统化和科学化的，以广覆盖、保（粮食）安全、多层次、可持续为建设方针的，以防为主、防抗救相结合的，以政府农业防灾救灾应急机制为支撑的，以建立健全政策性农业巨灾保险制度为基础的，以完善"灾前预防—损失补偿—促进灾后恢复农业生产—推动农业现代化"的四位一体农业保险功能为重点的，以其他"三农"保险和社会救助为补充的，努力实现从注重灾后救助向注重灾前预防转变，从应对单一灾种向综合减灾转变，从减少灾害损失向减轻灾害风险转变，以创新和规范农村合作经济组织为抓手的，各个部门相互衔接、统筹协调和立体式的现代农业巨灾风险保障体系，全面提升全社会抵御农业自然灾害的综合防范能力。本书对于整合各部门的农业防灾减灾机制，形成合力，提升农业防大灾和救大灾的能力和效率，保障"米袋子"和"菜篮子"安全，保持粮食价格稳定及宏观经济调控，维护社会稳定，服务农村经济社会发展方式转变，具有很强的前瞻性和基础性，同时也具有重要的现实性和政策指导意义。

本书分为八章。

第1章：绪论。首先对本书研究内容的价值和国内外研究现状进行简单述评。总的来看，国内外现有文献成果蕴涵了农业保险的制度变迁轨迹，对农业保险的政府介入程度及其制度效率、农业保险的经营模式研究方兴未艾且争议不断。本章对灾害、致灾因子、脆弱性、巨灾、农业巨灾、制度、农业巨灾风险保障体系等概念进行界定，并对农业巨灾风险的属性和特点进行分析，对云南易发性农业巨灾，如干旱、洪涝等灾害进行简略分析。

第2章：农业巨灾风险保障体系建设的基础理论。一是从福利经济学视角，探索建立农业灾害经济损失评估理论，分析无差异曲线、致灾因子的马歇尔需求函数，衡量发生农业灾害后的福利变化、农业保险的社会福利增长；二是从索洛模型视角，探索建立灾后恢复农业再生产理论；三是分析资源配置中政府与市场的制度边界，寻求二者之间的平衡点；四是从委托与代理信息经济学视角，分析农业巨灾风险保障服务体系中"政府购买经营服务"和"政府购买经办服务"两种运作模式；五是从公共服务理论视角，分析"囚徒困境"中的个人理性与集体理性、保险经纪公司参与农业保险服务体系价值等农业巨灾保障服务体系治理问题。

第 3 章：农业巨灾风险保障制度现状分析。2015 年我国农业再获丰收，粮食产量达到 12 429 亿斤[①]，实现"十二连增"。2015 年云南全省粮食产量达 1876.4 万吨，农业增加值 2098 亿元，增长 6%。近年来，云南以畜牧、果蔬、茶叶、花卉、木本油料等特色优势产业为重点，推动农业产业转型升级，实现农业发展新格局。云南省自然环境复杂脆弱，自然灾害多发易发。"无灾不成年，无大灾不成年"是云南基本省情。云南省农业自然灾害主要表现为干旱、洪涝、低温冻害、病虫害、滑坡泥石流、石漠化、外来生物入侵等。课题组首次绘制出干旱、洪涝、低温冻害等气象灾害云南空间分布地图。"十二五"期间，云南省各级政府部门高度重视农业自然灾害应急救助工作，基本建立起一系列灾后应急救助体制机制，如"一案三制"工作日趋完善、应急救助队伍不断壮大、救灾备荒种子储备制度基本建成、防灾减灾宣传机制全面建立，大幅提升了云南省农业灾害应急救助的能力，2015 年云南防汛抗旱减灾经济效益达 274.99 亿元。

农业保险是农业巨灾风险保障体系的重要组成部分。目前我国农业保险发展呈现大宗品种农产品保费增速放缓，中西部地区农业保险发展较快，农险市场集中度逐年下降等三个阶段性特征。2010～2015 年，云南全省农业保险深度从 0.19%上升至 0.35%，农险保额占农业国内生产总值（gross domestic product，GDP）的比例从 14.70%上升至 51.28%，保费年均增速达 28.5%，农业保险保费排名全国第 12 位，累计支付赔款 27.7 亿元，共有 352.4 万户次农户直接受益，已经形成"政策性农业保险为主，商业性农险为补充"格局。

当前我国农业保险供给侧改革的总体思路可以归纳为"三个结合，四个转变"，即农业与"三农"保险的结合、保险与信贷和期货的结合、农业保险与社会治理的结合；逐步实现保成本转变为保产值，农业直补转变为农业信贷和农险补贴，传统保险转变为指数或指数期货保险，保农业生产环节转变为"为农业现代化提供全方位、全流程、全产业链的综合金融解决方案"；实现农业品种研发、生产、收成、农业物联网、价格、食品安全责任、农村资产、健康保障全覆盖的多层次的"三农"风险保障体系；最终形成以特色农业供应链金融为业务新增长点和突破点的，以农业保险互助合作社、财产保险公司、专业化农业保险公司等

---

① 1 斤=0.5 千克。

多种组织形态共存的，以大金融、大数据、大网络（含"互联网+"等）为基本特征的现代农业保险制度。

第4章：农业巨灾风险保障服务体系现状。要贯彻落实党中央国务院的一系列支农惠农的巨灾风险保障政策，实现"应保尽保"的宏伟目标，需要实施一系列的战略举措，其中最重要的有两条：一是提高地方财政配套能力，填补制度缺失；二是提高基层服务体系的制度执行能力，使农业巨灾风险保障制度得到有效贯彻和实施。目前，云南建立起比较完善的农业保险服务体系，中国人民财产保险股份有限公司（以下简称人保财险）云南分公司（如人保财险江川支公司）农业保险基层服务工作流程，制定了比较完善的能繁母猪承保流程，逐步形成"江川模式"。探索了保险经纪公司参与农业保险服务体系建设的角色功能，有农险经验和善意的保险经纪人的参与可有效解决农险信息不对称的问题等，做好农业部门"顾问"角色，完善农业保险服务体系。云南建立起比较完善的农业气象服务体系和农村气象灾害防御体系，充分发挥气象服务"三农"的重要作用。

第5章：云南农业巨灾风险保障体系建设面临的困难和存在的主要问题。在农业保险方面，不仅受云南复杂地理条件、技术手段和制度环境的约束，而且存在农业保险经营模式不尽合理，覆盖面不足，亟待建立全方位、全流程、全产业链的农业保险产品体系等问题；在农业自然灾害应急救助方面，还存在农业自然灾害应急预案体系有待进一步细化，灾害救助和恢复生产等方面补助标准偏低等问题；在巨灾风险保障服务体系方面，还存在农业保险基层服务体系运营困难，经办机构合规风险管理难度较大，部门联动机制不畅，气象灾害防御与气象服务综合能力有待提高，遥感技术在云南农业灾害风险评估中存在较大局限性等问题。

第6章：农业巨灾风险保障基金。巨灾风险保障基金是农业巨灾保障体系重要组成部分。本章结合云南当前已经实施的农业保险大灾风险准备金和再保险分散方式的实际情况，并借鉴国外已建立农业巨灾风险保障基金的经验，建立云南农业巨灾风险保障基金理论模型，测算云南农业巨灾风险保障基金规模，探索云南农业巨灾风险保障基金资金渠道。

第7章：农业巨灾债券定价模型与实证。建立农业巨灾债券是完善农业巨灾风险分散机制的重点和难点。国内外研究认为，保险公司不可能通过单笔保险业务获得超过1亿美元的巨灾再保险保障。如果保险公司想要获得更多的保障，那么就需要资本市场。本章借鉴Cummins模型经验，建立了农业巨灾债券模型，利用资本资产定价模型计算出本金无风险型、本金50%保证型、本金暴露型的巨灾债券的收益率，分别为8.7%、9.2%、9.3%。目前国债和公司债收益率最高分别为6.92%和7.05%。利用模型预测的巨灾债券收益率高于债券市场上大部分国债和公司债券。具有长时间稳定价格和较高收益回报，巨灾债券能够充分发挥证券融资职能，分散保险市场巨灾风险。

第8章：农业巨灾风险保障体系优化与重构。"十三五"时期云南健全农业巨灾风险保障体系总体思路：以"四个全面"战略布局为统领，认真贯彻落实习近平总书记系列讲话和考察云南重要讲话精神，以2016年7月28日（唐山大地震40周年之际）习近平总书记在河北唐山市考察时讲话精神为指导，以确保粮食安全为基本前提，以推进改革创新为根本动力，以尊重农民主体地位为基本遵循，以维护投保农户合法权益和规范农业保险市场秩序为核心，以"政府引导、市场运作、自主自愿和协同推进"为原则，以服务农村经济发展方式转变为目的，坚持以人为本的理念，健全部门联动机制，按照"全覆盖、多层次、促特色、可持续"的方针：①进一步加快顶层设计，把农业保险纳入防灾减灾体系中，进一步推动云南农业保险向农业巨灾保险转变；②建立以财政补贴的特色农业保险为基础，以商业性保险为补充的多层次的高原特色农业灾害风险保障体系，推动特色农业产业化，促进农民增收；③为"三农"发展提供全方位、全流程、全产业链的综合金融解决方案；④推动成立由保险机构支持的，符合省情民情的"云南农业保险互助合作社"，创新农业保险经营模式；⑤推动农业保险朝"三个结合，四个转变"发展，进一步夯实农业巨灾风险保障制度基础；⑥探索建立农业巨灾风险保障基金和农业巨灾债券机制，进一步完善云南农业巨灾风险分散机制；⑦推动无人机低空遥感技术在农业灾害风险评估中的应用；⑧进一步完善多层次的农业自然灾害应急救助体系，推动灾后救助向灾前预防转变，完善农村气象灾害防御体系，在云南减灾防灾、农业现代化、保障粮食安全、促进农民增收、"一带一路"农业合作、社会治理等方面发挥越来越重要的作用，为云南"努力成为我国民族团结进步示范区、生态文明建设排头兵、面向南亚东南亚辐射中心，谱写好中国梦的云南篇章"提供坚实保障。

钱振伟

2017年6月

目　　录

第1章 绪 论

1.1 国内外研究现状

1.1.1 选题背景和意义

随着全球气候变暖，极端天气日益频繁。近 20～30 年全球暴雨频率和强度及干旱面积增加，随之产生干旱、涝灾、病虫害、台风和雹灾等多种自然灾害，农业巨灾风险概率增大，使全球多个国家陷入粮食危机，对社会稳定造成严重影响，如 2011 年 8 月泰国洪灾，使泰国粮食产量下降 16%～24%。据世界银行的最新统计显示，2011～2015 年全球粮食年均减产 3%，2011 年 10 月～2012 年 1 月，国际粮价大幅上涨 16%。由频率和强度增加的极端降水事件引起的降水强度增加，在许多地区可导致洪水风险增加，1996～2005 年的严重内陆洪水灾害是 1950～1980 年 30 年的 2 倍，经济损失则达 5 倍。世界气象组织（World Meteorological Organization，WMO）对全球观测的结论也指出，2001～2010 年全球平均降水是 1901 年以来次高，仅次于 1951～1960 年，洪涝是发生最多的极端事件。

全球灾害风险评估空间分布图显示，目前全球大部分地区的干旱正在增加，且呈上升趋势，尤其近 30 年干旱明显加剧。据测算每年由干旱造成的全球经济损失高达 60 亿～80 亿美元，远远超过了其他气象灾害，如图 1-1 所示。综上所述，从全球看，冬季的降雪事件有减少趋势，而以降雨或冻雨（国外称"冰风暴"）形式的降水事件有增加趋势。因而洪涝和暴雨加强，相应干旱面积增加。

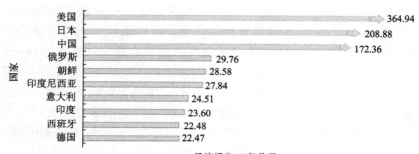

图 1-1　1991～2005 年自然灾害造成的直接经济损失最重的 10 个国家的经济损失

农业是我国基础产业，关系到社会稳定和国家自立，但我国农业保护制度基础薄弱，减灾抗灾能力不强，是世界上农业灾害最严重的国家之一，每年种植业受灾面积占种植面积的 30%左右。从 2010 年西南地区特大旱灾、2011 年长江中下游特大旱灾和 2010~2012 年云南连续三年大旱的农业抗灾救灾实践来看，我国正积极探索农业防灾救灾机制并形成了一定优势，如政府应急机制反应迅速、重大农业设施损毁修复快、可以动员全社会力量参与救灾等，但也存在一些突出问题：①各农业防灾救灾机制分散在各部门，如农业部门、财政部门、民政部门、气象部门、保险公司等，部门条块分割、职能重叠、力量分散、缺乏联动机制，没有形成一个系统性的制度安排，未形成合力；②缺乏对农业抗灾救灾绩效进行评估，绩效有待提升；③农业巨灾防御能力与社会发展要求不适应，如农业巨灾保险制度缺失、农业保险的灾前预防功能和促进灾后恢复生产的功能不足；④市场在农业巨灾保障的资源配置中缺位，未形成有效的农业巨灾风险分散机制，如农业巨灾债券市场和中央农业巨灾风险保障基金缺失等。

1.1.2　国内外研究现状及发展动态

1. 国外研究现状

农业保险是现代农业风险管理的有效手段，国外无论实践还是理论研究都较为成熟，但通常是从农业保险的视角来研究，概括起来大致分为两个方面：一是政府介入农业保险的理论依据；二是政府介入效率即补贴额度和边界分析。文献多以信息经济学和农业风险的特征为理论基础。2000 年沃顿商学院的 Kunreather 和 Linnerooth 提出无论是私营保险市场，还是政府都不是农业巨灾风险管理的唯一主体，这种观点相信，政府与市场的密切合作才是解决问题的唯一途径。Ahsan 等（1982）认为政府提供农业保险并予以补贴可以解决这些问题。Wright 和 Hewitt（1994）通过对美国等国家农业保险模式进行研究之后发现：在没有政府补贴或资助下，成功从事农业保险一切险或多重险的纯商业农业保险在历史上很罕见。Goodwin（2001）认为农业保险中固有的相当程度的系统性风险可能使私营保险过于昂贵乃至不可获得。因此，对于市场失灵条件下农业保险多重险或一切险（保障范围包括农业巨灾风险）的供给，很多国家采取了对农业保险进行保费补贴或者保险公司经营费用补贴，抑或直接由国家来运行的农业保险制度（Mosley and Krishnamurthy，1995）。至于政府补贴效率如何，理论上则存在分歧。主要存在两种观点：一种是农业保险可以缓解自然灾害所造成的农户资源分配的混乱；另一种是农业保险可以在年度间平滑农户的收入曲线。Hazell 和 Haggblade（1991）提出农业保险具有收益外溢的正外部性存在。而 Mishra（1996）不完全同意 Siamwalla 和 Valdes 的看法，他在研究了印度的农业保险之后认为，即使农业保险不是公共品，但是同样有收益溢出的现象，因而要对农场主进行补贴。Nelson 和 Loehman（1987）的结论则表明，政府在信息的收集和保险合约的设计上多些投入，比财政补贴所带来的社会效益更大。Duncan 和 Myers（2000）揭示了巨灾风险导致保险费的提高和保障水平的降低，某些条件下会导致农业保险市场完全崩溃。

在农业巨灾风险管理方面，国外学者认为农业巨灾保险是农业巨灾风险管理体系中的一种制度安排和有效工具。目前国内外农业巨灾风险管理机制尚处于保险管理型的起步阶段。美国农业部副首席经济专家 Gruber[①]认为，农业保险是政府保护农业，稳定农村经济，确保国家粮食安全，也是抵抗农业巨灾风险的有效工具。但 Miranda 和 Glauber（1997）利用计算机模拟模型计算出美国农业巨灾保险人面临的系统性风险是一般保险人的 10 倍；Stiglitz（1990）等的研究也表明，保险公司经理面对相对较小的正面激励而承担较大负面风险时会表现风险厌恶的特征，不愿承担巨灾风险，导致农业巨灾保险的市场失灵。Kunreuther 和 Michel-Kerjan（2004）则从农业巨灾保险需求方面研究认为，由于巨灾保险产品通常带有很高的免赔额，而且没有保费优惠，对于投保人来说，农业巨灾保险产品的吸引力将大大下降，除非投保人感知的风险概率和损失额大于保险人对风险事件的认识，这是农业巨灾风险市场失灵的另一原因。Duncan 和 Myers（2000）还揭示了巨灾风险导致保险费的提高和保障水平的降低，在某些条件下会导致农业保险市场完全崩溃。Cochrane 和 Huszar（1984）、Ray 和 Ellson（1994）研究表明，政府参与农业巨灾风险管理的目的在于减轻市场失灵，同时也是政府社会管理职责。在农业巨灾风险分散机制研究方面，Duncan 和 Myers 专门对农业巨灾风险的再保险机制建设问题做了深入研究。他们的研究结论表明：农业再保险能够促进保险市场的发育，刺激保险的参与，特别是农业再保险受到政府资助情况下，其资助水平与农民参与度、农业风险管理水平呈正相关性。另外，美国保险服务部的相关报告中进一步指出，无法单纯通过再保险机制规避农业巨灾风险，应在全社会范围内建立以政府为主体的农业巨灾损失基金，基金可以来自政府投入、保险公司提取和市场筹集等多种渠道。

在巨灾风险债券化方面，国外对巨灾债券的定价已有研究。Lane（2000）认为，金融工具的价格除了时间价值外由补充投资者期望损失和非期望损失两部分组成，于是提出巨灾债券价格＝EL＋$\gamma \times$（PEL）$^{\alpha} \times$（CEL）$^{\beta}$。Wang（2004）根据对保险市场的定价研究提出了两因素模型，通过一条损失超越曲线描述巨灾风险的损失，公式表达为 $S^{*}(X) = \Phi(\Phi^{-1}(S(X)) + \lambda)$。Christofides（2004）在 Wang 的基础上，做了两次近似处理，将 Wang 的两次比例风险变换，使模型更加简化，而且结果精度没有受到实质的破坏。Cummins（1988）利用损失指数分布概率

---

① 资料来源："14.41 2002 秋季课程：公共经济学"。

来确定触发概率，并利用概率和预期收益率进行定价。

2. 国内研究现状

中国对农业保险的理论研究始于 1935 年。以王世颖（1935 年）和黄公安（1936 年）为代表的学者对当时国外农业保险的运作制度进行了研究，并对当时的农业保险的实施意义及模式进行了较为深入的研究，开创了我国农业保险研究的先河。以后由于种种原因，农业保险理论研究进展缓慢，直到 1985 年，以刘京生、庹国柱、李军等为代表又开始对农业保险进行了较为系统的研究。特别是 2004 年以来，中央政府高度重视"三农"问题，我国农业保险研究有了质和量的飞跃。目前国内学界主要以公共经济学和福利经济学为理论基础，认为农业保险具有较大的外部性，是准公共物品，并采取消费者剩余方法进行福利分析，由此推出农业保险严重市场失灵及需要补贴的理论（庹国柱和王国军，2002；陈璐，2004）。庹国柱和李军（2003）、史建民和孟昭智（2003）、方伶俐（2008）在不同的假定条件下采用不同的方法，对农业保险保费补贴进行测算。如何破解农业保险的经营困境，李有祥和张国威（2004）认为，建立中国农业再保险体系不仅是改变我国农业保险窘况的重要举措，更是使农业保险走向良性循环的制度安排。孙蓉和费友海（2009）从风险认知和利益互动等视角论述了我国农业保险制度变迁。陈璐等（2008）在《中国农业保险风险管理与控制研究》一书中提到，实行政府参与并对农业保险提供保费补贴的农业保险支持政策，也是世界农业政策的重要走向。许多学者对农业保险模式进行了归纳和总结，归纳起来大约有"政府论"模式、"商业论"模式、"相互合作农业保险论"模式、"区域论"模式、"层次论"模式（庹国柱和李军，2003；喻国华，2005；黄英君，2009；谢家智和蒲林昌，2003；谢家智和周振，2009）。

中国保监会副主席周延礼（2009）认为，在近年来我国自然灾害频发的情况下，农业保险面临的巨灾风险应当引起足够重视，农业巨灾风险分散机制已成为农业保险发展中出现的矛盾和问题的关键点。在我国当前巨灾农业风险管理实践中，农业巨灾风险保障制度主要由农业保险、政府农业防灾救灾应急措施（含政府灾后救济）和社会救助等部分构成。我国一些学者认为，当前应建立农业巨灾保险制度，以应对农业巨灾风险（邓国取和罗剑朝，2006）。冯文丽（2002）的研究表明，农业巨灾保险具有"供给"和"需求"双重的正外部性，会导致供需"双冷"，需要政府积极干预。在如何建立农业巨灾保险管理机制方面，周延礼（2010）进一步认为，一是由政府和监管机构牵头建立巨灾保险基金；二是由保险公司主办，政府支持建立巨灾风险比例分担机制，形成投保人—保险公司—再保险公司—国际再保险公司—资本市场运作—国家财政参与的巨灾保险体系；三是开发新型巨灾险种；四是实施差异性费率；五是完善赔付体系。

在政府与市场关系上，刘京生（2009）在《关于防范农业巨灾风险的调研报告》中认为，农业巨灾损失巨大，单一保险公司或地方政府无力承担全部责任，应通过政府、保险公司、再保险公司、投保人等利益相关者，形成合力，建立我国农业保险巨灾风险分散机制。建立较为完善的农业巨灾风险分散机制是建立农业巨灾保险的物质基础和制度前提（钱振伟等，2011）。农业巨灾风险分散机制主要由农业保险巨灾风险基金、农业再保险和农业巨灾风险证券等组成（郝演苏，2010）。在农业巨灾保险组织架构上，庹国柱和朱俊生（2009）认为，相互保险公司和保险合作社对巨灾风险具有自动吸纳机制，不存在由于发生巨灾超赔而偿付能力不足的问题。在农民投保行为上，谢家智和周振（2009）研究发现，农民个体是否购买农业巨灾保险关键取决于个体的比较预期收益和其所要承担选择成本的大小。庹国柱等（2008）以北京为例，测算了农业保险巨灾保险准备金规模和超赔再保险费率，并分析了巨灾风险分散机制。皮立波（2006）提出应建立以资本市场为风险主渠道的新型农业保险制度，如巨灾风险证券化。

国内对于巨灾债券化的研究还处于初级阶段，绝大部分都是借鉴国外的研究方法。尤其是在巨灾债券定价模型方面缺少对国外模型的创新与完善。同时，国内的巨灾债券较少地与农业风险相结合，更缺乏对农业巨灾风险债券定价的实证研究等。对于一般的农业保险，通常运用确定区域农作物的分布及保障水平来确定期望损失，以期望损失占保障水平的比例作为理论纯费率。这种参数估计法要求已知关于总体分布的有关信息和先验的分布函数，并且需要样本容量足够大。但在我国的农业灾害损失计算实际运用中，往往很难获得总体的分布信息，样本较小时的估算结果也不稳定。而与之相比较，非参数估计方法则是根据样本数据分布确定最佳分布模型，具有分布形式多样、函数假设自由、受样本观测错误影响小、计算结果准确等优点。在确定损失分布上，非参数估计方法相比参数估计方法可以更好保留原数据的信息。因此，本书采用非参数法，借鉴 Cummins（1988）采用的巨灾债券定价方法对我国农业巨灾债券进行定量的分析。

3. 简评

总的来看，国内外现有文献成果蕴涵了农业保险的制度变迁轨迹，对农业保险的政府介入程度及其制度效率、农业保险的经营模式研究方兴未艾且争议不断；理论范式以保险经济学、信息经济学和福利经济学为主导，并越来越多地涉及经济学的多个领域，如制度经济学、博弈论等；并且，随着计量经济学的迅速发展，该领域对先进计量工具的运用日益普遍，农业巨灾风险研究日趋精细化。然而，全球气候变暖导致极端天气日益频繁，严重影响农业生产和粮食安全而引发的农业保险功能模式、农业保险服务体系创新、农业保险服务体系社会治理、农业保险公共选择等问题亟待解决，以便发挥农业保险在建设和维护农田水利设施及农业防灾减灾方面的社会管理功能，保障我国粮食安全、推动农业现代化、促进农民增收和农村经济发展方式的转变。然而这些领域基础应用研究较为鲜见，同时对农业保险巨灾风险模型选择及分散机制也缺乏基础理论研究，如缺乏对农业保险巨灾风险管理中的资源配置中政府与市场关系的研究，在实践上也缺乏一定的可操作性；对农业保险巨灾损失分布的研究方法单一，均采用最大似然估计方法对参数进行估计，采用 JB 检验和 KS 检验对分布进行选择，但由于我国农作物单产时间序列数据很不完整，采用以上技术方法不能得到可信的结论。

1.2　概　念　界　定

1.2.1　基本概念的界定

1. 灾害、致灾因子与脆弱性

在日常生活中，人们常常把灾害和导致灾害的现象看成同一件事情，如把地震、干旱、海啸、洪水等称为"灾害"。把这些极端的自然现象看成"灾害"的同义语，视"灾害"为一种无法避免的自然现象。在一些科技文献中，部分学者也经常把二者混为一谈。但我们只要稍微深入思考就会注意到，地震发生在无人居住的西部茫茫的戈壁滩，谁说那里发生了地震灾害？西部茫茫的戈壁滩、沙漠常年干旱，也没有人说那里发生了"旱灾"。这实际混淆了"致灾因子"和"灾害"这两个不同的概念，混淆了各种危险的自然现象或社会现象本身与其造成后果之间的区别。

根据联合国国际减灾战略（United Nations International Strategy for Disaster Reduction，UNISDR）2009 年的定义，致灾因子就是可能造成人员伤亡或影响健康、财产损失、生计或服务设施丧失、社会和经济混乱或环境破坏的危险现象、物质、人类活动或局面[①]。根据美国联邦紧急事务管理局（Federal Emergency Management Agency，FEMA）在其报告《多种致灾因子识别和风险评估》中给出的定义，致灾因子是潜在的能够造成人员伤亡、财产破坏、基础设施破坏、农业损失、环境破坏、商业中断或其他破坏和损失的事件或物理条件。联合国开发计划署（The United Nations Development Program，2004）给出了自然致灾因子

---

① 资料来源：2009 年颁布的《UNISDR 减低灾害风险术语》。

（natural hazard）的定义，自然致灾因子是指发生在生物圈中的自然过程或现象可能造成的破坏性事件，并且人类行为可以对其施加影响，如环境退化或城市化。致灾因子为可能对生命、财产和环境带来威胁的各种自然现象和社会现象。致灾因子除自然致灾因子外，还有技术致灾因子、人为致灾因子等。

灾害是指各种致灾因子造成的后果。联合国国际减灾战略把灾害定义为："社区或社会机能遭受严重破坏，涉及广泛的人员、物质、经济或环境损失和影响，超过了受影响社区或社会运用自身资源进行处理的能力。"

灾害包括了致灾因子和人类社会两个因素，二者相互作用才有可能形成灾害。如果没有人类，也就不存在灾害，即灾害是一种社会现象。我们经常听到这样的说法，"灾害是不可避免的"。这实际混淆了灾害与致灾因子的概念。灾害因子是可能带来灾害的自然现象或社会现象。灾害是致灾因子与人类社会相互作用的结果（唐彦东，2011）。对于农业自然灾害来说，其致灾因子，如干旱、洪水等属于自然属性。而农业灾害，旱灾、虫灾等除自然属性，还具有社会属性，是自然属性和社会属性的统一体。

联合国国际减灾战略（2009年）认为，脆弱性（vulnerability）是指，"社区、系统或资产易于受到某种致灾因子损害的性质和处境"。Blaikie等（1994）出版的《风险之中：自然致灾因子、人类脆弱性和灾害》一书中，给出了自然灾害背景下的脆弱性定义："个人或团体预测、处置、抵御和从自然灾害影响中恢复过来的能力的性质。"我们认为，脆弱性是指个人、团体、财产、生态环境易于受到某种特定致灾因子影响的性质（唐彦东，2011）。脆弱性与致灾因子互为条件。一方面，没有致灾因子就谈不上脆弱性；另一方面，如果某一系统对于某种极端自然现象来说是不脆弱的，那么这种自然现象也就不能成为"致灾因子"。

2. 巨灾与农业巨灾

对于巨灾的界定，在不同的国家因其经济基础、地理环境、保险行业的发展程度的不同有不同的定义。联合国将巨灾定义为一旦发生将导致严重的社会功能失调，造成大范围内人类、物质、环境的损害，并且这种损害已经超过了社会依靠自身资源所能承受的能力。美国保险服务局（Insurance Service Office，ISO）将巨灾事件定义为"导致直接经济损失达2500万美元并影响到大范围保险人和被保险人的事件"。德国慕尼黑再保险公司将巨灾定义为"灾害发生导致受灾地区无法依靠自身的现有资源去完成灾后的救助和重建问题，必须依靠其他地区或是国际的帮助"。瑞士再保险公司将巨灾分为人为和自然两类灾害，在对每年全球的巨灾损失进行统计之后将重新定义巨灾的门槛，也体现出巨灾界定的动态规律，具体情况见表1-1。

表 1-1　瑞士再保险公司对巨灾界定的划分

灾害类型	2010 年经济损失或伤亡人数	2009 年经济损失或伤亡人数
航空空难	1740 万美元	1710 万美元
轮船失事	3480 万美元	3430 万美元
其他事故	4330 万美元	4260 万美元
或经济损失数额	8650 万美元	8520 万美元
死亡和失踪	20 人	20 人
因伤	50 人	50 人
无家可归	2000 人	2000 人

资料来源：*Sigma*，2011 年第 1 期

　　国际上保险行业通常采用标准普尔对巨灾的定义，即"一次损失或一系列相关的风险损失达到 500 万美元的事件"。对于保险公司而言，巨灾被解释为保险公司需要补偿的由灾害导致的可保损失超过保险公司自由公积金和各项准备金所能达到的实际偿付能力的这类灾害。国内学者通过对国外巨灾界定研究的吸收和借鉴，从量化巨灾损失的角度来界定巨灾的定义。张林源和苏桂武（1996）从自然灾害的等级角度出发，将巨灾定义为发生在人口稠密或经济发达的地区，级别最高或接近最高级别的灾害，具体情况如表 1-2 所示。汤爱平等（1999）从灾害导致的经济损失占比的角度出发，将巨灾按国家、省、市（县）三个级别进行界定，具体情况如表 1-3 所示。

表 1-2　从灾害级别的角度对巨灾的界定

发生区域	死亡人数	直接经济损失	灾害级别
人口稠密或经济发达	万人以上	超过亿元	地震（>7 级）、洪水（50 年一遇）、强台风（风力>12 级，风速>32.6 米/秒）、大型火山喷发、大海啸、强型飓风、陨石碰撞地球等

资料来源：张林源，苏桂武. 1996. 论预防减轻巨灾的科学管理措施[J]. 四川师范大学学报（自然科学版），（1）：27-31

表 1-3　从损失占比的角度对巨灾的界定

类型	国家	省	市
灾害损失占 GDP 比重/%	$>2 \times 10^{-5}$	$>2 \times 10^{-2}$	$>3 \times 10^{-2}$
重伤和死亡占人口比重/%	$>8 \times 10^{-4}$	$>5 \times 10^{-5}$	>0.2

资料来源：汤爱平，谢礼立，陶夏新，等. 1999. 自然灾害的概念、等级[J]. 自然灾害学报，3：61-65

综合而言，国内对于巨灾的界定无论是从灾害等级而言，还是从灾害损失占比的角度出发，巨灾可以总结为灾害发生所导致死亡人数超过万人、直接经济损失超过亿元、受灾地区无法依靠自身能力进行灾后救助和重建工作、该地区的保险行业面临破产危机的重大灾害。

农业巨灾属于巨灾范畴的一部分，国内学者以巨灾界定为依据，对农业巨灾进行定义。冯文丽（2002）从保险公司的偿付能力出发，将农业巨灾定义为赔款数额超过保险公司一般偿付能力的灾害损失。邓国取（2007）从农户的承受能力出发，将损失占比超过农户家庭财产和预期收益之和的50%的灾害损失定义为农业巨灾。

当前国际上通用的对农业巨灾的界定划分为一次直接损失占到当前国家GDP总量的0.01%的自然灾害。综合而言，农业巨灾的界定是以巨灾的界定为基础，加之农业损失的一些特性总结而来的。农业巨灾可界定为一次自然灾害所造成的损失超过受灾地区农户家庭财产和预期收益的50%，超过受灾地区保险公司偿付能力，或者超过国家GDP的0.01%的自然灾害。同时，在对农业巨灾风险进行界定时应注重以下三个原则。

一是动态连续性。农业巨灾风险的有效界定离不开数据资料的描述，而包括价值核算、物价浮动等指标在内的相关数据都具有明显的时间价值，同一损失标的物在不同的年份表现的核算价值是不同的。因此，农业巨灾风险界定首先要体现动态的思想。

二是主体相对性。不同的主体承受风险损失的能力是不同的，相同损失对不同主体的冲击效应也有不同。对农民群体、保险公司群体及各级政府主体而言，其承受巨灾风险的能力和管理水平也是有差异的，因此农业巨灾风险的界定要体现主体的相对性。

三是辩证统一性。虽然农业巨灾风险界定有以上两个明显特征，但是农业巨灾风险中损失程度大、影响面广的基本特征是公认的，即巨灾风险对经济社会发展的冲击性是明确的，因此农业巨灾风险的界定要凸显其破坏性的基本特征。

3. 农业巨灾风险保障体系

农业巨灾风险保障体系主要分为农业巨灾风险保障制度和农业巨灾风险保障服务体系这两个部分。农业巨灾风险保障制度又分为农业（巨灾）保险制度和农业巨灾应急救助制度，具体见图1-2。

农业保险是根据概率论和大数法则，为被保险人在从事种植业和养殖业过程中由自然灾害或意外事故所造成的经济损失给予保险责任范围内的经济补偿的一种风险管理机制。农业保险分为有财政补贴的农业保险与商业性农业保险。由于农业保险具有很强的公益性和公共产品属性，会存在市场失灵，商业农业保险呈现萎缩态势。目前云南商业性农业保险只包括烤烟保险等极少数的险种①。

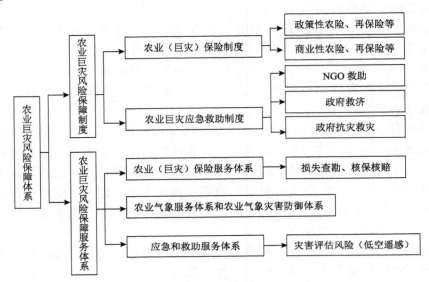

图 1-2 农业巨灾风险保障体系结构图

NGO: non-governmental organizations，非政府组织

农业保险不属于一般商业保险的范畴，是政府为了实现特定的政策目标，通过参与部分农业保险的运营，或对相关农业保险业务参与主体提供一定的扶持、优惠或补贴等促进政策的一种制度安排。它是我国政府支农惠农政策中不可或缺的重要组成部分，是农村金融体系的最重要组成部分，具有很强的公益性和公共产品属性。它不仅具有农业经济补偿、农村资金融通和农村社会管理三大功能，而且是我国农村经济的重要组成部分，也是粮食安全保障最主要的制度安排，在服务农村经济发展方式转变等方面发挥越来越大的作用，逐步成为农村经济"助推器"、农村社会"稳定器"和农村居民福利"倍增器"。

农业保险服务体系是指支撑和维护农业保险制度运行与发展各环节及各阶段所需服务的总称，是实现农业保险资源配置目标的组织体系。它既包括政府部门的管理服务体系，又包括社会化管理服务体系；中央支农惠民的农业保险制度要得到有效的贯彻和实施，就必须依赖于农业保险服务体系的实施机制及

---

① 田间地头是烟草公司的第一车间，烤烟保险的保费由省烟草公司提供。虽然政府财政不给予补贴，但云南许多州市县的"一号"文件，都会支持烤烟生产和烤烟保险发展。所以，与其说云南烤烟保险是商业性农业保险，还不如说是"准"政策性农业保险。

其制度执行能力。农业保险基层服务体系是服务体系重要组成部分（子集），是指开展各项服务的基础平台，是农业保险资源配置的微观组织基础。加强农业保险基层服务体系建设是农业保险合规经营和规范管理的必然选择，是发挥农业保险社会管理功能的重要载体，是确保党中央、国务院强农惠农政策落实到位的重要保障。

4. 制度

制度主义的先驱凡勃伦（Thorstein B. Veblen）最先把制度看作在人们主观心理基础上产生的思想和习惯。"制度实质上就是个人或社会对有关的某些关系或某些作用的一般思想习惯；而生活方式所构成的是在某一时期或社会发展的某一阶段通行的制度综合，因此从心理学角度来说，可以概括地把它说成一种流行的精神状态或一种流行的生活理论。"（凡勃伦，1964）可见，凡勃伦把制度看成是由思想和习惯组成的，是人类本能组成的，本能是天赋的，因而制度的本质是不变的。思想和习惯是逐渐形成的，因而制度的形态是历史演进的(刘汉民,2007)。康芒斯认为，制度就是集体的行动控制个人的行动。与凡勃伦不同，康芒斯所关心的不是技术进步或科学知识的增长，而是利益冲突的解决。稀缺引起利益冲突，如果没有制度化的约束，这种冲突将通过损害效率的暴力获得解决，导致霍布斯自然状态的出现。可见，制度是重要的。林义（1997）进一步把制度内涵归纳为以下一些基本点："①制度是人们习以为常的习惯或规范化行为。它与特定的文化模式和社会过程紧密相关，这是制度的主要表现形式之一。②规则是制度的另一核心内容。它的主要特征在于强制性和约束性，主要由法律、法规、组织安排和政策来得以表现。③制度带有明显的集体决定意识倾向和历史、文化的继承性特征。"舒尔茨（2000）将制度定义为一种行为规则，"这些规则涉及社会、政治及经济行为"。诺斯（1995）认为，制度是社会博弈规则，或更严格地说，是人类设计的制约人们互相行为的约束条件……用经济术语说，制度的定义是限制了个人的决策集合。可见，诺斯把制度定义为"博弈规则"，并把制度看作委托人间和委托人与代理人间为最大化他们财富而订立的合约安排。从这种观点出发，思考制度的最合理的思路是将制度概括为一种博弈均衡（青木昌彦，2001）。赫尔维茨（Hurwicz，1996）在此基础上对制度进行了进一步限定，认为："规则是可实施的。"可见，他运用了纳什均衡概念使可实施性这个概念形式化。青木昌彦进一步把制度概括为"关于博弈重复进行的主要方式的共有信念的自我维系的系统"。

1.2.2　农业灾害风险

农业灾害风险是指自然力的不规则变化给农业带来的损失，主要表现为农业气象灾害风险、农业生物灾害风险、农业地质灾害风险和农业环境灾害风险等。

农业生物灾害风险是发生频率较高、危害较重的一种自然风险，它主要是由病、虫、草、鼠等在一定环境条件下暴发或流行造成农业生物及其产品巨大损失的自然变异过程。它对农业生产的危害既有机械性破坏，也有生理性损害，但以生理性损害为主。具体包括农业病害、农业虫害、农田草害和农业鼠害。

农业地质灾害风险是在自然变异和人为因素作用的影响下，地质表层及地质体发生变化并达到一定程度时，给农业生产造成的危害。地质灾害对农业的危害既有对农业基础设施及农业生物体的机械性剧烈破坏，也有对农业生物体的生理性缓慢损害，但以机械性剧烈破坏为主。其包括地震、崩塌、滑坡、泥石流、地热害、土地沙化与沙漠化和盐碱化等。

农业环境灾害风险是因自然生态和环境破坏或生态恶化对农业生产造成的危害，包括物种资源衰竭、水土流失、水土污染和温室效应。自然环境与人类的关系非常密切，它向人们提供生产与生活赖以进行的物质资源与活动场所，作为国民经济基础产业的农业，更是离不开自然环境条件。但是，由于人类不当的社会经济活动破坏了自然生态平衡，酿成了多种对农业具有巨大破坏性的环境灾害。

1.2.3　农业灾害种类

（1）干旱。农业干旱是指在足够长的时间内，降水量严重不足、土壤含水量过低和作物缺乏足够的灌溉，导致农作物正常生长发育的用水需求得不到满足，而造成农作物减产甚至绝收的灾害性天气现象。自古以来，云南省就频繁发生大旱，对人民安居乐业影响很大。据史料记载，明景泰四年（1453 年），昆明、姚安两地大旱，"民多饿死"；万历五年（1577 年），临安（今建水县）"春夏不雨，米升三钱，民多殍"（古永继，2004）。2010～2013 年，云南省四年连旱，损失巨大，举国震惊。2009 年至 2013 年 4 月，连续干旱，使全省农作物受灾面积达 7347 万亩[①]次，造成直接经济损失达 396 亿元，是之前 10 年总和 252 亿元的 1.6 倍，因旱间接经济损失和影响范围难以估计（秦光荣，2013）。

云南省是一个旱灾频发的地区，主要表现为以下特点：冬春连旱，从每年的 11 月到第二年的 4 月都是旱季，持续时间长；影响范围广、程度深；受灾面积大，损失严重，危害生态环境。造成云南省干旱的两个主要因素是自然因素和人为因素。从自然因素来看，云南省地处云贵高原，地理位置独特，地形地貌十分复杂，冬夏两季天气系统明显不同，夏季雨水充沛，冬季难以形成降雨，致使云南冬夏两季干湿分明；从人为因素来看，人们过于片面注重经济增长，忽略了对自然环

---

① 1 亩≈666.7 平方米。

境的保护，乱砍滥伐、过度放牧等现象层出不穷，导致植被破坏、生态系统恶化，干旱加剧。

（2）洪涝。洪涝灾害分为洪灾和涝灾两种，洪灾指大雨、暴雨引发山洪暴发、河水泛滥、覆没农田、破坏环境与设施等，涝灾是指本地降雨过多或者受上游洪水、沥水的侵袭，不能及时向外排出，造成地表积水而形成的灾害。自古至今，云南频繁发生洪涝灾害。据史料记载，弘治十四年（1501 年）秋，永昌（今保山市）发大水，"坏民庐舍，人畜死者以数百计。浪穹（今洱源县）淫雨，山崩水溢，冲圮民居，溺死者百余人"；明景泰元年（1450 年）秋，"澄江淫雨害稼，斗米四钱"（古永继，2004）。近几年来云南省洪涝灾害形势严峻，2013 年仅洪涝灾害就造成 238.4 万人受灾，44 人死亡，7 人失踪；农作物受灾面积 13.25 万公顷，绝收 2.13 万公顷；直接经济损失 28.3 亿元，其中农业经济损失 12.1 亿元[①]。

云南是一个典型的山区省份，盆地星罗棋布，山区、半山区占全省土地面积的比例高达 94%。正是由于这种特殊的山地特征，云南省山区多发生洪灾，河谷、盆地等低洼地带多发生涝灾。洪涝灾害对农业的影响不仅非常巨大，而且时间上更加持久。云南省洪涝灾害的产生主要受气候条件和水文地质条件两个因素的影响。从气候条件来看，每年 5 月，受印度洋南端季风低空急流和孟加拉湾西南季风影响，云南省开始进入雨季，一般持续到同年的 10 月结束。雨季雨量集中，且多大雨、暴雨，降水量占全年的 80%以上，暴雨出现在 6 月、7 月和 8 月三个月份的次数最多，占整个雨季暴雨次数的 70%左右，故易受洪涝灾害。从水文地质条件来看，云南多盆地和低洼河谷，地形较为封闭，容易产生积水，一旦积水不及时排出，极易形成涝灾。

（3）低温冻害。冷冻害是冬小麦、油菜和水稻的重大灾害之一，主要发生在越冬休眠期和早春萌动期。云南的低温冻害主要是指冬春季节强降温、霜冻、春季倒春寒和夏秋季节低温或低温阴雨天气而造成农作物减产的气象灾害。低温冷害一般因北方冷空气侵袭而引发，多以强烈降温、霜冻、凌冻和持续低温等形式出现，常伴有冷风、冷露、阴雨、降雪、积雪等天气现象。

云南低温冻害对农业的直接影响是多方面的。春季低温危害小麦、蚕豆和油菜等，可造成水稻"烂秧"、烤烟幼苗受害。倒春寒、霜冻和低温带来的雪灾是引起云南夏收粮食减产的主要原因之一。夏季低温冻害则是夏季水稻空瘪率增加、粒重下降，云南水稻产量波动和减产的主要原因之一。低温冻害主要发生在冬季 12 月至来年 2 月、春季 3~4 月和夏季 7~8 月三个时段，少数年份 5 月、9 月和 10 月也偶尔会发生。在云南，影响范围和危害最大的

[①] 《云南减灾年鉴 2012～2013》。

低温冻害，主要是发生在春季 3～4 月的倒春寒、霜冻和 7～8 月的夏季低温。云南低温冻害地域性差异大。滇东北和滇西北纬度相对较高，也是较高海拔地区和北方冷空气频繁影响的区域，故低温冷害发生的频率和低温强度最大；滇西南大部分区域海拔较低，又因有海拔较高的哀牢山山系等对北方冷空气的阻挡作用，低温冷害出现的频率和低温强度最小。高地区冬春季气温偏低、晴日多的时段最为常见。

（4）病虫害。病虫害是病害和虫害的统称。病害是指植物在栽培过程中，受到生物或非生物因子的影响，正常新陈代谢受到干扰，发生一系列形态、生理和生化上的病理变化，并且在外部形态上有反常的病变现象，如枯萎、腐烂、斑点、霉粉、花叶等。虫害是指由危害植物的昆虫和螨类等害虫引起的植物伤害。从云南省粮食作物病虫害来看，水稻以稻飞虱、螟虫、黏虫、纹枯病、稻曲病为主，大豆、玉米以螟虫、黏虫、蚜虫、锈病、大小斑病、灰斑病为主。

每逢冬春连旱，小麦、油菜和蚕豆等作物蚜虫害偏重度发生。进入春季后，玉米、小麦和蚕豆等作物进入生长发育的关键时期，随着气温回转，各种病害相继发生。农业病虫害大多具有极强的传染性，传播速度快，影响范围广，对农业危害极大。2012～2013 年云南省农作物病虫害中等偏重以上发生，农作物病虫害发生总面积 3.05 亿亩次，造成粮食作物和经济作物损失 883 万吨，年均损失 441.5 万吨[①]。

（5）滑坡和泥石流。滑坡是指斜坡上的土体或者岩体受河流冲刷、地下水运动、地震及人工切坡等因素的影响，在重力作用下，沿着一定的软弱结构面或者软弱带[②]，整体地或分散地顺坡向下滑动的现象。泥石流则是指在山区或者其他沟谷深壑、地形险峻的地区，暴雨、暴雪或者其他自然灾害引发的山体滑坡并携带有大量泥沙及石块的特殊洪流。

云南是我国滑坡、泥石流灾害最主要的分布省份之一，受灾频次仅次于四川省。云南滑坡、泥石流灾害总体分布具有西多东少的特征，在时空分布上以滇西北及滇西南区域的活动最为频繁。灾害主要集中在 5～10 月，高峰期集中在 6～9 月，具有明显的月际变化特征。2010 年 8 月 18 日凌晨 1 时 30 分左右，怒江傈僳族自治州贡山独龙族怒族自治县普拉底乡发生特大泥石流灾害。截至 19 日 2 时 30 分，灾害已造成 2 人死亡、90 人失踪、10 人重伤、28 人轻伤，受灾人员达 275 人，其中受灾农户 29 户 101 人，直接经济损失 1.4 亿元，其中农户经济损失达 3500 万元（付雪晖，2010）。

---

① 《云南减灾年鉴 2012～2013》。
② 软弱结构面指力学强度明显低于围岩，一般充填有一定厚度软弱物质的结构面。

（6）石漠化。石漠化是指在脆弱的岩溶地质基础上，受人为因素的过度干扰，植被破坏，水土流失，地表呈现类似荒漠景观的岩石逐渐裸露的演变过程。石漠化灾害与上述灾害明显的不同之处在于，人类不合理的经济活动是导致灾害的根本原因。据 2012 年云南省发展和改革委员会公布的资料显示，2011 年云南省石漠化面积为 284.0 万公顷，占全省国土面积 1877.4 万公顷的 15.13%。石漠化对云南农业的影响是不容忽视的。首先，云南省 94%的土地面积是山地，耕地资源稀缺，石漠化会加重水土流失，土地肥力被弱化。其次，地表植被具有水土保持功能，在一定程度上能抵御干旱、洪水、滑坡等自然灾害，石漠化使这些自然灾害的消极作用得到加强，干旱、洪涝、滑坡泥石流的危害程度加剧。

（7）外来植物入侵。外来物种入侵是指生物物种由原产地通过人们有意或无意的活动迁移到新的生态系统的过程，它有两层意思：一是物种必须是外来、非本土的；二是该外来物种能在当地的生态环境中定居、自行繁殖和扩散，最终明显影响当地生态环境，损害当地生物多样性。外来入侵物种主要有三个特点：一是生态适应能力强；二是繁殖能力强；三是传播能力强。

云南省的外来物种入侵主要表现为外来植物入侵，从 2015 年中国科学院昆明植物研究所与昆明机场出入境检验检疫局联合发布的云南外来入侵植物的数据来看，云南省现存的外来入侵植物达 300 多种，具有严重危害程度的 9 种外来入侵植物为：紫茎泽兰、飞机草、凤眼莲（俗称"水葫芦"）、空心莲子草、薇甘菊、肿柄菊、圆叶牵牛、马缨丹、三叶鬼针草。云南省传统种植农业物种单一，生态系统脆弱，一旦受到外来植物的入侵，原来的生态平衡被破坏，影响程度轻时造成农作物减产，程度重时可使农作物绝收。据统计，由于有害物种的入侵，云南省每年仅在林业上就损失几十亿元（王宁等，2012）。

1.2.4 农业巨灾风险的属性

农业巨灾风险作为一个风险管理的对象，在进行机制设计和政策制定之前，要研究其基本规律和本质属性，只有科学地界定农业巨灾风险的属性，才能针对其进行有效管理和机制设计[①]。

1. 农业巨灾风险的自然属性：共生性、群发性和伴生性

由于农作物成片种植，各种灾害对农业的影响具有共生性，一旦风险发生将导致区域内的所有农户面临风险损失，影响范围广泛。农业灾害的共生性，导致农业灾害往往呈现大面积和高损失特征，如表 1-4 所示。

---

① 以下属性部分引用了洪宗华、袁明、邓国取等的研究成果。

表 1-4 我国自然灾害对农业造成的经济损失

年份	自然灾害损失/亿元	受灾		绝收	
		面积/万公顷	受灾率/%	面积/万公顷	绝收率/%
2005	2 042.1	3 881.8	24.97	459.7	2.96
2006	2 528.1	4 109.1	26.17	540.9	3.44
2007	2 363.0	4 899.2	31.92	574.6	3.74
2008	11 752.4	3 999.0	25.59	403.2	2.58
2009	2 523.7	4 721.4	29.76	491.8	3.10
2010	5 339.9	3 742.6	23.29	486.3	2.02
2011	3 096.4	3 247.1	20.01	289.2	1.78

同时，农业风险还具有群发性和伴生性。由于全球气候变化，各种自然灾害持续、累积和交替地发展，有时集中于某一时间或某一地区，形成群发性特征，一种农业风险事故的发生会引起另一种或几种风险事故的同时发生。因此，农业风险损失容易扩大，而且由于这种损失是多种风险事故的综合结果，很难区分各种风险事故各自的损失后果，例如，台风灾害往往伴随暴雨灾害、泥石流地质灾害、卫生防疫等次生灾害，旱灾有时会和病虫害一起发生等。多种自然灾害的集中，直接导致农业经济损失的扩大，造成一次农业巨灾伴随多自然灾害的情况。

2. 农业巨灾风险的统计属性：厚尾特性

传统的风险管理手段中，保险是被实践证实有效的管理措施之一，但保险管理的前提和基础是风险分布的大数定律假设，即假设风险个体统计概率分布存在较为明显的方差和期望，但这种假设在巨灾风险下并不一定成立。这是因为农业巨灾风险的特征是发生频率小但损失巨大，农业巨灾风险的发生与否、何时何地发生及损失的大小都属于不可控因素，具有明显的突发性，属于典型的极值事件。这种典型的极值事件造成损失额度的拟合曲线通常不符合正态分布特征，呈现出明显的"右偏"和"厚尾"特征，其期望和方差不一定存在。

正是基于此，在传统意义上农业巨灾风险属于不可保风险。实践经验表明，这些具有高度不确定的巨灾事件对保险的正常运营影响很大。巨灾风险的存在和损失的发生往往吞噬保险公司所有的准备金和资本金，使保险公司陷入严重的财务危机。正是由于农业巨灾风险的统计特征比较特殊，学者们难以对其进行较为精确的概率分布拟合，其成为巨灾风险管理中的重点和难点。

3. 农业巨灾风险的经济学属性：准公共物品

对于农业巨灾风险而言，虽然对其认知度在不断增加，但个体的风险管理能力和水平还很有限。从福利经济学视角来看，农业巨灾风险的有效管理是社会福利水平提高的一种重要表现形式，政府承担风险是不可避免的，但政府完全承担风险又会以牺牲一定的效率为代价。因此，农业巨灾风险应该是介于个人风险和公共风险之间的一类风险。从农业巨灾风险管理的产品提供来看，农业巨灾保险具有明显的准公共物品属性（洪宗华，2011；袁明，2011；邓国取，2007；钱振伟等，2011）。

1.2.5　农业巨灾风险的特点

1. 农业巨灾风险的风险单位大

风险单位是指发生一次灾害事故可能造成的保险标的的损失范围。在同一风险单位内的保险标的，其风险性质和发生概率相同，因而同类保险标的的灾害事件是完全相关或高度相关的。在农业巨灾风险中，一个风险单位包含成千上万个保险单位，如洪灾、旱灾、风灾等农业风险往往是受灾地区的所有同类保险标的构成一个风险单位，同时遭受损失。因此，农业巨灾风险不是严格意义上的可保风险，不能按普通财产保险的方式来处理。

2. 农业巨灾风险的区域性强

首先，风险种类分布的区域性，即不同地区的主要灾害种类不同。不同地理位置在地质构造、地形地貌、气候气象等方面存在很大的差异，因而自然灾害的主要类别及其严重程度呈现区域性差异。例如，我国南方地区水灾较为频繁，北方地区则旱灾较为严重，而台风主要侵害沿海地区。其次，同一生产对象的灾害种类和受损程度的地区差异性，即由于各地的地理、气候及农作物的品种都不相同，同一生产对象在不同地区有不同类型的灾害，而且对同一灾害的抵抗能力不同。例如，同样是水稻，在我国南方和北方有不同的自然灾害，而且，即使遭受同样的自然灾害，南方和北方不同水稻品种的抗御能力也不同，因而灾害损失也不同。因此，农业巨灾风险的管理要区分不同地区和不同灾害种类。

3. 农业风险具有广泛的伴生性

农业自然灾害风险的伴生性是指一种灾害事故的发生常常引起另一种或多种次生灾害事故发生，灾害损失也容易扩大，例如，台风灾害往往伴有暴雨引发洪灾，暴风雨又可能导致泥石流等灾害；在雨涝季节，高温、高湿容易诱发病害和虫害等。农业风险的伴生性不仅引发次生灾害导致巨灾损失，也给农业风险的管理带来更大困难。

第2章　农业巨灾风险保障体系建设的基础理论

2.1　农业灾害经济损失评估理论：基于福利经济学视角

党的十八届三中全会和 2014 年中央政府工作报告中明确提出建立巨灾保险制度。云南等地方政府正积极推动农业保险制度变迁，把容易导致巨灾的干旱、水涝和虫害等灾害纳入种植业保险基本责任，探索农业巨灾保险模式①。在云南农业巨灾保险试点过程中，存在较大争议的是起赔线和赔偿比例的问题，具体见表 2-1。这折射出农业巨灾保险缺失巨灾经济损失评估理论支撑。

表 2-1　云南农业保险制度变迁的承保条件变化对照表

项目	2010～2012 年农业保险方案	2012～2015 年农业巨灾保险方案
承保条件	（1）干旱作为农业保险的附加险来承保	（1）干旱、虫灾作为农业保险的基本保险责任
	（2）保险金额：不超过主险保险金额的 50%	（2）保险金额：保险金额的 80%
	（3）起赔线：损失率至少大于 70%	（3）起赔线：损失率不小于 20%

资料来源：云南省农业厅

农业灾害经济损失评估理论是农业防灾减灾、农业风险管理与保险的理论基础。各种农业灾害因子，如干旱等不仅可能对粮食经济作物造成严重损失，导致粮食蔬菜价格大幅度上升，影响我们的福利效用，而且可能对我们的生活环境造成不利影响，如干旱、高温气候等。如果干旱导致粮食安全，就可能对国家安全战略环境产生严重影响。也就是说，致灾因子通过影响福利效用水平，影响人们的生活水平，因此，福利经济学就成为灾害损失评估理论基础。

2.1.1　基本假设与理论基础

1. 偏好

致灾因子所导致的灾害给人们带来的是不利的影响，如房屋倒塌、人员伤亡、价格上涨，没人喜欢它们，被所有消费者厌恶，其属性为恶品（bad），福利增量

---

① 2010～2012 年云南连续三年大旱。云南省政府率先探索农业巨灾保险制度，把旱灾、虫灾等易发性灾害纳入 2012～2015 年政策性种植业保险的基本责任，其中云南种植业起赔线由以前损失率 70% 赔付降低到 20%，赔偿比例由原损失金额的 50% 提高到 80%。笔者认为这是农业巨灾保险模式。

为负值。这些东西越多，人们福利效用越低。在农业灾害经济学中，我们不仅要考虑好的商品，也要考虑农业灾害发生后，物质资产的损失对福利的影响。

假定有商品组合 $X(X_1,\cdots,X_i,\cdots,X_n)$ 和 $X'(X_1,\cdots,X_i',\cdots,X_n)$。设 X_i 和 X_i' 为"坏"商品，如洪水、干旱等，其他商品均为"好"商品。如果 $X_i \succ X_i'$，则人们优先选择 $X'(X_1,\cdots,X_i',\cdots,X_n)$，而不是 $X(X_1,\cdots,X_i,\cdots,X_n)$。另一个假设就是商品的可替代性。也就是说，个人选择组合 X 和 X'，其效用没有区别，位于同一条无差异曲线上。

可替代性理论是经济学核心的基础理论，因为它在人们需求的各种物品之间建立一种平衡，人们通过替代的方式保持效用水平不变。在农业减灾防灾和农业保险实践中，其重要意义在于：当人们受到灾害因子影响而产生损失时，我们通过补偿方式，使福利水平不变。补偿的多少就是衡量损失大小的依据。

2. 无差异曲线

在巨灾经济损失评估里，由于致灾因子是一种"坏"物品，为人们所厌恶，无差异曲线形状会发生变化。我们用 X 表示好商品，用 L 表示巨灾损失等恶品，则效用函数为 $U = U(X,L)$。

该效用函数有如下特征：$\dfrac{\partial U}{\partial X} \geqslant 0$，表示效用水平随着商品 X 的增加而增加或不变。$\dfrac{\partial U}{\partial L} \prec 0$，表示效用水平随恶品的增加而减少。

在图 2-1 中，$X_2 \succ X_1$，所以 $U_1(X,L)$ 的效用水平高于 $U_2(X,L)$，即无差异曲线向右平移，效用水平增大。从 A 点到 B 点，X 商品无变化，L 商品（恶品）增多，效用水平下降，福利降低。为了保持原有的效用水平，必须增加 X 商品，B 点移到 C 点。两种商品的边际替代率大于零（唐彦东，2011），即 $\mathrm{MRS}_{LX} = \dfrac{\mathrm{d}X}{\mathrm{d}L} \succ 0$。

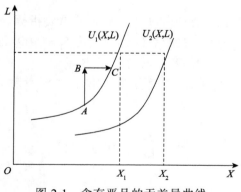

图 2-1　含有恶品的无差异曲线

3. 致灾因子的马歇尔需求函数

在消费者收入既定的情况下，商品的数量是价格的函数。这个函数就是普通需求函数，也叫马歇尔需求函数。在农业灾害经济学中，农业致灾因子，如干旱、洪水等均是恶品。我们假定个人偏好是既定的，个人面对的是给定价格的商品 X（好商品），并假定在某一价格水平下及固定收入 Y 的约束下，人们对坏商品和损失数量的选择是为了追求效用最大化。

需要说明的是，损失 L 的价格可以看成人们的农业防灾减灾投入（唐彦东，2011）。可以理解为，采取防灾减灾损失后，灾害的损失会减少。损失的价格是单位损失的防灾减灾中的投入，如我们在农业防灾减灾中投入 10 万元作为修葺水库费用，可以减少 20 万元农业灾害，那么损失价格就是 0.5 元。收入可以用于消费好的商品，也可以用于防灾减灾。

在约束条件下追求效用最大化可以表示如下：

$$\max U(X, L)$$
$$\text{s.t. } P_1 X + P_L(L_0 - L) = Y$$

其中，P_1 为商品 X 的价格；P_L 为损失的价格；L_0 为没有任何防灾减灾措施下的损失；L 为采取减灾措施后的损失。通过上式可以得到马歇尔需求函数。

2.1.2 农业灾害的福利衡量基础

灾害影响福利，因此衡量灾害损失的大小就转换为福利变化问题。一方面，农业灾害可能影响商品的供给与需求，通过影响农产品价格影响人们福利；另一方面，农业灾害可能影响人们的收入水平。

1. 灾后农产品供给变化对社会福利的影响

消费者剩余、生产者剩余是衡量社会福利的重要指标。图 2-2 中，灾害前农产品的需求曲线为 $D = f(Q)$，农产品供给曲线为 $S_1 = f_1(Q)$，两者交于 A 点。灾害后，农产品供给曲线为 $S_2 = f_2(Q)$，两者交于 B 点。

农业灾害前社会福利等于消费者剩余加上生产者剩余。其中，消费者剩余为

$$\text{CS}_1 = \int_0^{Q_1} f(Q) \mathrm{d}Q - P_1 Q_1$$

生产者剩余为

$$PS_1 = P_1Q_1 - \int_0^{Q_1} f_1(Q)dQ$$

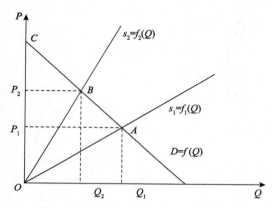

图 2-2　农产品消费者剩余和生产者剩余

则社会福利为

$$W_1 = CS_1 + PS_1$$

即 $\triangle OAC$ 的面积为灾前社会福利。

假设灾后需求曲线不变，供给曲线 $S_2 = f_2(Q)$，则消费者剩余为

$$CS_2 = \int_0^{Q_2} f(Q)dQ - P_2Q_2$$

生产者剩余为

$$PS_2 = P_2Q_2 - \int_0^{Q_2} f_2(Q)dQ$$

灾后社会福利为

$$W_2 = CS_2 + PS_2$$

社会福利减少总额为

$$\Delta W = W_1 - W_2$$

$\triangle OAB$ 的面积为社会福利损失。当发生重大农业灾害，粮食大面积绝收情况下，如果没有外调粮食，在短期内社会福利将损失更重，具体见图 2-3。此时，供给曲线 $S_2 = f_2(Q)$ 和需求曲线 $D = f(Q)$ 有可能不会相交，则社会福利减少总额为 $\triangle OAC$ 的面积。

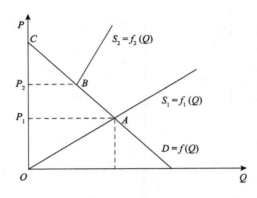

图 2-3　发生粮食危机时农产品消费者剩余和生产者剩余极端情况

2. 灾后补偿原则

农业灾害通过农产品供给和价格影响人们的生活，使个人效用或福利发生变化。农业灾害造成农产品供给减少，价格提高，使人们福利状况变坏，但用主观上的效用变化、消费者和生产者剩余变化来表示灾害的影响是困难的。为了衡量灾害的影响，如果能通过额外支付或者补偿消费者一定数量的货币，消费者的效用水平就有可能提高到原来效用水平。支付给消费者货币数量的多少就可以衡量灾害对居民影响的大小。例如，2010～2012 年云南连续三年旱灾，云南省政府通过财政补贴[①]，在居民小区设立"蔬菜直销点"，其菜价低于市场价格的 30% 左右。

这里支付给消费者的补偿数量就是补偿变差，用 CV 表示。补偿变差可以用希克斯需求函数说明。希克斯需求函数是价格变化导致福利发生变化。为了使消费者保持在原来的无差异曲线上，需要对收入进行补偿，补偿数量为 CV，使得福利状况也就是效用水平与灾前相同。

1）没有消费数量约束情况

下面我们用图 2-4 来说明补偿变差。图 2-4 中横轴表示农产品 X_1，纵轴表示非农产品 X_2，初始预算线为 EB，灾前效用水平为 U_0。U_0 和预算线 EB 相切于 A 点。当灾后农产品价格由 P_1 上升到 P_1'，预算曲线围绕 E 点，转成 EB''。消费者效

---

① 政府也可以通过蔬菜保险等多种制度安排进行财政补贴。

用水平由 U_0 下降到 U_1。灾后的预算曲线 EB'' 与灾后效用曲线 U_1 相切于 D 点。

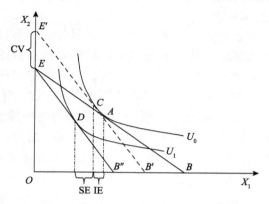

图 2-4　无消费数量限制的农产品价格变化的补偿变差

那么政府到底要补贴多少才能使消费者的灾后效用水平 U_1 回到灾前效用水平 U_0 ？

$E'B'$ 平行于 EB''，并与 U_0 相切于 C 点。那么 SE 为替代效应，IE 为收入效应。预算线 EB'' 变化到 $E'B'$ 的过程中，收入的变化就是补偿变差。我们假定 X_2 为非农产品的组合商品（一种抽象的商品），价格为 1，那么 EE' 就是补偿变差 CV，即政府的财政补贴数额。

补偿变差除了用图形表示外，也可以用间接效用函数和支出函数表示：

$$V(P_1, P_2, Y) = V(P_1', P_2, Y + CV) = U_0$$

其中，$V(P_1', P_2, Y + CV)$ 为农产品 X_1 的价格 P_1 上升到 P_1' 后，政府补贴 CV 后，效用水平回到灾前效用水平 U_0。由于非农产品 X_2 为组合商品，其价格为 1，上式可以写成

$$V(P_1, Y) = V(P_1', Y + CV) = U_0$$

补偿变差 CV 也可以根据支出函数和希克斯需求函数进行求解[①]：

$$
\begin{aligned}
CV &= e(P_1', P_2, U_0) - e(P_1, P_2, U_0) \\
&= e(P_1', P_2, U_0) - Y \\
&= e(P_1', P_2, U_0) - e(P_1', P_2, U_1) \\
&= \int_{P_1}^{P_1'} x_1^h(P_1, P_2, U_0) \mathrm{d}P_1
\end{aligned}
$$

---

① 这是一个对偶问题。

其中，$x_1^h(P_1, P_2, U_0)$ 为希克斯需求函数。

2）有消费数量约束情况

在发生大面积严重农业灾害后的短期内，大部分农产品短缺，或从其他地区调运农产品存在时滞或困难，消费者往往不能根据农产品价格和收入水平自由调整农产品消费数量。为了保证大家的基本生活，会对某些农产品进行限额配给。此时，政府补贴多少才能使消费者的灾后效用水平 U_1 回到灾前效用水平 U_0？

图 2-5 中的补偿效应 CS 就是没有消费数量限制时的补偿变差。当农产品 X_1 有消费限制时，如最多只能消费 G 数量的农产品 X_1，GF 线与 U_0 效用曲线相交于 F 点。新的预算线 M_2M_1 与效用曲线 U_0 相交于 F 点，补偿变差 CV 为 EM_2[①]，比 EE'（无消费数量时的补偿变差）要大。

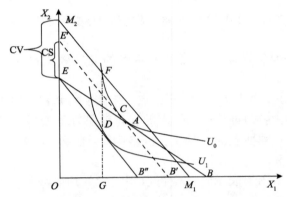

图 2-5　有消费数量限制的农产品价格变化的补偿变差

2.1.3　收入变化的福利衡量指标

农业灾害不仅影响农产品价格，也影响农业生产者的收入水平。效用函数不仅是价格的函数，而且是收入的函数。那么如何衡量农业灾害影响农业生产者的福利水平？

收入变化时的补偿变差与价格补偿变差一致。在不考虑价格变化，农业生产者的收入 Y_0 变化到 Y_1 时，补偿变差求解方程为

$$V(P_1, P_2, Y_0) = V(P_1, P_2, Y_1 + \text{CV}) = U_0$$

$$\Rightarrow Y_0 = Y_1 + \text{CV}$$

$$\Rightarrow \text{CV} = Y_0 - Y_1$$

---

① 此时补偿变差也称为"补偿剩余"。

其中，Y_0 为农业生产者灾前收入；Y_1 为农业生产者灾后收入。灾后政府对农业生产者财政补贴 CV 可以通过农业保险[①]保费补贴形式提供。

2.1.4 农业保险定价的福利分析

在现实生活中确定农业保险保费标准，费率高低与农户投保的面积无关，与实际投保农户的数量也无关。由于保险是按照大数法则来经营，如果没有一定投保量，保险公司会退出市场，即需要一个该地区最低投保率。按照孙香玉和钟甫宁（2009）的估计，农业保险的产品供给处于一个很宽的规模报酬不变阶段，因而其供给曲线呈水平状态，其高度取决于最低平均总成本。由于最低参保率的要求，这条水平的供给曲线并不与纵轴相交，其起点与纵轴的距离取决于要求的最低参保率。在供给曲线呈水平状态的情况下，短期内社会福利的变化完全取决于需求的变化，具体见图 2-6。长期的情况下同时取决于供给曲线的上下移动（孙香玉和钟甫宁，2008）。

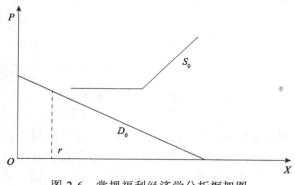

图 2-6　常规福利经济学分析框架图

我国农民虽然对农业保险有需求，但高风险、逆选择、高费率导致农业保险的费率较高，同时由于收入水平低、支付能力有限，这种需求也只能是潜在需求而无法转变为现实有效的需求。如果它完全由市场供求双方的力量博弈决定，那么由于农业保险有效供求不足，农业保险的供给曲线和需求曲线是不可能相交的，使得愿意购买农业保险的农户无法参保，市场需求表现为潜在的需求曲线，消费者剩余为零，保险公司剩余为零，社会福利为零。

---

① 农业保险是补偿农业生产者灾害损失的一种较好的制度安排。当前我国大部分地区的政策性农业保险是以"保成本"为目的的，如果要完全发挥农业保险防灾减灾功能，保障农业生产者利益，就需要实现农业保险"保收成"的制度转变。

　　如果政府对农业保险实行价格补贴，保费的降低导致供给曲线下移并与需求曲线相交，此时消费者剩余增加，如果其数量大于政府补贴的总成本，补贴就带来福利的净增加；如果增加的消费者剩余小于政府补贴数量，就会有社会福利的净损失，但其数量将小于没有潜在福利时的数量（孙香玉和钟甫宁，2008）。

　　图 2-7 中的需求曲线 D_0 与供给曲线 S_0 相交于 A 点，市场价格为 P_0，则 $\triangle CAP_0$ 面积为消费者剩余，这是潜在的消费者剩余（虚线表示）。当给予财政补助后，供给曲线向下平移，需求曲线 D_0 与供给曲线 S_1 相交于 B 点，市场价格为 P_1，则 $\triangle CBP_1$ 面积为消费者剩余，其中潜在的消费者剩余实现了，面积为 $\triangle CAP_0$。价格差为 $P_0 - P_1$。政府付出的成本为四边形 $P_0 P_1 BE$ 面积，其中四边形 $P_0 P_1 BA$ 面积转化成消费者剩余，福利损失为 $\triangle ABE$ 面积。

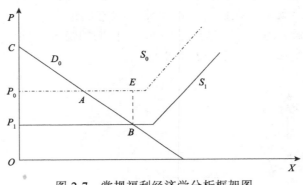

图 2-7　常规福利经济学分析框架图

　　如果消费者实现的潜在福利（$\triangle CAP_0$ 面积）大于政府补助后的社会福利损失（$\triangle ABE$ 面积），政府对农业保险的财政补贴政策就有制度效率，增加社会福利。因为，如果不实行农业保险，不对保费进行补贴，则这部分福利（$\triangle CAP_0$ 面积）是无法转化为实际的，实际上是社会福利的潜在损失，而保险补贴能实现这部分潜在福利。

　　假设农民是风险规避型的，可以通过分散风险而提高效用水平。并假设农民购买农业保险不会对生产方式等造成影响。农民只是利用农业保险这种分散风险的财务转移机制，利用农业保险可以提高自身的效用水平，进而提高自身的福利水平。

　　$E(g)$ 是不确定收入 w_1 和 w_2 的期望收入。确定性等价物 CE 是完全确定的一个收入，它的效用是不确定收入 w_1 和 w_2 的期望效用，$U(\mathrm{CE}) = P \cdot U(w_1) + (1 - P)U(w_2)$。农民为了得到确定性的效用，这种效用等于不确定收入 w_1 和 w_2 的期望效用，宁愿通过购买保险（付出一定代价），即风险升水，$P = E(g) - \mathrm{CE}$。具体见图 2-8。当费率小于风险升水时，农民得到的确定性福利水平一定高于不确定性时的福利水平。

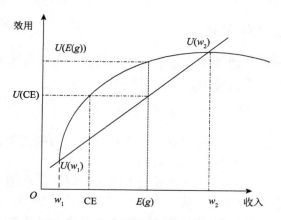

图 2-8　农民福利效用分析框架图

如果（边际）费率高于风险升水 P，得到的边际效用小于保费边际福利损失，此时农民将不会继续通过购买农业保险的方式进行风险分散，这是因为即使分散了风险，也无法提高其效用水平，反而导致福利损耗。当国家给予农业保险保费补贴时，农民则有可能会继续采用农业保险分散风险的方式，其效用水平也能得到相应提高，整个社会福利业得到提升。边际财政补贴额度应该等于由财政补贴导致的边际社会福利增加值。此时，农业保险资源配置达到帕累托改进的条件。

总结：一是农业巨灾可能影响商品的供给与需求，通过影响农产品价格影响人们的福利。因此，保险公司对农业巨灾经济损失评估就转换为衡量福利变化，并通过希克斯分解来确定经济补偿数额。二是农业巨灾影响人们的收入水平，需要农业巨灾保险对农民进行经济补偿。可见，农业巨灾保险评估农业经济损失并给予农户经济补偿数额与农户直接经济损失并不是同一概念，更确切地说，农业保险给予农户经济补偿数额使农户灾前、灾后效用水平一致。经济补偿数额会小于农户的农作物经济损失，否则容易诱导农户道德风险，不利于调动农户防灾减灾的积极性。这就解决农业保险制度长期存在的一个误区：个别地方农业部门的领导认为农业保险的保险金应与农户经济损失一致。

2.2　灾后恢复农业再生产理论：基于索洛模型

农业灾后尽快恢复农业再生产，不仅是农业巨灾风险保障体系的重要内容，也是保障粮食安全的内在要求。从发展经济学视角看，农业灾后尽快恢复农业再生产主要包括农业人均资本和农业技术的恢复过程，同时包括灾后农业人均资本的增长过程。

2.2.1　农业人均资本恢复过程

总的来看，农业产出增长主要是通过增加要素投入和技术进步来实现的。索洛模型属于新古典经济增长范畴，其基本模型为

$$\beta \cdot f(k) = (n + \delta + x)k$$

其中，k 为人均资本；$f(k)$ 为人均农业生产函数；β 为投资率；δ 为资本存量折旧率；n 为人口增长率；x 为技术进步导致的生产率。

先暂时不考虑灾后农业技术改造或技术投入的情况。在图 2-9 中，农业灾害发生后，农业人均资本下降到 k_d 后，农业投资为 B 点，即 $\beta \cdot f(k_d)$，大于所必需的投资 $(n + \delta)k_d$。在这种情况下，资本积累加速形成，经济向右移动，逐渐靠近稳态均衡点 A。

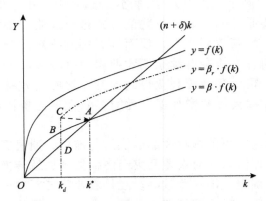

图 2-9　灾后人均农业生产资本恢复过程

一般来说，在农业灾害恢复过程中，资源被重新分配到农业抗灾救灾过程中，投资将大于灾前水平。如果农业投资率由灾前 β 提升到 β_r，投资曲线 $y = \beta \cdot f(k)$ 提高到 $y = \beta_r \cdot f(k)$，加速资本积累。k_d 点的投资为 $\beta_r \cdot f(k_d)$，超过所需要的投资 $(n + \delta)k_d$，即 CD，这将有利于加速农业灾后恢复生产。然而，随着农业经济逐渐恢复，恢复农业再生产的投资逐渐减少，投资率 β_r 将恢复 β 水平，实现由 C 点向 A 点恢复，最后在 A 点实现稳态均衡。

2.2.2　农业人均资本增长率

灾后恢复农业再生产的动态过程也可以通过人均资本增长率的变化来进一步说明。

$$\Delta k = \beta \cdot f(k) - (n + \delta)k$$

$$\Rightarrow \frac{\Delta k}{k} = \frac{\beta \cdot f(k)}{k} - (n + \delta)$$

在图 2-10 中，当 $\frac{\Delta k}{k} = \frac{\beta \cdot f(k)}{k} - (n + \delta) = 0$ 时，经济处于稳态 A 点。灾害发生后，人均资本由 k^* 下降到 k_d，农业生产总量 $f(k^*)$ 下降到 $f(k_d)$，稳态失衡。人均资本增长率为 BD。由于农业抗灾救灾需要，投资率由灾前 β 提升到 β_r，为 CD 距离。随着农业救灾过程不断推进，投资率由 β_r 下降到 β，人均资本增长率不断减小，由 C 点变化到 A 点。

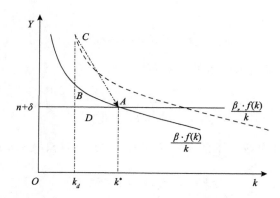

图 2-10　灾后人均农业生产资本增长率的变化过程

2.2.3　存在技术进步的农业灾害经济索洛模型

农业抗灾救灾实践表明：一是旧的农业基础设施，如基本农田水利设施等，由于年代久远，甚至年久失修[①]，抗灾性能下降。二是旧的农业基础设施，由于标准较低，抗灾性能较低。三是农业科学技术在农业抗灾救灾中的力量巨大。在农业灾后恢复重建过程中，由于农业新技术的使用，水利设施重建更新，可以提高农业经济的整体水平。

在图 2-11 中，假设技术进步是随时间变化的一个变量 $A(t)$，在正常情况下农业技术进步以一个正常速度 x 增长。在农业灾害重建恢复中，技术进步将以一个更快速度 x_r 增长，但是这种技术增长不会持续下去，而是一个暂时过程。

---

① 我国许多地区农田基本设施大都建立在 20 世纪 60 年代左右，而且年久失修。

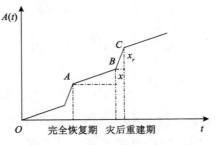

图 2-11　农业灾后技术进步过程

假设农业技术为劳动增强型，即农业技术使农业生产率提高，因此生产函数可以写成

$$Y = F(K, N \cdot A(t))$$

其中，$N \cdot A(t)$ 为含有技术进步的有效劳动。令

$$\hat{k} = \frac{K}{N \cdot A(t)} = \frac{k}{A(t)}$$

则 $\hat{y} = f(\hat{k})$。由不含农业技术的资本增量模型 $\Delta k = \beta \cdot f(k) - (n+\delta)k$ 变成

$$\Delta \hat{k} = \beta \cdot f(\hat{k}) - (n+\delta+x)\hat{k}$$

人均资本增率可以表示如下：

$$r_{\hat{k}} = \beta \cdot f(\hat{k}) / \hat{k} - (n+\delta+x)$$

当经济处于稳态时，人均资本增长率为零，模型如下：

$$\beta \cdot f(\hat{k}) / \hat{k} = n+\delta+x$$

技术进步会导致有效劳动更快增长，因为 $\hat{k} = \dfrac{K}{N \cdot A(t)} = \dfrac{k}{A(t)}$ 下降，具体见图 2-12 中的 CE（比 CD 短）。

农业保险是农业灾害风险管理的重要制度安排。索洛模型对农业保险发展方式转变有如下启示：一是农业保险"保收成"的制度转变，促进农民增收和农业资本积累，如开发"农业区域产量保险"，为农业灾后恢复重建奠定物质基础。二是探索农业科技保险，如"农业种子研发保险"，推动相关科研单位或种子公司研发产量更高、抗灾能力更强、更安全的农业种子。三是探索基本农田水利设施保险，推动农田水利设施风险管理，加强农田水利设施防大灾抗大灾的能力。

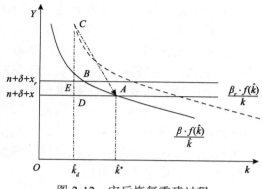

图 2-12　灾后恢复重建过程

四是探索农业保险基金参与农田水利设施建设的动力机制，如采用建筑—经营—转让（build-operate-transfer，BOT）等方式吸引保险资金进入农田水利设施建设和维护工程。这与农业保险的灾前预防功能相一致。

2.3　农业巨灾风险保障资源配置中的政府与市场：基于制度分析视角

人类社会面临的基本问题就是资源配置问题，也就是如何有效率地利用稀缺资源来满足人类的需求和欲望。在资源配置过程中，政府与市场之间的关系一直是经济学界讨论的焦点。调整资源配置中政府与市场之间的关系，寻求二者之间的平衡点，已经成为当代经济发展的关键，也是建立健全现代农业巨灾风险保障体系要优先解决的基础理论问题。

2.3.1　政府与市场关系的流派

西方资源配置中政府与市场关系经历了"自由—干预—自由"的否定之否定的过程，其主要流派归纳起来主要以下几种。

1. 民主社会主义

民主社会主义是在"讲坛社会主义"和"费边社会主义"的基础之上发展起来的一种学说（龚维斌，2008）。民主社会主义的发展分为三个阶段：第一阶段是从 19 世纪到第一次世界大战前，德国的"讲坛社会主义"和英国的"费边社会主义"，他们都反对自由放任的资本主义。第二阶段是两次世界大战之间，庇古提出福利经济学和凯恩斯提出的"充分就业"的思想。庇古强调，国民收入越大，福利也越大；收入平均，福利就越多。凯恩斯主张，通过国家干预经济克服市场失灵以实现充分就业。第三阶段是第二次世界大战后，英国工党提出的"公平收入分配""混合经济"等理论主张。总的来看，民主社会主义主张采取混合经济与国家干预并行的经济模式，主张国有化和计划经济推进福利政策，提倡劳资合作，强调通过高额累进税对收入和财富进行再分配。国家对公民的福祉承担重要责任，政府的角色是在社会中为有需要的个人提供资金服务，只有这样才能维护社会公平。市场具有重要作用，但市场副作用也很大，因而必须加以限制并规范。不主张在农业保险中利用私人服务，因为私人服务的提供和繁荣有可能导致政府忽视或放弃提供农业保险的责任，导致农业保险的市场失灵。北欧、西欧等福利国家盛行，与民主社会主义理论主张密切相关。

2. 新自由主义的福利市场化理论

20 世纪 60 年代以来，随着凯恩斯主义的逐渐失效，人们对国家干预市场经济的做法持怀疑态度。70 年代，以哈耶克和弗里德曼为代表的新自由主义，进一步提倡市场经济和自由竞争，反对国家对经济和社会生活的干预，认为自由是人不可侵犯的权利。西方自由主义主张福利市场化、私有化和个人责任，其农业保险思想和理念概括起来主要有以下四个方面：第一，强调个人责任和市场作用的发挥，反对国家干预。认为自由和责任密切相连，个人不承担责任也就意味着丧失了自由。因此，他们呼吁在承担责任的同时为个人责任的发挥尽可能留下空间，反对政府以累进税之类的再分配手段对个人财富进行重新再分配。第二，反对强制性保险，提倡有选择的保障制度。哈耶克反对将强制性保险运用于国家控制的集权垄断框架之中，因为"它违背了秩序的自由性"。第三，主张消减社会福利，提倡农业保险领域内的竞争。新自由主义者认为，社会福利是"滞胀"形成的主要原因，应当减少社会福利。

3. 中间道路学派

所谓中间学派，就是介于国家干预主义和新自由主义之间的一种理论流派。他们认为，资本主义是导致经济高速增长，交易费用最低的一种有效机制，但也存在许多自身难以克服的缺陷，导致了贫困、不平等和失业现象，而政府行为可以弥补市场的不足，充分发挥市场和政府在配置资源中的长处，避免其短处。因此，自由市场和政府的联合可以使资源得到最有效利用，效率和平等达到最大化。他们既不同意完全自由放任，也不支持民主社会主义学派主张，他们强调国家责任和个人责任并重。他们认为：第一，国家是解决社会问题、消除不平等和不公正的责任主体，因此对国民福利提高负主要责任；第二，国家虽然对社会负主要责任，但国家要以适当的方式、适度地干预福利，国家要提供保障又要限制国家行为，不赞成过多提供社会福利，认为这样会造成社会成员对国家的依赖，并侵蚀人们的生活意志和自我负责的精神，农业保险需要国家、非政府组织和个人共同参与；第三，强调市场自由和国家干预之间的平衡。

2.3.2　政府与市场关系的边界

资源配置是通过对有限的经济社会资源在各种可能的用途上进行合理分配、组合，使资源得到最优化地使用，以获得最优化的经济社会效益来更好地满足人类需要。总的来看，资源配置主要有两种制度安排：市场机制和政府机制。

在市场经济中，市场对资源配置起决定性作用，当市场机制能有效引导资源进行合理配置时，政府就没有必要对资源配置进行直接干预。然而，市场不是万能的，它不可能在所有领域起作用。在某些领域，市场机制对资源配置不是最有效的和成本最低的。当存在公共品、不完全竞争和外部性时，微观主体的有限理性和机会主义倾向会造成市场失灵，市场机制难以起到有效配置资源的作用，需要政府干预，因为此时政府配置资源成本更低和效率更高（孙蓉，2008）。斯蒂格利茨说过，哪里有市场失灵，哪里就有政府的潜在作用。

那么政府与市场关系的边界在哪里呢？哈耶克（1962）论述了政府干预的"可为和不可为"的原则，"不可为"指国家强制力作用不可逾越基于私人产权为基础界定的私域；"可为"指政府通过合宜的法律和经济政策，为市场竞争创造良好的条件和框架。从理论上说，政府与市场关系的边界：政府配置资源的边际成本=市场配置资源的边际成本，具体为图 2-13 中的 A 点。同时，A 点处于一个动态调整的过程，随着我国市场逐步法制化和规范化[①]，政府配置资源应逐步弱化，市场发挥配置资源决定性作用，A 点向右上角移动。

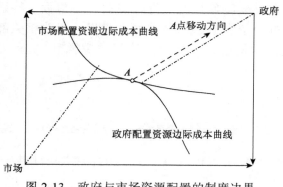

图 2-13　政府与市场资源配置的制度边界

[①] 特别是 2014 年 10 月召开十八届四中全会以后，更能体现社会主义市场经济的本质就是法制经济。

2.3.3　政府与市场在农业巨灾风险保障中的制度边界

1. 政府与市场关系

市场和政府都是配置农业巨灾风险保障体系建设资源的一种制度安排。农业巨灾风险保障制度的突出特征在于政府在农业巨灾风险保障体系建设资源配置中占据主导地位，其职能主要表现为制定农业巨灾风险保障体系法规政策，并监督其执行，以及财政补贴（如水稻保险占保费的 80%）和政府应急处置等。

政府之所以要介入农业巨灾风险保障体系建设的资源配置领域，根本原因在于农业巨灾风险保障的（准）公共品属性，并不是因为农业巨灾风险保障体系建设领域的市场失灵[①]（道德风险与逆选择等）才需要政府介入，而是政府也是资源配置的主体之一[②]。然而，政府在供给农业巨灾风险保障体系建设产品方面，也存在信息不足、官僚主义、政府政策的频繁变化、缺乏市场激励、缺乏竞争、缺乏降低农业巨灾风险保障体系建设成本的激励导向等内在缺陷，政府配置资源将会失灵[③]。只有明确政府与市场各自在农业巨灾风险保障体系建设领域中的角色与定位，使这两种资源配置机制扬长避短、相互补充和相互促进，才能更有效地保证农业巨灾风险保障体系建设制度的可持续发展。

农业巨灾风险保障资源配置领域中政府与市场的关系主要有相互替代、相互补充和相互促进三种。一是政府与市场在农业巨灾风险保障体系建设中的作用存在相互替代的关系，如中华人民共和国成立以来农业保险承办主体多次从市场和政府两方面变迁。二是政府与市场在农业巨灾风险保障体系建设中还存在相互补充的关系。从现代农业巨灾风险保障体系建设制度的建立来看，就是由政府颁布农业保险条例、应急处置条例的法律和政策，以及农业保险财政补贴。三是政府与市场在农业巨灾风险保障体系建设中还具有相互促进、协同发展的关系。当前，农业部门参与农业保险服务体系建设，特别是在查勘定损等领域，保险公司通过给予农业部门一些经办费用，调动相关部门积极配置农业保险服务体系建设的积极性，以摆脱集体行动逻辑[④]陷阱和囚徒困境，提高农业保险服务效率。

---

① 亚当·斯密在《国富论》中并没有说市场失灵是政府配置资源的主要手段。市场不仅是"看不见的手"，也是"隐形的眼睛"。

② 政府权威及其强制力所带来的管理成本收益优势及政府的财政补贴也是其介入农业巨灾风险保障体系建设的重要原因。

③ 奥地利学派认为市场是分散的知识和信息的发现过程，无论政府还是个人，都不可能掌握完备的知识和信息。

④ 奥尔森（M. Olson）的集体行动的逻辑理论告诉我们"有限理性的、寻求自我利益的个人不会采取行动以实现他们共同或集团的利益"。

2. 政府在农业巨灾风险保障中的角色定位

政府介入农业巨灾风险保障，理由来源于农业保险市场失灵。农业巨灾保险市场失灵既有客观原因也有主观原因。农业巨灾保险经营的基石是大数定理。从统计学角度看，随着样本数量增加，平均损失逐渐趋于稳定，而方差趋于零。保险公司作为风险中性人，通过汇聚大量的、同质的、独立的风险单位，从而实现风险有效转移。但农业巨灾风险并不符合大数定理的条件假设。一是风险单位并不相互独立，呈高度相关性，有时候呈区域性，如 2010 年西南地区特大旱灾。二是农业巨灾风险属于小概率、高损失事件，在理论上属于后尾分布。这种后尾特征也使风险集合分散的可能性大大降低，个体风险无法相互抵消。在农业保险供给方面，由于保险公司决策权由管理层掌控，尽管有各种激励措施或政治压力，但一次农业保险巨灾风险就可能导致保险公司破产，从而对保险职业生涯造成极大负面影响，保险公司经理会对农业保险表现出"厌恶风险"的特征，即保险人不是传统假设的"风险中性者"，而是一个"风险规避者"，使保险人在进行农业巨灾保险决策时要求更高的风险附加，如果这一要求无法实现，保险人只有选择减少农业巨灾保险供给甚至退出农险市场。

当前，正确处理中央政府、地方政府和市场关系边界的界定是我国农业巨灾风险保障体系建设的关键因素。十八届三中全会提出市场在资源配置中起决定性作用和更好发挥政府作用。笔者认为，在农业巨灾风险保障体系建设中，市场在配置资源中起决定性作用，如农业（巨灾）保险，市场应该在承保、核保核赔、再保险、巨灾风险债券化等领域发挥决定性作用。在巨灾社会救助、防灾减灾体系建设及法律制度安排等方面更好发挥政府作用，并在引导市场配置资源中起决定性作用，形成有效社会治理机制，促进精准扶贫、精准脱贫的制度性作用。对我国农业巨灾风险保障制度中政府与市场关系边界的界定，必须从我国的现实国情与历史传统出发，要重视以下几点。

一是在资源配置中，政府与市场的制度边界是一个动态过程。即政府参与农业巨灾保险市场资源配置，是一个动态过程，不存在固定不变的最优解，关键看它是否与当地现实条件和经济发展水平相适应。目前政府在农业巨灾风险保障资源中应该起重要引导作用，其引导作用并不是为了减少市场失灵，而是政府也是资源配置的主要主体之一。发挥政府这只"看得见的左手"和发挥市场这只"看不见的右手"的作用，促进商业保险公司积极参与农业（巨灾）保险市场竞争，提高资源配置效率，实现帕累托改进，防止因灾返贫、因灾致贫，共同推进精准扶贫、精准脱贫，形成社会治理机制。

二是克服政府在农业巨灾保险①资源配置中主导作用和引导作用的伪命题之争。解读这个问题应该一分为二。政府发挥主导或引导作用，主要是看农业巨灾保险制度的哪一方面，如在农业巨灾保险保费的财政补贴、农业巨灾保险基层服务体系建设等方面，政府的确发挥主导作用，把潜在社会福利（含消费者剩余和保险公司剩余）转化成现实的社会福利（钱振伟，2013）。在核保、查勘理赔、再保险安排、巨灾风险证券化方面，应该发挥保险公司的优势作用，发挥市场配置资源的决定性作用，政府在这些领域应发挥引导作用。优化和完善政策环境，引导农业保险规范化经营，这是农业巨灾保险可持续发展的基础。

三是应更好发挥政府作用并促进市场在农业巨灾保险资源配置中的决定性作用。由于云南多山、地形相对复杂和小户种植的特点，种植业出险地点较为分散，依靠人保财险现有的网点和工作人员数量，无疑是很难做到的。因此，在某些偏远地区，保险公司只能委托当地乡镇和村委会干部查勘。

四是进一步规范与完善资本市场，发行农业巨灾债券，完善金融监管机制，发展适合农业巨灾风险基金投资的金融创新，并通过加强对专业农业巨灾风险基金投资机构的监督来保证基金的安全性与收益率。

五是既要发挥地方政府在农业灾害应急处置中的主导作用，也要防止地方政府在推进农业（巨灾）保险业务中容易"越位"。地方政府部门在委托保险经纪公司设计农业保险条款时，既要防止经纪公司收取过高经纪费用②，又要防止政策走极端，不能收取保险公司的经纪费和手续费③，而应该科学厘定一个标准，使经纪公司收取的经纪费用与其提供的农业保险经纪服务项对价。

六是鼓励农业巨灾风险保障体系建设中的福利多元主义（welfare pluralism），形成农业防灾减灾社会治理机制。一方面，强调农业巨灾风险保障服务可由公共部门、营利部门、非营利组织、家庭和社区四个部门共同负担，政府角色逐渐转变为福利服务标准的规范者、服务购买者、仲裁者，引导其他部门提供更多的农业保障服务。另一方面，强调和促进非营利组织参与农业巨灾保障事业（特别是灾后农业救济），以填补政府资源不足或政府从福利领域后撤所遗留下的真空。政府通过非营利组织整合福利服务，提高福利的供给效率，满足多样化的社会救济需求。通过政府购买服务的方式，一些福利服务可以从政府向私人部门转移，特别是向非营利组织转移。这样不仅可以提高农业保障的质量，而且以政府为主体，引导社会力量，最大限度整合和优化农业保

---

① 目前许多省份的农业保险已经向农业巨灾保险转变，如 2012～2015 年云南农业保险把旱灾、虫灾纳入保险责任，其实质就是农业巨灾保险。

② 如 2013 年云南森林火灾保险招投标过程中，安诚保险经纪公司收取 15%的经纪费。

③ 如 2015 年云南森林火灾保险招投标过程中，由于国务院出台 68 号文中规定保险经纪公司不能收取经纪费和手续费，韦莱保险经纪公司不能收取任何经纪费。

险资源配置，提升"保障粮食安全""促进农民增收""推动农业现代化"的
制度功能。

2.4　农业巨灾风险保障服务体系建设：激励与合约

党的十八届三中全会提出市场在资源配置中起决定性作用和更好发挥政府
作用。笔者认为，农业巨灾风险保障服务体系应该充分利用市场，部分巨灾风险
保障公共服务通过"政府购买服务"方式运行，增强公共产品和服务供给能力，
提高供给效率，有利于理顺政府与市场的关系，加快政府职能转变，充分发挥市
场配置资源的决定性作用。这就要求建立一个较为完善的激励合约机制，调动市
场配置资源的积极性。农业巨灾保障服务（如中央政策性农业保险、农业灾害风
险评估等）的委托人负责设计、推出合约，而代理人则被合约规定完成某种工作，
并且决定是否有兴趣签约或者不签约。这种关系得到某种结果，其货币价值用 x 表
示。X 表示可能结果的集合。最终得到的结果取决于代理人投身工作的努力，以
e 表示。而且对双方来说，随机变量的值服从相同的先验分布。

结果不仅取决于代理人的努力程度，也取决于随机元素，那么结果也是一个
随机变量。

$$P_r\left[x=x_i\middle|e\right]=p_i(e),\ i=1,2,\cdots,n$$

$$X=\left\{x_1,\cdots,x_n\right\}$$

$$\sum_1^n p_i(e)=1$$

参与人对风险的偏好可以用它们的效用函数表示。委托人的行为取决于以下
效用函数：

$$B(x-w)$$

其中，$B'>0,B''\leqslant 0$，表示为凹函数。假设代理人的效用函数 $U(w,e)=u(w)-u(e)$，
其中，w 为工资支付，e 为代理人的努力（劳动）。

2.4.1　对称信息合约

$$\max_{[e,\{w(x_i)\}_{i=1,2,\cdots,n}]}\sum_{i=1}^n p_i(e)\cdot B(x_i-w(x_i)) \tag{2-1}$$

$$\text{s.t.}\sum_{i=1}^n p_i(e)\cdot u[w(x_i)]-v(e)\geqslant \underline{U} \tag{2-2}$$

式（2-2）为代理人愿意接受的合约的约束条件；式（2-1）为委托人收益最大化。这个条件称为参与条件。

注意：$u(\bullet), B(\bullet)$ 是凹函数，库恩-塔克条件有解。

$$L\big(w(x_i), e, \lambda\big) = \sum_{i=1}^{n} p_i(e) \cdot B\big(x_i - w(x_i)\big) + \lambda \left\{ \sum_{i=1}^{n} \big\{ p_i(e) u\big[w(x_i)\big] - v(e) \big\} - \underline{U} \right\}$$

$$\frac{\partial L}{\partial w(x_i)} = -p_i(e) B'\big(x_i - w(x_i)\big) + \lambda \cdot p_i(e) u'\big(w(x_i)\big) = 0 \qquad （2\text{-}3）$$

$$\Rightarrow \lambda = \frac{B'\big(x_i - w(x_i)\big)}{u'\big(w(x_i)\big)}$$

对所有 $i = 1, 2, \cdots, n$ 都成立。

我们可以发现：效率的配置边界符合传统意义的帕雷托效率。

$$\lambda = \frac{B'(x_i - w(x_i))}{u'(w(x_i))} = 常数$$

$$\Rightarrow \frac{B'(x_i - w(x_i))}{B'(x_k - w(x_k))} = \frac{u'(w(x_i))}{u'(w(x_k))} = \frac{u'(w_i)}{u'(w_k)} \qquad （2\text{-}4）$$

其中，$k \neq i, \; i = 1, 2, \cdots, n$。令 $w(x_i) = w_i$，当 $n = 2$ 时，

$$\frac{B'(x_2 - w(x_2))}{B'(x_1 - w(x_1))} = \frac{u'(w_2)}{u'(w_1)}$$

1. 假设委托人是风险中性的

假设委托人是风险中性的，即 $B'(\bullet) = 常数$，也就是说，$\dfrac{B'(x_2 - w(x_2))}{B'(x_1 - w(x_1))} = 1 = \dfrac{u'(w_2)}{u'(w_1)}$，即 $u'(w(x_i)) = u'(w_j)$。如果代理人是风险规避型，因为当 $i \neq j$ 时，$u'(w_i) \neq u(w_j)$，也就是说，要使边际效用相等的唯一可能性，就是两点必然相等，也就是说 $w_i = w_j$。最优合约代理人获得的支付与结果无关。委托人承担所有的风险。代理人所有努力状态都得到固定工资，即 $w = u^{-1}(\underline{U} + v(e))$。

2. 假设代理人是风险中性的

如果代理人是风险中性的，即 $u'(\bullet) = 常数$；委托人是风险规避的，$B''(\bullet) \prec 0$。$B'(x_k - w(x_k)) = B'(x_j - w(x_j))$，委托人边际效用相等的唯一可能性，就是两点必然相等，$x_i - w(x_i) = x_j - w(x_j) = k$。委托人得到的利润独立于结果，是一个常数 k。$w(x_i) = x_i - k$，代理人承担全部风险。这种合约称为特许合约。代理人保留结果得

到 x_i，并且付给委托人一笔与结果无关的固定数目 k。

3. 假设委托人和代理人都是风险规避型的

由式（2-3）推导如下：

$$\lambda = \frac{B'(x_i - w(x_i))}{u'(w(x_i))}$$

$$\Rightarrow -B'(x_i - w(x_i)) + \lambda u'(w(x_i)) = 0 \qquad （2\text{-}5）$$

进一步，对 x_i 求导，得到

$$-B''(\bullet) \cdot (1 - w'(x_i)) + \lambda u''(w(x_i)) \cdot w'(x_i) = 0$$

$$\because \lambda = \frac{B'(x_i - w(x_i))}{u'(w(x_i))}$$

$$\Rightarrow -B''(\bullet) \cdot (1 - w'(x_i)) + \frac{B'(x_i - w(x_i))}{u'(w(x_i))} \cdot u''(w(x_i)) \cdot w'(x_i) = 0 \qquad （2\text{-}6）$$

$$\Rightarrow \frac{-B''(\bullet)}{B'(x_i - w(x_i))}(1 - w'(x_i)) + \frac{u''(w(x_i))}{u'(w(x_i))} w'(x_i) = 0$$

又因为委托人的绝对风险度量：

$$\gamma_p = \frac{-B''(\bullet)}{B'(x_i - w(x_i))}$$

代理人绝对风险度量：

$$\gamma_a = -\frac{u''(w(x_i))}{u'(w(x_i))}$$

$$\frac{-B''(\bullet)}{B'(x_i - w(x_i))}\big(1 - w'(x_i)\big) + \frac{u''\big(w(x_i)\big)}{u'\big(w(x_i)\big)} w'(x_i) = 0$$

$$\Rightarrow w'(x_i) = \frac{\mathrm{d}w(x_i)}{\mathrm{d}x_i} = \frac{\gamma_p}{\gamma_p + \gamma_\alpha} \qquad （2\text{-}7）$$

代理人越是风险规避型的，γ_a 越大，其结果 x 对工资的影响就越小。委托人越是风险规避型的，γ_p 越大，其结果 x 对工资的影响就越大。

2.4.2　道德风险背景下的最优合约

道德风险的定义：假设代理人的行为不能被委托人所观察，或者可以被观察，但不可被证实，也就是说代理的"努力"不是合约的一个变量。我们假设，虽然代理人的行为不能被证实，但是努力带来的结果在合同期末是可以被证实的。支付可以根据结果来衡量。比如，保险合约条款取决于被保险人遭受事故的数量和严重性。

考虑一个风险中性的委托人和一个风险规避的代理人的事例。在对称信息的最优合约中，代理人所有努力状态都得到固定工资，委托人承担了所有的风险。如果代理人的努力是不可观察的，那么一旦他签订了合约，他将付出最有利的努力水平。因为工资与结果无关，他将付出最低可能的努力。委托人会预料到这种反应，因此他选择的工资恰好能补偿代理人付出的努力，即

$$w^{\min} = u^{-1}(\underline{U} + v(e^{\min}))\qquad(2\text{-}8)$$

其中，$w^{\min}$ 和 $e^{\min}$ 分别为最小工资和最小努力。委托人为了获得大于 $e^{\min}$ 的努力，可以通过使代理人的支付取决于其所获得的结果，而使代理人对其自身行为后果感兴趣。

$$\max_{[e,\{w(x_i)\}_{i=1,2,\cdots,n}]} \sum_{i=1}^{n} p_i(e) \cdot B(x_i - w(x_i))\qquad(2\text{-}9)$$

$$\text{s.t.} \sum_{i=1}^{n} p_i(e) \cdot u[w(x_i)] - v(e) \geqslant \underline{U}\qquad(2\text{-}10)$$

$$e \in \max_{\hat{e}} \sum_{i=1}^{n} p_i(\hat{e}) \cdot u(w(x_i) - v(\hat{e}))\qquad(2\text{-}11)$$

其中，$e \in \max\limits_{\hat{e}} \sum\limits_{i=1}^{n} p_i(\hat{e}) \cdot u(w(x_i) - v(\hat{e}))$ 为激励相容约束；$\sum\limits_{i=1}^{n} p_i(e) \cdot u[w(x_i)] - v(e) \geqslant \underline{U}$ 为参与约束。

我们进一步假设代理人只有两种可能努力水平——高（H）和低（L），并假设委托人还是风险中性的，则 $e \in \{e^H, e^L\}$，其中努力水平 e^H 表示代理人努力工作，而 e^L 表示代理人懈怠马虎。显然代理人努力工作的负效用将大于一个不努力工作的负效用 $v(e^H) \succ v(e^L)$。为了简单起见，我们将对结果的集合 X 从差到好排序 $x_1 \prec x_2 \prec \cdots \prec x_n$，对于所有的 $i \in \{1,2,\cdots,n\}$。令 $p_i^H = p_i(e^H)$ 表示代理人付出高努力获得结果 x_i 的概率，$p_i^L = p_i(e^L)$ 表示代理人付出低努力获得结果 x_i 的概率。相比低努力，委托人更喜欢高努力。$u(w^L) - v(e^L) \geqslant u(w^L) - v(e^H)$ 显然成立。

通常委托人需要代理人的高努力 e^H。为了使代理人选择 e^H，需要一个合约，在此合约下代理人的支付取决于获得的最终结果。激励相容约束条件可以写成

$$\sum_{i=1}^{n} p_i^H u(w(x_i)) - v(e^H) \geqslant \sum_{i=1}^{n} p_i^L u(w(x_i)) - v(e^L)$$

也可以写成

$$\sum_{i=1}^{n} (p_i^H - p_i^L)u(w(x_i)) \geqslant v(e^H) - v(e^L)$$

经济解释：如果代理人的高努力比低努力获得的预期效用大于因付出高努力而使用的成本（负效用），代理人会选择 e^H。为了计算出代理人选择高努力的最优合约，委托人必须解决以下合约问题：

$$\max_{[e,\{w(x_i)\}_{i=1,2,\cdots,n}]} \sum_{i=1}^{n} p_i^H (x_i - w(x_i)) \tag{2-12}$$

$$\text{s.t.} \sum_{i=1}^{n} p_i^H \cdot u[w(x_i)] - v(e^H) \geqslant \underline{U} \tag{2-13}$$

$$\sum_{i=1}^{n} (p_i^H - p_i^L)u(w(x_i)) \geqslant v(e^H) - v(e^L) \tag{2-14}$$

该体系拉格朗日方程为

$$L(\{w(x_i), \lambda, \mu\}) = \sum_{i=1}^{n} p_i^H \cdot (x_i - w(x_i)) + \lambda \left\{ \sum_{i=1}^{n} p_i^H \cdot u[w(x_i)] - v(e^H) - \underline{U} \right\}$$
$$+ \mu \left[\sum_{i=1}^{n} (p_i^H - p_i^L)u(w(x_i)) - (v(e^H) - v(e^L)) \right] \tag{2-15}$$

将式（2-15）对工资 $w(x_i)$ 求导，得到

$$-p_i^H + \lambda p_i^H u'(w(x_i)) + \mu[p_i^H - p_i^L]u'(w(x_i)) = 0$$

$$\Rightarrow \frac{p_i^H}{u'(w(x_i))} = \lambda p_i^H + \mu(p_i^H - p_i^L) \tag{2-16}$$

式（2-16）对所有 $i = 1,2,\cdots,n$ 都成立。将式（2-16）从 1 加到 n。因为

$$\sum_{i=1}^{n} p_i^H = \sum_{i=1}^{n} p_i^L = 1$$

可以得到

$$\lambda = \sum_{i=1}^{n} \frac{p_i^H}{u'(w(x_i))} \succ 0$$

$$\frac{1}{u'(w(x_i))} = \lambda + \mu\left(1 - \frac{p_i^L}{p_i^H}\right), \quad i = 1, 2, \cdots, n \qquad (2\text{-}17)$$

显然 $\mu \neq 0$ ，因为如果 $\mu = 0$ ，则 $u'(w(x_i)) =$ 常数，说明代理人是风险中性的，与假设不符。$\frac{p_i^L}{p_i^H}$ 越小， $\frac{1}{u'(w(x_i))}$ 越大， $u'(w(x_i))$ 越小，因为 $u'(w(x_i))$ 是一个减函数，所以工资 $w(x_i)$ 越高。结果 x_i 的传递努力水平为 e^H 的准确度。换句话说，当结果 x_i 可以被观察到时，高努力水平 e^H 就会增加。

由式（2-17）可以推出：

$$u'(w(x_i)) = \frac{1}{\lambda + \mu\left[1 - \dfrac{p_i^L}{p_i^H}\right]} \Rightarrow w(x_i) = (u')^{-1}\left[\frac{1}{\lambda + \mu\left[1 - \dfrac{p_i^L}{p_i^H}\right]}\right]$$

在农业生产灾害显现的时候，极少数参保农民就要减少农业生产的正常投入，使受灾的成数提高，加大了农业保险理赔资金额度，从而出现了道德风险。农业保险存在的道德风险，使政府和保险机构面临高监督成本和高赔付损失的两难选择。

《中国人民财产保险股份有限公司能繁母猪养殖保险条款》第七条规定，"保险母猪的每头保险金额为 1000 元，并且不超过其市场价格的 7 成"。第二十四条规定，"发生保险事故时，若保险母猪每头保险金额低于或等于出险时的实际价值，则以每头保险金额为赔偿计算标准；若保险母猪每头保险金额高于出险时的实际价值，则以出险时的实际价值为赔偿计算标准"。第十五条规定，"被保险人应当遵守国家及地方有关部门生猪饲养管理的规定，搞好饲养管理，建立、健全和执行防疫、治疗的各项规章制度，接受畜牧兽医部门和保险人的防疫防灾检查及合理建议，切实做好防疫、治疗及安全防灾工作，维护保险母猪的安全"。"投保人、被保险人未按照约定履行其对保险母猪安全应尽责任的，保险人有权要求增加保险费或解除保险合同"。在云南能繁母猪保险实践中，特别是 2009 年年底和 2010 年年初，云南能繁母猪市场价值低于 1000 元，但从稳定农村社会和保护农民利益出发，相关政府部门和人保财险云南分公司还是按照每头能繁母猪 1000 元保险赔偿金赔付给养殖户，这会导致大量养殖户（主要是规模养殖户）犯道德风险——不医治生病的能繁母猪，任其自生自灭，使大量能繁母猪死亡。如果按照第十五条规定，保险公司有权要求增加保险费或解除保险合同，但由于存在信息不对称，保险公司依然"见死即赔"，即 $w(x_i)=1000$，即式（2-17）不能成立，扭曲了道德风险背景下的最优合约，$e^H = e^L$。

2.4.3　逆向选择背景下的最优合约

逆向选择不仅出现在代理人的信息优势涉及他自己个人特征的时候，而且出现在存在有关合约关系任何变量的不对称信息的时候。如果代理人试图从保持信息的私人性中获利，那么委托人的问题就是去发现减少其信息劣势的方法。我们假设代理人的努力将被假设为可被证实，而且委托人是风险中性的，努力的发挥 e 与向委托人的预期支付 $\prod(e) = \sum_{i=1}^{n} p_i(e)x_i$ 相联系，同时假设 $\prod(e)' \succ 0$、$\prod(e)'' \prec 0$。

代理人可以是两种类型中的任何一种，委托人不能区别他们。这两种类型的不同仅涉及努力函数的负效用，即类型 1 的 $v(e)$ 和类型 2 的 $kv(e)$，$k \succ 1$。因此，任何特定努力的负效用对于类型 2 的代理人都更大。我们把第一种类型称为"好的"类型（以 G 表示），把第二种类型称为"差的"类型（以 B 表示），给定一种记法，代理人的效用 $u^G(w,e) = u(w) - v(e)$ 和 $u^B(w,e) = u(w) - kv(e)$。假设委托人关注一个代理人的信息，代理人可能伪造，如他的收入信息。委托人可以问代理人各种间接问题，如代理人怎样在不同的物品中分摊他的支出、他的政治偏好、他的嗜好。这些信息将被委托人用来通过某种规则推断代理人的收入，而代理人也知道这些规则。所以委托人的问题是在受约束之下最大化他的预期收益，其约束为，在考虑委托人提供的各种合约之后，代理人决定向委托人表明，他选择为他这种代理人类型设计的合约，即

$$\max_{[(e^G, w^G),(e^B, w^B)]} q\left[\prod(e^G) - w^G\right] + (1-q)\left[\prod(e^B) - w^B\right] \qquad （2-18）$$

$$\text{s.t.}\quad u(w^G) - v(e^G) \geqslant \underline{U} \qquad （2-19）$$

$$u(w^B) - kv(e^B) \geqslant \underline{U} \qquad （2-20）$$

$$u(w^G) - v(e^G) \geqslant u(w^B) - v(e^B) \qquad （2-21）$$

$$u(w^B) - kv(e^B) \geqslant u(w^G) - kv(e^G) \qquad （2-22）$$

其中，式（2-21）和式（2-20）包含了式（2-19）。可以证明最优菜单 $\{(e^G, w^G),(e^B, w^B)\}$ 由下面方程定义。

$$u(w^G) - v(e^G) = \underline{U} + (k-1)v(e^B) \qquad （2\text{-}23）$$

$$u(w^B) - kv(e^B) = \underline{U} \qquad （2\text{-}24）$$

$$\prod{}'(e^G) = \frac{v'(e^G)}{u'(w^G)} \qquad （2\text{-}25）$$

$$\prod{}'(e^B) = \frac{kv'(e^B)}{u'(w^B)} + \frac{q(k-1)}{1-q}\frac{v'(e^B)}{u'(w^G)} \qquad （2\text{-}26）$$

证明省略。式（2-23）表明参与条件是代理人得到 $(k-1)v(e^B)$ 的信息租金，这就是说，最有效率的代理人，由于他的私人信息，得到了超过他的保留效用水平的效用。逆向选择增加了农业保险高赔付的概率，为了避免这个问题，比如，《吉林省农业保险工作实施细则》明确规定，"被保险人必须把二轮承包土地或粮食直补土地面积内符合投保条件的农作物 100%投保"，从而有效控制了农业风险的逆向选择问题。

2.5　农业巨灾保障服务体系治理：基于公共服务理论视角

什么是农业巨灾保障服务体系治理？首先要回答什么是"治理"。在关于治理的各种概念中，全球治理委员会的定义具有代表性和权威性。该委员会在1995 年发表了《我们的全球伙伴关系》的报告，该报告对"治理"进行了如下界定："治理是各种公共的或私人的机构管理其共同事务的诸多方式的总和。它是使互相冲突的或不同利益得以调和并且采取联合行动的持续过程。"1998年，英国学者格里·斯托克（Gerry Stoker）对各种治理的概念进行了梳理和归类，分别有以下五类：①治理来自一系列的政府，但又不限于政府的社会公共机构和行为者的复杂体系；②治理意味着在为社会和经济问题寻求解决方案的过程中，存在界限和责任方面的模糊性；③治理明确肯定了在涉及集体行为的各个社会公共机构之间存在权力依赖；④治理意味着参与者最终将形成一个自主网络；⑤治理意味着办好事情的能力并不限于政府的权力、政府的发号施令或运用权威。在公共事务的管理中，还存在其他的管理技术和管理方法，政府有责任使用这些新的方法和技术来更好地对公共事务进行控制和引导。政府治理是政府为了解决公共问题或者达到公共目的，通过行使合法权力对社会的公共事物进行管理的过程。

可见，农业巨灾保障服务体系治理可以理解为：农业巨灾保障服务体系治理是各种公共的或私人的机构（如保险经纪公司、保险公司、农村信用社、各种农业生产合作社、社区、非政府组织等）一起管理社会保障事务的诸多方式的总和。

它是使互相冲突的或不同的利益得以调和并且采取联合行动的持续过程。它既包括拥有强制服从权力的正式机构和政府，也包括人们和机构为了自己的利益同意或接受非正式的制度安排。我国农业巨灾保障服务体系治理主要来自一系列的政府行政机构及其之间的相互关系，也包括"政府购买服务"方式中的政府与私人部门或非政府组织之间的关系。农业巨灾保障服务体系的准公共产品属性决定了它的运行或多或少具有"公共管理"特征，而农业保险又是市场参与度最高的一种准公共产品，这就需要从"新公共服务"理论视角审视农业巨灾保障服务体系建设问题。

2.5.1　"囚徒困境"中的个人理性与集体理性

"囚徒困境"博弈提出了个人与群体利益之间存在冲突，个人对自己利益追求的选择将会导致低效率的占优均衡策略，个人自由必须以效率的损失为代价，导致个人理性与社会低效率的困境，即理性有界的个人会陷入"社会陷阱"[①]，即存在个人理性和集体理性之间的冲突。为了能走出囚徒困境，就必须采取集体行动。然而奥尔森（2007）的集体行动的逻辑理论告诉我们"有限理性的、寻求自我利益的个人不会采取行动以实现他们共同或集团的利益"。西方经济学家和管理学家在社会资源配置中既看到了市场失灵，又看到了政府失灵，便提出了治理概念，主张用"治理"替代统治。所谓的市场失灵，是指由于市场法制和政府不理性等原因，运用市场手段，无法达到经济学中的帕累托最优，同样仅依靠国家的计划和行政命令等手段，也无法达到资源配置最优化，最终不能促进和保障公民的政治利益与经济利益。正是鉴于政府和市场的不足，越来越多的人热衷于治理机制对付市场和政府双重失灵的问题。

农业巨灾保障属于准公共产品，由于存在外部性与市场微观主体的有限理性和机会主义倾向，采取占优均衡策略会造成个人理性和集体理性之间的冲突，市场机制难以起到有效配置资源的作用，需要政府代表群众利益采取集体行动，以克服个人理性与社会福利最大化之间的矛盾，即由政府提供农业巨灾保障产品和服务，克服市场供给不足，走出集体行动逻辑陷阱，但如果完全由政府提供农业巨灾保障产品，则又由于存在信息不足、缺乏竞争和降低农业巨灾保障产品（如农业保险）成本的激励，会政府失灵。面对农业巨灾保障的市场和政府的双失灵，需要通过合理和高效的农业巨灾保障服务体系的治理机制，既要发挥政府这只"看得见的手"对

---

① 所谓社会陷阱，是指个人理性与社会福利最大化之间的矛盾，是阿罗不可能定理的一个应用。资料来源：盖瑞·J. 米勒：《管理的困境——可层的政治经济学》，上海三联书店，2003 年，第 37 页。用中国古话说就是"一个和尚挑水喝，两个和尚抬水喝，三个和尚没水喝"。这是一个囚徒困境博弈，两个和尚挑水喝是他们二人的占优均衡策略；三个和尚不挑水，没水喝也是他们的占优均衡策略，虽然每一个和尚都需要喝水，与其他和尚的利益一致，即"个人理性"和"集体理性"之间的冲突。

农业巨灾保障进行资源配置的积极作用，也要通过市场这只"看不见的手"，提高社会提供农业巨灾保障服务的积极性，发挥市场配置资源的作用，提高农业保险资源配置效率，降低农业保险的交易成本，形成农业防灾减灾的社会治理机制，促进精准扶贫和精准脱贫。

2.5.2　农业巨灾保障服务体系治理中的各级政府关系

农业巨灾保障服务体系治理模式不仅体现在政府与市场的关系上，而且体现在中央政府与地方政府的关系上，特别是财政关系。美国当代著名的财政学家马斯格雷夫提出关于政府职能三个分支的划分，提供了一个现已被广泛采用的关于政府职能的分析框架（Musgrave，1959）。这一分析框架也是分析地方政府经济作用的逻辑起点。一般认为，稳定和分配职责应分配给中央政府，而地方政府则在配置职责中起主要作用（王雍君，2007），即中央政府和地方政府在稳定、配置和分配职能中的相对作用是不同的：中央政府在稳定和分配及再分配职能中发挥主导作用。相对而言，配置职能则是适合地方政府发挥主导作用的领域。从公共财政的角度看，这种差异反映了地方财政职能与中央财政职能的差异。确切地说，中央政府的职能重心在于稳定和分配及再分配，地方财政职能的重心在于资源配置，而配置职能的中心议题是如何提供有效率的公共服务。地方政府比中央政府更具备有利条件，提供当地居民所偏好的公共产品，特别是对于我们这样一个经济发展水平多层次化、多民族、地理复杂、文化传统多样化的发展中国家。由于信息不对称，中央政府更容易倾向于向各个辖区提供水平、标准、类型大致相同的公共产品，这样就不可能顾及各个地方的不同需要，缺乏效率。在农业保险实践中，中央政府承担农业保险主要财政责任，但地方政府总是以某种方式承担农业保险的部分财政责任，并承担协助实施农业保险的服务经办职能。例如，中央财政对能繁母猪保险补贴50%，地方财政补贴30%，省政府根据各地区财力不同确定省级财政和市县财政分担比例，个人承担保费的20%；奶牛保险中央财政出30%，地方三级财政出30%，个人承担40%，具体见表2-2和表2-3。同时地方政府农业职能部门（畜牧站）负责打能繁母猪耳标、协助保险公司收取保费、核保核赔、监督能繁母猪死亡后的无害化处理（只有个别县有无害化处理过程，如云南江川县）等。可见，中央和地方政府在农业巨灾保障公共服务中职责重叠。合理科学地划分地方政府与中央政府的农业巨灾保障权责关系，特别是农业保险资源配置中的责任，是创新农业保险管理体制的重要环节，是降低农业保险的制度成本和提升制度效率的基础，也是农业巨灾保障制度可持续发展的关键。

表 2-2　云南省能繁母猪保险保费来源占比　　　　　单位：%

区域	中央财政占比	地方财政		个人承担比例
		省财政配套占比	州（市）、县（区）财政配套占比	
昆明、玉溪	50	6	24	20
曲靖、红河 [1)]、楚雄 [2)]、大理 [3)]	50	15	15	20
昭通、文山 [4)]、普洱、保山、丽江、临沧	50	22.5	7.5	20
西双版纳 [5)]、德宏 [6)]	50	27	3	20
怒江 [7)]、迪庆 [8)]	50	30	0	20

资料来源：云南省农业厅

　　1）全称为红河哈尼族彝族自治州；2）全称为楚雄彝族自治州；3）全称为大理白族自治州；4）全称为文山壮族苗族自治州；5）全称为西双版纳傣族自治州；6）全称为德宏傣族景颇族自治州；7）全称为怒江傈僳族自治州；8）全称为迪庆藏族自治州

表 2-3　云南省奶牛保险保费来源占比　　　　　单位：%

区域	中央财政占比	地方财政		个人承担比例
		省财政配套占比	州（市）、县（区）财政配套占比	
昆明、玉溪	30	6	24	40
曲靖、红河、楚雄、大理	30	15	15	40
昭通、文山、普洱、保山、丽江、临沧	30	22.5	7.5	40
西双版纳、德宏	30	27	3	40
怒江、迪庆	30	30	0	40

资料来源：云南省农业厅

2.5.3　保险经纪公司参与农业保险服务体系价值分析

　　云南农业保险主要实行委托保险公司市场化运作的模式[①]。姑且不论农业保险的准公共品性导致市场失灵的问题。委托-代理理论也不能解决农业保险运营中的权责对等、信息和激励问题，做到一劳永逸。农业保险服务体系治理机制如何解决"合理的权责对等配置、信息运行的低成本和激励相容"这三个问题呢？能否通过引入保险经纪公司，形成农业保险服务体系治理机制"利益均衡"，实现各利益攸关方"合作"才能解决"权责对等配置、信息运行的低成本和激励相容性"这三个问题？

　　2013 年 3 月，中国保监会发布《关于进一步发挥保险经纪公司促进保险创新作用的意见》，鼓励保险经纪公司充分发挥自身优势，在丰富保险产品、增强市场活力、促进市场发展、保护被保险人利益等方面做出更大贡献。这是我国保险监管机构第一次就保险经纪公司的发展出台单独文件，并将其地位提高到促进保

---

　　① 2012～2015 年由七家保险公司以共保形式承担云南政策性农业保险。

险创新的高度，这表明了监管机构对保险经纪公司的期望，也体现了保险经纪公司的重要价值。其中，保险经纪人的价值主要体现在降低保险行业各参与方的信息不对称程度、提升保险市场交易效率和增加交易双方的净收益等方面，而这种效率提升和交易方净收益的增加会带来整个社会福利的增加。善意的保险经纪人参与农业保险减少了保险市场参与者的交易成本，这就使保险市场的交易变得更活跃，市场均衡时的交易量增大，而均衡价格却会降低，市场各参与方获得更多的收益，进而使各个农业保险参与者获得福利。

　　假定保险市场满足完全竞争的基本条件，投保人总需求的函数表达式为 $D(P)=Q_D+\alpha Q$（$Q_D \succ 0$ 且 $\alpha \succ 0$）。保险公司市场总供给的函数需求表达式为 $S(P)=Q_S+\beta Q$（$Q_D \succ Q_S \succ 0$ 且 $\beta \succ 0$）。在没有保险经纪人参与的条件下，若该市场实现均衡条件，消费者剩余 $CS=\dfrac{\alpha}{2(\alpha+\beta)^2}(Q_D-Q_S)^2$，而生产者剩余 $SS=\dfrac{\beta}{2(\alpha+\beta)^2}(Q_D-Q_S)^2$，农业保险体系的总福利等于二者加总的和，即 $WF=CS+SS=\dfrac{1}{(2\alpha+\beta)}(Q_D-Q_S)^2$。为了简化起见，假设保险经纪人只降低了保险公司的营销（或其他）成本，保险公司市场总供给的新函数表达式为 $S(P)=Q_S+(\beta-\gamma)Q$（$\beta>\gamma>0$），市场总需求保持不变。此时，市场实现新的一般均衡，此时，消费者剩余 $CS'=\dfrac{\alpha}{2[\alpha+(\beta-\gamma)]^2}(Q_D-Q_S)^2$，而生产者剩余 $SS'=\dfrac{\beta-\alpha}{2[\alpha+(\beta-\alpha)]^2}(Q_D-Q_S)^2$。农业保险体系的总福利等于二者加总的和，即 $WF'=CS'+SS'=\dfrac{1}{2[\alpha+(\beta-\gamma)]}(Q_D-Q_S)^2$。显而易见的是，在保险经纪公司参与农业保险之后，市场均衡发生了明显的变化（图 2-14）。

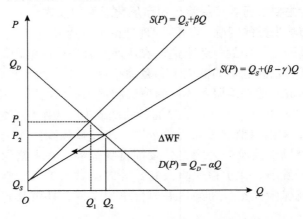

图 2-14　引入保险经纪人前后市场均衡变化

由图 2-14 可以清楚地看到，均衡价格与交易量的变化表现为市场交易价格下降，市场均衡交易量上升，同时市场参与方的收益及农业保险体系的总福利获得增加。

$$\Delta CS = CS' - CS = \frac{\alpha\gamma(Q_D - Q_S)^2}{(\alpha + \beta)^2[\alpha + (\beta - \gamma)]} > 0$$

$$\Delta SS = SS' - SS = \frac{\beta\gamma(Q_D - Q_S)^2}{(\alpha + \beta)^2[\alpha + (\beta - \gamma)]} > 0$$

$$\Delta WF = WF' - WF = \frac{\gamma(Q_D - Q_S)^2}{(\alpha + \beta)^2[\alpha + (\beta - \gamma)]} > 0$$

就参与各方的福利变化来看，$(\Delta CS)_\gamma > 0$，$(\Delta SS)_\gamma > 0$ 且 $(\Delta WF)_\gamma > 0$，即保险经纪人对保险公司成本减少的幅度 γ 越大，市场各方利益及社会总福利增加得越多。

第3章　农业巨灾风险保障制度现状分析

3.1　农业发展基本情况

3.1.1　全国农业基本情况

2014 年，国家加大强农、惠农、富农政策力度，不断巩固农业基础地位。粮食产量实现"十一连增"、农民收入实现"五连快"。全年粮食产量达 60 710 万吨，比上年增加 516 万吨，增产 0.9%。农业综合生产能力稳步提高，农业科技和机械化水平持续提升，重大水利工程建设进度加快，新增节水灌溉面积 223 万公顷，新建、改建农村公路 23 万千米。新一轮退耕还林还草启动实施。农村土地确权登记颁证有序进行，农业新型经营主体加快成长。从农业经营模式看，中国目前大多数地方仍然是精耕细作的小农经营模式，尤其是在一些不发达地区。小农经济经营模式下经营者往往只注重眼前利益，根据目前市场行情来决定生产什么，而且产品非常单一，结构很不合理。这样可能在短期内收益会比较明显，但是由于盲目地大量生产，该产品的市场很快出现饱和，价格迅速下降，收获不到好的收益后，经营者只能再投入大量的资金去经营新的目前市场上走俏的产品，由于农业的生产周期通常比较长，等到转营后有产品产出的时候，又可能是完全不同的市场了。这严重影响了本国农业的市场竞争力，长期还会影响生产者生产的积极性。例如，广东出现的荔枝大丰收却要贱卖、大量的冬瓜滞销，增产不增收的现象很大程度上就是这种原因造成的。

从生产过程看，中国目前大多数农业生产还停留在粗犷的低级阶段，科技的投入很有限，导致中国农业面临以下尴尬局面：第一，农业产品的产量不稳定，经营者靠天吃饭。农产品的产量受天气、气候的影响很大，而目前经营者的技术不足以趋利避害达到稳产，往往风调雨顺年份产量就好，收入相对就高，反之相反。第二，生产率低，产品质量差，市场竞争力弱。中国目前很多地方的农业生产机械化、自动化程度还很低，特别是西部一些地区生产率自然难以跟那些农业发达国家相提并论。生产率低带来的问题就是难以形成规模效益。还有，生产技术粗糙，化肥、农药过量使用使我们的农产品在质量上得不到保证，从农产品农药超标的报道的频率就可见一斑。在市场经济前提下，产品性价比的高低在很大程度上决定了该产品占有市场份额的多少。第三，农业剩余劳动力过多。农业很难实现规模经营，直接影响农产品商品率和劳动生产率的提高。第四，资源及生产技术的制约。我国人多地少是显而易见的基本国情，小规模家庭经营格局有继续长期存在的客观基础，从而极大地限制了各种技术手段的运用和农业生产水平的提高。目前我国农业技术在整体上仍相当落后，大多数地区仍然沿用传统精耕细作技术，机械化水平低，劳动生产率不高，化肥使用品种及数量不当，优良品种推广面积有限。

从耕地面积看，一是耕地资源不断减少。我国是一个资源约束极为强烈的国家，土地尤其是耕地资源高度短缺。目前我国人均耕地面积仅有 1.2 亩，同世界各国相比，我国人均耕地面积只及世界人均耕地的 32%、美国的 10%、加拿大的 4.8%、澳大利亚的 3%。我国的耕地还会继续减少。耕地不断减少将把我国粮食生产推到越来越狭窄的空间，这给农业发展造成严重威胁。二是耕地质量退化。耕地质量退化是影响粮食产出率下降的一个重要因素。据调查，我国水土流失面积 492 万平方千米，其中水蚀面积 178 万平方千米，年损失粮食 18 亿～33 亿千克；全国沙化土地 153 万平方千米，沙害农田达 6000 万亩，损失粮食 25 亿千克；全国盐碱地 1.4 亿亩，损失粮食 15 亿千克。资料表明，我国 21% 的耕地缺少有机质，51.5% 缺磷，24% 缺钾，14% 磷钾俱缺，土壤有机质小于 0.6% 的农田达 11%；在微量元素方面，钾、锰缺乏的耕地面积已占 70% 左右。此外，我国工业化快速发展引发的环境问题，如空气污染、灌溉水污染、酸雨等已开始对粮食产量增长构成威胁。1999～2010 年耕地面积的变化基本情况如图 3-1 所示。

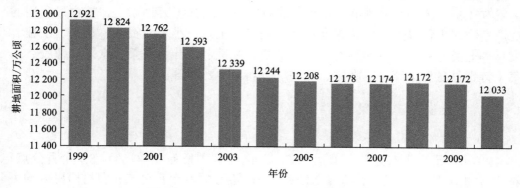

图 3-1　1999～2010 年耕地面积变化情况

资料来源：国家统计局

面对这种严峻的情况，在土地利用制度改革方面，《2015 中国国土资源公报》指出，截至 2014 年年底，国土资源部完成了农村土地制度三项改革试点顶层设计。启动完善国有土地二级市场管理制度研究。开展城市开发边界划定，部署开展首批北京等城市开发边界划定工作。在市县层面推进"多规合一"试点，部署开展工业用地市场化配置改革试点。在不动产统一登记方面，国家层面机构建设全面完成，组建了不动产登记局和不动产登记中心，成立了不动产登记工作专家委员会。初步起草了《不动产登记暂行条例实施细则》和不动产权籍调查指导意见等配套规章、政策。完成了信息平台建设的顶层设计，形成了《国土资源与不动产登记信息平台建设总体框架》。

3.1.2　云南农业基本概况

1. 气候与地理条件

云南省地处我国西南边陲，土地面积 39.4 万平方千米，居全国第八位，其中山区半山区面积占 94%，平坝、河谷占 6%，是一个多民族的边疆山区省。云南地形属青藏高原南延部分，整块土地山奇水异、地形独特、气候复杂，素有"一山分四季，十里不同天"的说法。全省水能资源丰富，属亚热带高原型季风气候，受地形影响，垂直变化显著，且干湿季分明，5~10 月为雨季，年降水量600~2000 毫米。滇东高原四季如春，滇南河谷湿热且全年无霜，滇西北高山气候寒冷。

云南省耕地面积 4306.5 万亩，森林面积 14 299.5 万亩，分别占国土面积的7.29%和24.2%。独特的气候条件使其成为我国热带、亚热带农业不可多得的一块宝地，素有"植物王国""动物王国"的美称。在全国近 3 万种高等植物中，云南就有 1.8 万多种，仅热带、亚热带的高等植物就有 1 万种以上，其中可利用的资源植物在千种以上。主要粮食作物有稻谷、玉米、小麦、蚕豆、薯类、杂粮、大豆等七类，主要经济作物有烤烟、油料、甘蔗、茶叶、蚕桑、水果、橡胶、蔬菜（特别是冬春早菜）、咖啡、花卉、香料、中药材等。

2. 农业发展基本概况

1）总体概况

2014 年云南省农业总产值达 3261 亿元，超规划任务 3000 亿元 8.7 个百分点；农业增加值达 2028 亿元，超规划任务 1650 亿元 22.9 个百分点；农村居民人均可支配收入 7456 元，超规划任务 6500 元 14.7 个百分点；粮食总产量 1860.7 万吨，超规划任务 1850 万吨 0.6 个百分点；肉类总产量 699.2 万吨，超规划任务 600 万吨 16.5 个百分点；水产品产量 87 万吨，超规划任务 75 万吨 16 个百分点；高稳产农田面积达 4200 万亩，能按期完成 4500 万亩的规划任务；农机总动力 3215万千瓦，超规划任务 3000 万千瓦 7.2 个百分点；农产品加工业产值 1951 亿元，超规划任务 1750 亿元 11.5 个百分点。

2）云南省主要粮食作物种植面积概况

云南省粮食作物的播种面积比较稳定，保持在 400 万公顷左右，1999～2013 年，每年的播种面积均呈小幅度增长趋势（表3-1）。经济作物稻谷、油料、花生的播种面积均表现出总体上涨的态势。而棉花的播种面积却表现出逐年下降的趋势，这主要是由于棉花作物单位面积产量倍增，市场供需量饱和，造成棉花播种面积逐年递减，棉花单位面积产量由 1999 年的 392.64 千克/公顷，增长到 2013 年的 1942.27 千克/公顷，增长了 3.95 倍。

表 3-1　云南省 1999～2013 年农作物播种面积　　　单位：千公顷

指标	农作物	粮食作物	谷物	稻谷	油料	棉花
1999	5484.2	4042.09	3117.96	903	156.93	1.63
2000	5785.96	4238.7	3473.6	1073.6	212.61	1.23
2001	5929.61	4339.03	3177.49	1100.29	199.74	1.02
2002	5813.12	4160.58	3041.92	1083.04	186.18	0.95
2003	5756	4068.4	2999.75	1043.13	189.82	0.83
2004	5890.01	4158.47	3040.7	1086.2	204.91	0.64
2005	6053.79	4253.93	3087.84	1049.27	225.29	0.56
2006	6144.7	4269.67	3076.89	1045.4	226.64	0.5
2007	5801.86	3994.46	2910.62	990.23	135.92	0.2
2008	6056.19	4095.93	2943.87	1017.53	188.03	0.4
2009	6343.86	4200.13	3005.86	1039.83	317.27	0.39
2010	6437.33	4274.4	3063.4	1021	333.3	0.32
2011	6667.47	4326.9	3118.44	1073.45	342.3	0.27
2012	6920.41	4399.57	3167.85	1082.87	343.28	0.29
2013	7148.16	4499.4	3273.24	1152.7	357.62	0.19

资料来源：云南省农业厅

3）主要粮食作物产量情况

2013 年云南省粮食作物继续稳步增长，产量增加了 74.9 万吨，增长速度达到 4.1%。粮食作物产量为 1842 万吨，谷物产量 1485.04 万吨。具体农作物产量中，稻谷产量最高，达到 667.9 万吨，其次是玉米、薯类、豆类、小麦、油料，产量依次是 734.2 万吨、207.61 万吨、131.35 万吨、80.53 万吨、60.68 万吨。具体如图 3-2 所示。

2013 年全省农业总产值达 3056 亿元，比上年增长 7%。其中，农业产值 1639 亿元，增长 6.6%；林业产值 293.3 亿元，增长 12.1%；牧业产值 962.6 亿元，增长 5.7%；渔业产值 70.4 亿元，增长 13.7%；农林牧渔服务业产值 90.4 亿元，增长 9.4%。2013 年全年粮食总产量达 1824 万吨，比上年增长 4.3%；油料产量 60.7

万吨，比上年下降 3.4%；烤烟产量 103.9 万吨，下降 6.5%；蔬菜产量 1625.4 万吨，增长 10.4%；花卉产量 80.5 亿枝，增长 12.1%；园林水果产量 571.5 万吨，增长 11.9%；茶叶产量 30.2 万吨，增长 11.1%；等等。具体见表 3-2。2013 年云南省总体农产品产量都有一定上升，产量相对都比较稳定。

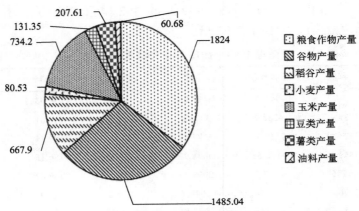

图 3-2   2013 年云南省主要粮食产量情况（单位：万吨）

资料来源：中经网数据库整理数据

表 3-2   2013 年云南省主要农产品产量及其增长速度

产品名称	产量	比上年增长/%
粮食	1824 万吨	4.3
油料	60.7 万吨	−3.4
甘蔗	2146.3 万吨	5.0
烤烟	103.9 万吨	−6.5
蔬菜	1625.4 万吨	10.4
花卉	80.5 亿枝	12.1
园林水果	571.5 万吨	11.9
茶叶	30.2 万吨	11.1
橡胶	42.6 万吨	9.2
核桃	50.2 万吨	21.3
咖啡	11.7 万吨	27.0
水产品	78.16 万吨	14.9

资料来源：云南省统计局公布数据

　　遇到重大自然灾害年度，云南各粮食作物产量有下行波动的趋势，如 2001～2002 年，云南省遭受极端性气候，旱、涝灾害严重，期间主要的粮食作物、谷物、稻谷都受到了不同程度的影响，数据线都有向下的波动趋势。同样地，2009～2010 年，云南遭受重大干旱，粮食作物产量、谷物产量、玉米产量也出现下行趋势。具体如图 3-3 所示。

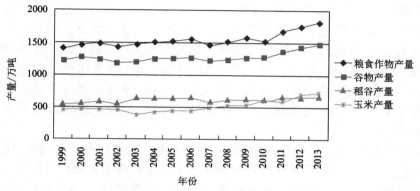

图 3-3　云南省历年农作物产量情况

4）云南农业受灾情况

　　2008～2010 年，云南省经历了百年难遇的特大旱灾，云南大部地区、贵州西部和广西北部都达到特大干旱等级，其中楚雄州尤为严重，造成 20 多万农村人口缺水。因此，干旱期间，农业产值也遭受较大波动，农业总产值指数跌幅达到约 4 个点，是 1999～2013 年浮动最大的一次，具体情况如图 3-4 所示。

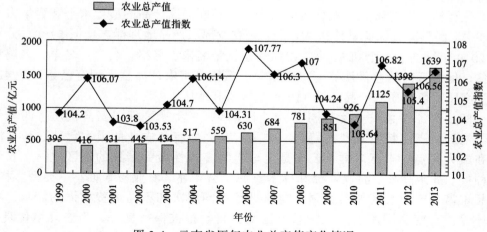

图 3-4　云南省历年农业总产值变化情况

3.1.3　云南农业发展新格局

近年来，云南以畜牧、果蔬、茶叶、花卉、木本油料等特色优势产业为重点，着力推动农产品加工、流通和销售的健康快速发展。随着中共云南省委、省政府围绕大力发展高原特色农业做出的新要求、新部署，云南亟待解决农产品加工层次低、科技含量不高、市场竞争力弱和农产品流通体系不健全等问题，推动农业产业转型升级，实现农业发展新格局。

一是突出高原特色，打造现代农业。云南以云烟、云茶、云花、云菜、云果等为代表的主要农产品，每年占据全国时令果蔬出口的头把交椅。统筹规划、合理布局，通过第一、第二、第三产业的有机融合，构建和健全云南现代农业的全产业链，实现农业生产、加工、营销各环节的协调发展，从而把云南的农业资源优势真正转化为发展优势、市场优势和经济优势，走出云南特色的现代农业发展之路。

二是加强科技支撑，推动跨越发展。2015 年，云南粮食产量由第 14 位上升到第 13 位；培育花卉新品种和种类居全国第一，拥有自主知识产权的大宗鲜切花新品种占全国总数的 90%以上；甘蔗糖分从 13.5%提高到 14.8%以上，出糖率从 11%提高到12.5%以上，位居全国先进水平。加快解决农业科技支撑、引领服务能力不足的问题，是推动高原特色农业跨越发展的关键。

三是树立优质品牌，打开营销通道。近年来，云南紧紧围绕打造"丰富多样、生态环保、安全优质、四季飘香"的高原特色农业四张名片，打造云烟、云糖、云茶、云胶、云菜、云花、云薯、云果、云药、云畜、云鱼和云林等"云系"品牌。坚持"企业为主、市场导向、政府推动"的方针，发挥产业优势、区域优势和特色优势，培育、整合、保护农业品牌，大力推进标准化生产、产业化经营、市场化运作，支持做大、做强名牌农产品，不断提高产品的质量水平和竞争力。全省"三品"有效认证累计达 728 个，获农业部农产品地理标志登记 59 个，分别比 2010 年增加 366 个和 31 个。组织评选认定名米、名猪、名牛、名羊、名鸡和名鱼，促进云南特色优质产业提质增效。云南名牌农产品从无到有已累计达 424 个，高原特色优质农产品远销 110 多个国家和地区。

四是高原特色农业优势明显。"丰富多样、生态环保、安全优质、四季飘香"是云南高原特色农业的特点，也是云南高原特色农业的最大优势、最大潜力和最大亮点。丰富多样：云南是全球生物多样性最为富集的地区之一，农作物种类、畜禽品种、渔业资源和林木资源十分丰富，农业覆盖面广、类型多样、产品丰富，产业功能拓展性强，能够满足不同层次和不同消费群体的需求。生态环保：云南为国家生态保护重点区域，自然植被保持良好，生态环境优良，生态农业发展的环境和条件优越，已逐步建设成为我国无公害、绿色、有机、优质、生态特色农产品的重要生产基地。安全优质：云南污染少、空气优、水质清，区域性原生态农产品生产条件优越，农业主要是露地农业、阳光农业，无公害产品、绿色农产品和有机农产品，让人吃着放心。四季飘香：云南属于低纬高原，特殊的地理地貌、类型多样的气候和生态条件，形成了云南高原特色农业独特的四季性和立体性特征，各种农产品一年四季都能生产，季季都有农产品的芳香。云南按照工业化和城镇化深入发展中同步推进农业现代化的要求，加快转变农业发展方式，因地制宜，突出特色，加快培育重点产业，走发展现代农业的路子，推动传统农业向现代高效农业转变，全面增强云南农业的整体实力和竞争力。云南省政府已经制定"十三五"期间特色农业现代化发展重点及任务，标志着云南高原特色农业发展进入一个跨越式发展时期，优势将进一步凸显。

3.1.4　云南特色农业发展重点和主要任务

1. 云南特色农业发展重点

一是提升粮食生产能力。严守耕地保护红线，加快推进测土配方施肥，推进耕地质量保护与提升行动，确保全省保有耕地面积 8970 万亩。落实粮食安全行政首长责任制和各项补贴政策，执行最低收购价政策。继续实施百亿斤粮食增产计划，完善省级扶持粮食生产政策措施，开展粮食高产创建活动，强化十大科技增粮措施落实，确保每年粮食播种面积保持在 6500 万亩以上，到 2020 年粮食总产突破 2000 万吨，亩均单产达到 300 千克以上。加强优质粮食生产布局和加工业发展，在全省 50 个粮食主产县（市、区）和 30 个后备县（市、区），建设 150 个商品粮生产基地。扩大境外农业科技及投资合作，建设境外粮食生产和边境粮食贸易及转运基地。充分发挥云南省自然气候优势，将云南打造成国家救灾粮食应急保障基地。

二是发展特色经济作物。加大高原特色农业产业基地建设，促进特色经济作物向最适宜区集中，打造 50 个左右的特色产业强县。稳步提升烤烟、糖料、茶叶、橡胶和蔬菜等传统优势产业，大力发展花卉、咖啡、核桃、蚕桑、野生菌和热带亚热带水果等新兴特色产业。继续开展特色经济作物标准化生产，加快推进标准菜园、果园、茶园、桑园、药园、咖啡园和橡胶园等建设，建设标准化种植基地 4000 万亩。树立一批特色明显、类型多样和竞争力强的"一村一品"和"一乡一业"典型。

三是发展壮大草食畜牧业。落实草原生态奖补政策和南方现代草地畜牧业推进行动，建设 100 个万亩高原生态牧场。加快畜禽良种繁育体系建设，加大地方优良奶水牛、奶山羊资源的保护和开发利用力度，积极发展特色生态猪、高产蛋鸡、快大型肉鸡、肉鸭、肉鹅和黄羽肉鸡良种。大力推广标准化养殖综合配套技术，努力提高标准化饲养水平。扶持规模养殖场建设，建成肉牛规模养殖场 200 个，肉羊规模养殖场 200 个，年出栏 500 头的生猪标准化规模养殖场 5000 个，年出栏 1 万头的万头猪场 300 个，年出栏 10 万羽以上的肉鸡养殖示范场 100 个，存栏 10 万羽以上的蛋鸡养殖示范场 100 个，存栏 300 头以上的标准化奶牛规模养殖场 10 个。

四是加快发展淡水渔业。加大水资源开发力度，建设高原生态渔场。加大以"六大名鱼"为主的土著鱼类开发力度，加快发展罗非鱼、鲟鱼、鳟鱼等特色养殖。充分利用大型电站库区，大力推进健康养殖，发展标准化网箱养殖。在园区创建、池塘改造、良种工程等重点工作上取得突破性进展，提高渔业标准化、集约化、规模化、产业化程度，加快形成水产品养殖、捕捞、加工、物流、商贸业相互融合的一体化发展格局。扩大水生生物增殖放流范围，加强渔政执法工作。建成以库区渔业为主的高原生态渔场 100 万亩。

五是全力打造开放农业。建设一批外向型优质优势特色农产品生产基地，建立一批出口加工物流园区和种子种苗繁育生产基地。推动农业"走出去"，建设农业产业跨境经济带，在边境沿线和周边国家建设一批农作物优良品种试验站、示范基地、监测站、示范中心，集中展示云南及国内其他地区农作物优良品种及实用农业技术，开展试验示范和培训等相关工作，打造中国面向东南亚的农业技术输出枢纽。支持科研单位和企业到周边国家开展农业科技服务，建立优质粮食及特色农畜水产品生产基地、加工基地和进出口物流运输基地。推进跨境动物疫病区域化管理试点，加强与周边国家动植物疫情监测防控合作，共建跨境无规定动物疫病区。大力推动农业"引进来"，做好农业招商引资项目包装和信息发布，多渠道开展项目推介工作，强化农业招商引资，组织开展针对世界 500 强企业的精准招商活动。力争到 2020 年，全省"农业小巨人"领军企业销售收入超过 5 亿元的达到 100 户，其中 5 亿～10 亿元的 60 户，10 亿～20 亿元的 20 户，20 亿～50 亿元的 15 户，50 亿元以上的 5 户。

2. 云南特色农业发展的主要任务

一是强化特色产业体系建设。以高原特色农业优势产业为单元，整合科研、教学、推广单位的科技资源，启动第二轮产业技术体系建设，增加茶叶、橡胶、蔬菜、香蕉、葡萄、芒果、花卉、三七、天麻、重楼、石斛、辣木、食用菌、大麦、咖啡、肉牛、肉羊、禽蛋、罗非鱼、鲟鱼 20 个现代产业技术体系，基本形成高原特色农业产业全覆盖的省级现代农业产业技术体系。加大涉农企业兼并、重组力度，加快落后产能改造和技术升级，推进精深加工，提高资源利用率。强化现代服务业保障和拉动作用，大力发展以仓储物流、金融支持、技术咨询、市场营销、政策信息为重点的农业生产性服务。

二是强化新型经营组织体系建设。通过品牌嫁接、资本运作和产业延伸等方式推进同行业龙头企业联合重组，培育"小巨人"农业龙头领军企业。扶持打造500 户现代农业庄园。大力开展农民专业合作社示范社创建活动，推广"龙头企业+合作社""龙头企业+家庭农（林）场"等组织体系和运行模式，把合作社建设成为产权清晰、运行规范的经营主体。扶持合作社建设仓储、冷藏、初加工等设施，鼓励各方以土地、资金、技术参股，建立紧密型利益联结机制。完善家庭农场认定和管理办法，积极培育各种经营类型的家庭农场，建立家庭农场认定和退出机制。

三是强化特色产业加工物流体系建设。积极构建跨区域、覆盖全国大中城市、向国际市场拓展的农产品营销网络和现代物流体系，努力把云南建成国家乃至东南亚、南亚重要的优势特色农产品物流中心。加强粮食仓储物流设施建设，健全粮食质量安全保障体系，保障粮食市场稳定。创新农产品流通方式和新型流通业态，支持新型农业经营主体发展电子商务，推动农产品网上交易。充分发挥中国昆明泛亚国际农业博览会会展作用，鼓励企业参加各类展览展销推介活动，提高高原特色农业品牌国内外市场占有率。

四是强化农产品质量安全保障体系建设。健全高原特色农业地方标准体系，强化标准化示范县和"三园两场"建设，加快无公害农产品、绿色食品、有机食品基地建设，加强"三品一标"认证管理，规范"三品一标"包装标识，大力推进农业标准化生产。强化监管体系建设，健全省、市、县、乡农产品质量安全监管体系，探索建立村级监管员制度，全面提升农产品质量安全监管能力。推进检验检测体系建设，明确农产品质检机构公益性定位，强化社会化服务职能，支持质检机构通过提供服务获得合理收益，鼓励质检机构探索市场化运行模式。加强产地环境、农业投入品、农产品监督检测力度，建立健全监测结果通报制度和质量诚信体系。建设农产品质量安全追溯体系，推行农产品条形码制度，加快建立产销区一体化的农产品质量安全追溯信息网络，实现生产记录可存储、产品流向可追踪、储运信息可查询，明确责任主体，确保质量安全。大力推进出口农产品质量安全示范区和国家级、省级农产品质量安全县建设，探索建立有效的监管机制和模式。加强农业执法监管能力建设，改善农业综合执法条件，稳定增加经费支持。

五是强化农业社会化服务体系建设。积极构建以农业公共服务机构为依托、合作组织为基础、龙头企业为骨干的新型农业社会化服务体系。强化农业公益性服务体系，着力提升各级农业技术推广、动植物疫病防控、农产品质量监管等公共服务机构的服务能力。鼓励专业协会、农民合作组织、种养大户、农业企业等社会力量创办农业服务组织，在种子种苗、农资供应、农机作业、统防统治、粮食烘干、产品营销、农田水利设施运营管理等方面为农民提供低成本、全方位的服务。探索采取政府订购、定向委托、奖励补助、招投标等方式，大力扶持农作物病虫害专业化统防统治、农机跨区作业、肥料统配统施、农田排灌等专项服务，引导经营性服务组织参与公益性服务。

六是强化农业防灾减灾体系建设。建立健全监测预警、应变防灾、灾后恢复等防灾减灾体系，提高灾害防范、处置能力。加强农业气象服务和气象灾害防御体系建设，提高重大自然灾害预测预报和预警水平，保障农业生产能力。推广农业防灾减灾技术，支持高效节水灌溉、防涝除涝防渍、农田水资源调控技术推广。支持重大动植物疫病防控。大力发展农业保险，扩大政策性农业保险范围，增加参保品种，扩大覆盖区域，支持开展特色农产品保险。扶持发展渔业互助保险，扩大森林保险保费补贴试点范围。加快推进重大动植物疫病防控体系建设，加强森林防火和有害生物防治，保护农林生产安全。

3.2 农业灾害基本情况

3.2.1 全国农业灾害基本情况

1. 农业灾害发展趋势

我国是一个农业大国，农业生产在极大程度上依赖自然条件，具有较强的季节性和周期性。我国也是世界上遭受自然灾害影响最为严重的国家之一，自然灾害种类多、分布广、损失大。《中国统计年鉴》的统计数据表明，近 20 年来，中国农作物年均受灾面积近 4800 万公顷，受灾率约为 31.3%；平均每年成灾面积约达 2500 万公顷，成灾率约为 52.7%，因灾损失粮食每年在 1000 亿斤左右。

图 3-5 中，虚线代表重大干旱发生年数；实线代表重大雨涝发生年数；实点线代表东部地区重大旱、涝并发年数；灰柱代表重大旱与涝发生总年数。下方横柱表示各时段重大旱、涝年统计结果的可信度，颜色从深到浅分别表示：完全可信、非常高信度、高信度、中等信度、低信度，空白表示缺资料；阴影区域表示结果可信度偏低的时段。20 世纪后 50 年极端旱、涝事件的发生频率和强度位于近 2000 年来的第三个高峰期，具体见图 3-6～图 3-8。气候变暖是否伴随我国东部地区极端旱、涝事件发生频率的明显增加尚需进一步分析。

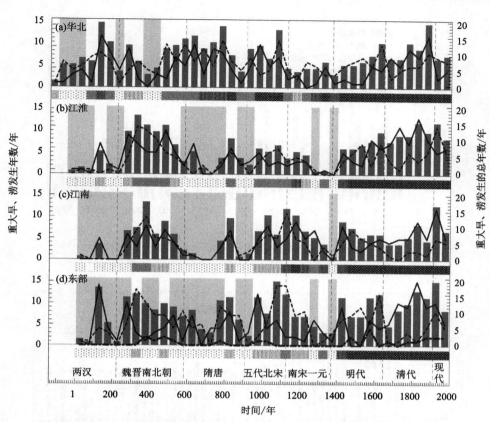

图 3-5　过去 2000 年中国东部地区每 50 年的重大旱、涝事件发生年数变化

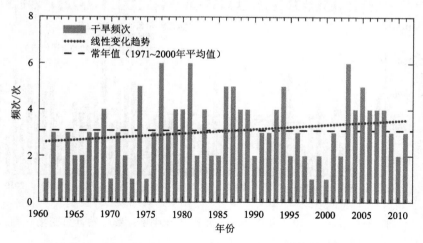

图 3-6　1961～2011 年中国区域性气象干旱事件频次变化

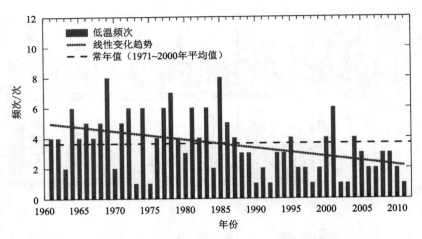

图 3-7　1961~2011 年中国区域性极端低温事件频次变化

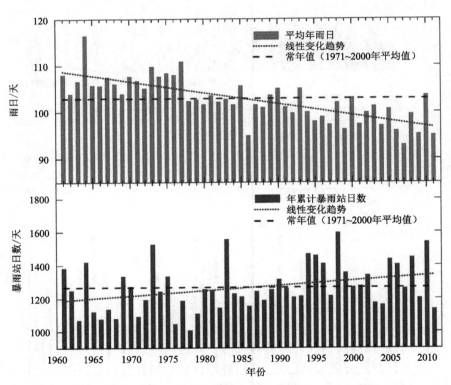

图 3-8　1961~2011 年中国平均年雨日和年累计暴雨站日数变化

1978~2007 年，我国粮食作物受灾面积占种植面积的比重平均在 40% 以上，成灾面积比重平均在 20%以上，绝收面积比重平均在 4%以上。每年由气象灾害造成的产业直接经济损失达 1000 多亿元，占国民生产总值的 3%～6%，其中影响最大的是旱灾，其次是洪涝和风暴灾害。具体见图 3-9～图 3-11。

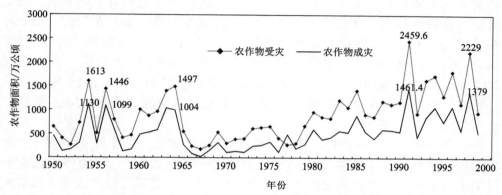

图 3-9　中国 1950～2000 年洪涝导致农作物受灾及成灾面积

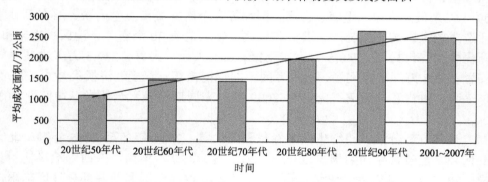

图 3-10　气象灾害导致我国农作物平均成灾面积的年代际变化

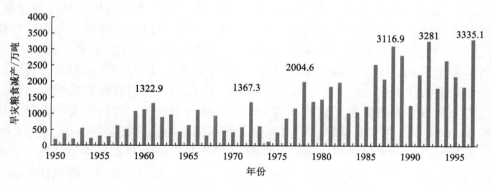

图 3-11　中国 1950～2000 年逐年全国旱灾粮食减产图

2. 2015 年中国农业灾害基本特点

2015 年我国自然灾害以洪涝、干旱和台风灾害为主，风雹、地震、低温冷冻、雪灾、山体崩塌、滑坡、泥石流和森林火灾等灾害也均有不同程度发生。经核定，各类自然灾害共造成全国 17 081.1 万人次受灾，688 人死亡，154 人失踪，575.6 万人次紧急转移安置，155.8 万人次需紧急生活救助；22 万间房屋倒塌，216 万间不同程度损坏；农作物受灾面积 1938.09 万公顷，其中绝收 227.14 万公顷；直接经济损失 2228.9 亿元。与近年同期相比，2015 年前三季度，全国总体灾情和各灾种灾情均偏轻，部分地区灾情较为严重。2015 年前三季度自然灾害呈现如下特点。

一是洪涝灾害较常年偏轻，城市内涝相对突出。前三季度，全国平均降水量 547.0 毫米，较常年同期略偏少，共发生 41 次暴雨天气过程，有 320 条河流发生超警洪水，15 条中小河流发生超历史记录洪水。其中，江淮、江南大部、西南大部和华南西部降雨偏多 10%～30%，西江、太湖、淮河先后发生洪水，太湖出现 2009 年以来最高水位，上海、合肥、深圳等多个南方城市发生内涝，给市民日常生活造成较大影响。据统计，洪涝和地质灾害共造成 30 个省（自治区、直辖市）和新疆生产建设兵团 6540.5 万人次受灾，631 人死亡失踪，232.6 万人次紧急转移安置；13.8 万间房屋倒塌，89.6 万间不同程度损坏；直接经济损失 861.6 亿元。总体来看，洪涝和地质灾害灾情较 2009 年以来同期偏轻，全部指标均偏少 40% 以上。

二是北方部分地区相继遭受冬春旱和夏伏旱。2014 年冬至 2015 年春，北方冬麦区降水量较常年同期偏少近 40%，内蒙古、河北、河南、陕西等地旱情粗具规模。2015 年入夏以后，华北大部、东北大部、西北东部和西南部分地区降雨偏少，河北、山西、山东、云南和宁夏等地旱情严重，620.22 万公顷农作物受灾，288 万人、337 万头（只）大牲畜因旱饮水困难，8 月份，上述地区旱情陆续缓解，但截至 9 月底，内蒙古、山西和山东局地旱情仍较为突出。据统计，旱灾共造成 25 个省（自治区、直辖市）和新疆生产建设兵团 5232.1 万人次受灾，640.6 万人次因旱需生活救助；农作物受灾面积 930.13 万公顷，其中绝收 109.85 万公顷；直接经济损失 448 亿元。其中，辽宁、云南、陕西和宁夏等省份灾情较重，其饮水困难人畜数量和农作物受灾面积占全国总数的 70% 以上。总体来看，全国干旱灾情较 2009 年以来同期偏轻，农作物受灾面积和直接经济损失均偏少 30% 以上。

三是地震活动水平较低，新疆、西藏受灾严重。2015 年前三季度，我国大陆地区共发生 5 级以上地震 11 次，6 级以上地震 1 次，集中在云南、西藏和新疆等 6 个省（自治区）。其中，4 月 25 日尼泊尔地震西藏灾区和 7 月 3 日新疆皮山县 6.5 级地震灾区均位于少数民族贫困地区。据统计，地震灾害共造成 14 个省份和新疆生产建设兵团 93.3 万人次受灾，36 人死亡失踪，29 万人次紧急转移安置；6.1 万间房屋倒塌，49.2 万间不同程度损坏；直接经济损失 193.5 亿元。总体来看，2015 年前三季度全国地震灾情偏轻，主要灾情指标均为 2009 年以来同期较低水平，倒损房屋数量为次低值。

四是北方风雹灾情突出，全国低温冷冻和雪灾影响有限。2015 年前三季度，全国雷雨、大风和冰雹等强对流天气总体偏多，平均强对流日数 16.6 天，较常年同期偏多。全国 1300 余个县（市、区）不同程度受到风雹灾害影响，其中，北方风雹受灾县数占到全国总数的 60%以上，河北、山西、河南、陕西和甘肃 5 省灾情较为突出，直接经济损失占全国总数的 51%。据统计，风雹灾害共造成 29 个省（自治区、直辖市）和新疆生产建设兵团 3102.5 万人次受灾，115 人死亡，4.5 万人次紧急转移安置；近 1 万间房屋倒塌，近 60 万间不同程度损坏；直接经济损失 313.3 亿元。此外，上半年共出现三次较大的低温雨雪天气过程，其中，年初的中东部雨雪天气给全国春运带来一定影响。总体来看，2015 年前三季度风雹灾害、低温冷冻和雪灾均偏轻发生，主要灾情指标均为 2009 年以来同期最低或次低值。由此可看出，自然灾害给农业造成的损失较大，严重制约了我国农业的快速、稳健发展，2010～2014 年自然灾害造成的损失如表 3-3 所示。

表 3-3　2010～2014 年自然灾害造成的损失

年份	自然灾害直接经济损失/亿元	自然灾害受灾死亡人口/人	受灾人口/万人次	低温冷冻和雪灾受灾面积/万公顷	风雹灾害受灾面积/万公顷	洪涝、山体滑坡、泥石流和台风受灾面积/万公顷	旱灾受灾面积/万公顷	农作物受灾面积/万公顷
2014	3 373.8	1 818	24 353.7	2 135.2	322.54	722.20	1 227.17	2 489.07
2013	5 808.4	2 284	38 818.7	2 321.0	338.73	1 142.69	1 410.04	3 134.98
2012	4 185.5	1 530	129 421.7	1 618.7	278.08	1 122.04	9 33.98	2 496.20
2011	3 096.4	1 014	43 290.0	4 441.7	330.93	840.99	1 630.42	3 247.05
2010	5 339.9	6 541	42 610.2	4 127.0	218.01	1 786.65	1 325.86	3 742.59

资料来源：国家统计局

3.2.2　云南省气象灾害空间分布[1]

云南省地处云贵高原，纬度较低，地形极为复杂，受太平洋季风和印度洋季风的影响，地处低纬度高原，临近热带海洋，干季与旱季突出，降雨集中分布。气象灾害具有种类多、频率高、分布广、季节性强、区域性突出、成灾面积小而

---

[1] 本节引用了云南财经大学巨灾风险管理研究中心刘洪江教授做的《云南省综合防灾减灾"十三五"规划研究报告》内容，特别感谢洪江教授的高科技研究成果。

累积损失大等特征。受地理环境的影响，山地立体气候明显，七种气候带交错分布。复杂的地质、构造环境，陡峻的山地，高差极大的地形及高强度降雨过程使云南省成为中国自然灾害的高发省份。同时，较高的人口密度加重了环境负荷，陡坡垦殖、天然植被减少和工程建设中对地形地貌的强烈扰动使本来脆弱的生态环境更加恶化，自然灾害损失逐年加大。

1. 干旱

云南干旱的极高发区在元谋干热河谷地区和滇东北高原区，高易发区分布在寻甸—东川一带和极高易发区的周围地区，中等易发区分布在昆明—玉溪—弥勒—楚雄为中心的滇中地区，低易发区主要分布在中等易发区的周边，如南涧、景东、广南等，其余为极低易发区。

2. 低温冷害

低温冷害是指剧烈的寒潮入侵使得温度骤降，从而导致的农作物、畜牧业、基础设施的损坏。通常低温冷害的发生是该地区气温突然降至通常的气温范围之下导致的。同样的低温在极低地区和热带地区导致的灾害损失是完全不一样的。因此，采用气温变差来描述一个地区的低温冷害程度是可行的，即

$$气温变差 = 多年平均气温 - 历史最低气温$$

低温频率选择日均温低于常年气温 12 摄氏度且小于 0 摄氏度的发生次数。

$$低温冷害综合度 = 0.4 \times 变差 + 0.6 \times 低温频率$$

为此选取云南省德钦、昭通、丽江、腾冲、楚雄、昆明、玉溪、临沧、澜沧、思茅和蒙自 11 个站点自建站到 2016 年 3 月的气温观测资料进行低温冷害的分析，采用克里金空间插值，用自然断点法 Jenks 分类后得到云南省低温冷害的影响范围，共分为五级：高度易发、易发、中度易发、低易发和极低易发。高度易发区主要分布在禄劝、富民、嵩明、石林、师宗以北的滇东北地区，其余级别分别向滇西南递减，瑞丽、镇康、沧源、孟连一线最低。

低温冷害频率表现为在滇东北发生频率最高，昭通站从建站到 2015 年年末共发生冷害 554 次，平均每年发生 10 次左右；其次为滇西北，以德钦县为代表的站点共发生 56 次冷害，平均每年发生 1 次左右；再次为丽江—武定—昆明—罗平一线的滇中部地区，平均 5 年左右发生一次；再次为剑川—大理—楚雄—玉溪—开源—丘北一线的滇中南部地区，平均每 30 年发生一次冷害；再次为盈江—景谷—墨江—元阳—蒙自一线的滇南及滇西南地区，基本没有冷害发生。

3．洪涝

研究洪涝灾害采用云南省防汛抗旱指挥部办公室的云南省洪涝灾害易发性分区图。极高易发区主要分布于滇中富民、昆明、陆良、南华等地区，滇南地区的景谷、翠云、景洪等也易发生洪涝灾害。

4．气象灾害综合空间分布

同地震灾害、地质灾害相比，气象灾害的特点是持续时间长、作用范围大、影响广泛。滇中、滇东北大部分地区及滇西北为气象灾害极高易发区，其外围为气象灾害高发区。

3.2.3　云南农业灾害基本情况

"无灾不成年"是云南省的基本省情。云南省农业自然灾害主要表现为干旱、洪涝、低温冻害、病虫害、滑坡泥石流、石漠化、外来生物入侵。从图 3-12 也可看出，云南省主要的气象灾害类型是旱灾，干旱造成的直接经济损失的比重也是最大的，为 35%，其次是低温冻害。就 2013 年来说，云南省发生了干旱、洪涝、低温冷害等气象及其衍生灾害，各类气象灾害共造成 2574.2 万人受灾；农作物受灾面积 1889.5×10^3 公顷，绝收面积 232.3×10^3 公顷；直接经济损失 189.2 亿元，其中农业经济损失 159.5 亿元。总体上，2013 年气象灾害造成的直接经济损失高于 2003～2012 年的平均值。

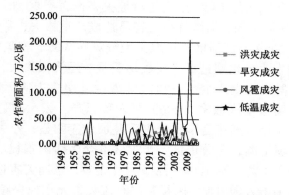

图 3-12　云南省 1949～2014 年气象灾害导致农作物成灾面积

2010 年云南发生特大旱灾，受灾面积 4435.5 万亩，占总受灾面积 4822.5 万亩的 92%，随后云南受灾情况有所缓解，旱灾受灾比重呈下降趋势，但洪涝受灾面积比重从 2010 年的 5.2% 增长到 2014 年的 16.3%，具体见表 3-4。

表 3-4　云南省农业自然灾害基本情况

项目		2010 年		2011 年		2012 年		2013 年		2014 年	
受灾面积/万亩		4822.5		2983.5		2367.0		1846.5		882.0	
成灾面积/万亩		3205.5		1159.5		871.5		837.0		512.0	
绝收面积/万亩		1363.5		390.0		213.0		243.0		87.0	
		面积/万亩	占比/%	面积/万亩	占比/%	面积/万亩	占比/%	面积/万亩	占比/%	面积/万亩	占比/%
其中	旱灾受灾	4435.5	92.0	1846.5	61.9	1609.5	68.0	1210.5	65.6	332.0	37.6
	旱灾成灾	3076.5	96.0	888.0	76.6	652.5	74.9	555.0	66.3	194.0	37.9
	旱灾绝收	1323.0	97.0	310.5	79.6	160.5	75.4	147.0	60.5	19.0	21.8
	洪涝灾受灾	252.0	5.2	162.0	5.4	561.0	23.7	189.0	10.2	144.0	16.3
	洪涝灾成灾	88.5	2.8	49.5	4.3	159.0	18.2	103.5	12.4	98.0	19.1
	洪涝灾绝收	27.0	2.0	25.5	6.5	34.5	16.2	25.5	10.5	18.0	20.7

资料来源：云南省农业厅

1. 云南灾情发生特点

云南农业灾害有如下几个特点：一是滑坡灾害伤亡严重。由于云南省多山区，海拔落差大、地质环境脆弱，山体滑坡灾害易造成严重损失，尤其是 2013 年滑坡灾害造成的损失较 2012 年成倍增长。二是地震灾害频繁、密集发生，损失严重。2013 年，云南频繁发生的地震造成大量民房受损，经济损失大，灾区恢复重建任务重，严重影响了群众的生产生活。2013 年发生 4 级以上破坏性地震 12 次。三是旱情形势严峻，需救助人数多。2009 年入秋以来，云南遭遇严重旱灾，2013 年是连续干旱的第 4 年，连年受旱致使灾害叠加效应明显，小春作物大面积减产甚至绝收，水库塘坝干涸，部分山区、半山区群众生活困难程度进一步加剧。四是汛期降雨时空分布不均、局地单点性降雨过程多，汛期灾害造成人员伤亡数量大。2013 年全省共 101 人因洪涝、风雹及泥石流灾害死亡或失踪。进入汛期以来，由于单点性暴雨及强对流天气，洪涝、风雹、泥石流等灾害频繁发生。五是雪灾和低温冷冻造成严重的经济损失。2013 年入冬以来，云南省大范围、大幅度的降温过程，造成全省大面积遭受雪灾和低温冷冻灾害，三七、橡胶、咖啡、香蕉、茶叶、甘蔗、花卉等经济作物和蚕豆、油菜、蔬菜等小春作物冻害极为严重，对农户的生产生活造成严重影响和损失。仅 2013 年 12 月 13~21 日全省大范围的雨雪霜冻过程对文山三七种植业造成严重影响，据文山三七特产局统计，全州种植的三七作物直接经济损失达 58 亿元。

2. 灾情区域分布特点

从区域受灾情况看，2013 年滇东地区的死亡人口远高于滇西地区；2013 年滇西地区由于地震灾害频发，紧急转移安置人口及房屋倒损数量高于东部；滇东地区多为粮食主产区，受旱灾、洪涝、风雹、滑坡和泥石流的影响，农作物受灾面积高于西部地区；从直接经济损失占本地区生产总值的比例情况看，滇东高于滇西，见表 3-5。

表 3-5　2013 年灾害损失区域分布情况表

区域	范围	死亡人口/人	转移安置人口/万人	倒塌房屋/万间	受灾面积占播种面积比例/%
全省	16 个州市	179	8.47	1.44	18.52
滇东	昭通、曲靖、红河、文山、昆明、版纳、玉溪、楚雄	137	1.24	0.33	12.07
滇西	大理、丽江、临沧、保山、德宏、迪庆、怒江、普洱	42	7.24	1.41	6.45

资料来源：云南省统计局

3. 分灾种灾害特点

从自然灾害分灾种情况来看，2013 年灾害种类以旱灾、风雹、洪涝等灾害最为严重。灾害发生频次以洪涝、风雹灾害最多；受灾人口位居前三位的是旱灾、低温冷冻和雪灾，所占比例分别为 49.31%、15.16% 和 13.27%；滑坡、洪涝和风雹造成的死亡人口最多，所占比例分别为 39.88%、28.32% 和 16.18%；农作物的受灾面积和绝收面积均以旱灾为最，占全部灾种的 43.52%、47.32%，其次是雪灾，分别占 21.69%、11.97%，旱灾和雪灾是导致 2013 年农作物受灾的最主要灾种；直接经济损失以旱灾、雪灾和地震灾害最高，分别占 31.71%、22.64% 和 13.87%，具体见表 3-6。

表 3-6　2013 年自然灾害分灾种情况统计表

灾种	受灾乡镇/个	受灾人口/万人	死亡人口/人	转移安置人口/万人	农作物受灾面积/万公顷	农作物绝收面积/万公顷	受损房屋/万间	直接经济损失/亿元
旱灾	1169	1274.37	0	0	80.741	10.655	0	66.75
滑坡	98	6.12	69	0.3	0.311	0.032	0.52	1.18

续表

灾种	受灾乡镇/个	受灾人口/万人	死亡人口/人	转移安置人口/万人	农作物受灾面积/万公顷	农作物绝收面积/万公顷	受损房屋/万间	直接经济损失/亿元
泥石流	59	4.46	19	0.03	0.248	0.099	0.47	0.61
洪涝	990	221.39	49	0.99	12.315	1.933	4.29	26.39
地震	118	66.07	3	6.87	0	0	53.75	29.19
低温冷冻	158	391.82	0	7	31.52	3.342	0.01	16.32
雪灾	14	343.06	0	0.03	40.247	2.696	0.38	47.66
山体滑坡	10	0.18	5	0.16	0.01	0	0.18	1.02
风雹	887	257.91	28	0.23	18.656	3.718	5.34	20.89
生物灾害	55	19	0	0	1.485	0.043	0	0.47
合计	3558	2584.38	173	15.61	185.533	22.518	64.94	210.48

资料来源：云南省统计局

与 2012 年相比，2013 年的受灾人口、受灾面积和直接经济损失略高，其余各项指标均有所下降，受灾人口、农作物受灾面积和直接经济损失分别上升8.92%、6.03%和23.75%，死亡（失踪）人口、农作物绝收面积、倒塌房屋和损坏房屋分别下降26.03%、11.25%、80.99%和0.19%。与 2001 年以来同期均值比较，除受灾人口和直接经济损失有所提高，分别上升 4.62%和84.70%，其他指标均有所降低，死亡（失踪）人口、农作物受灾面积、农作物绝收面积、倒塌房屋和损坏房屋分别下降46.61%、0.90%、31.41%、84.65%和28.13%。2001~2013 年云南自然灾害损失情况如表 3-7 所示。

表 3-7 2001～2013 年以来自然灾害损失情况对比表

年份	受灾人口/万人	死亡人口/人	农作物受灾面积/万公顷	农作物绝收面积/万公顷	受损房屋/万间	直接经济损失/亿元
2001	2566.5	558	199.25	33.39	136.1	92.4
2002	2544	553	200.3	28.4	64.8	64.4
2003	2341.2	229	165.23	23.81	192.5	61
2004	1825.3	329	106.17	15.39	170.9	72.6
2005	2756.5	303	257.93	43.96	95.1	105.5
2006	2161	409	122.96	23.937	42.87	82.53
2007	2043.96	378	135.66	20.07	102.16	100.97
2008	2922.58	402	172.728	38.301	152.651	198.21
2009	2675.07	180	185.694	27.332	97.83	101.06
2010	2793.75	334	353.777	112.565	50.66	320
2011	1878.1	107	211.451	32.074	45.66	221.33
2012	2306.35	242	178.337	27.482	74.7	201.7
2013	2512.3	179	189.083	24.389	66.1	249.61

资料来源：云南省统计局

3.3　农业保险发展现状及趋势分析

农业保险是农村金融体系的重要组成部分，不仅具有农业经济补偿、农村资金融通和农村社会管理三大功能，还是我国农村经济和农村社会保障体系的重要组成部分，在国家保障粮食安全、推动农业现代化、促进农民增收、助力国家宏观经济调控、稳定农村社会、防灾减灾、精准扶贫、推动特色农业发展及服务农村经济发展方式转变等方面发挥越来越大的作用。

3.3.1　全国农业保险发展基本情况和基本特征

1. 农业保险发展现状

如图 3-13 和图 3-14 所示，2015 年，我国农业保险实现保费收入 374.72 亿元，同比增长 15.1%，增速较 2014 年提高 8.9 个百分点，高出同期农业 GDP 增速 11.25 个百分点。农业保险的保险密度 62.1 元/人[①]，保险深度 0.62%[②]，业务规模在财产保险各险种中居第 3 位。自 2004 年我国推行有财政补贴的农业保险以来，经过 10 多年的发展，我国已经成为全球第二大农业保险市场，也是全球最具活力和最重要的农业保险市场之一，其中，畜牧业保险和森林保险规模全球第一。

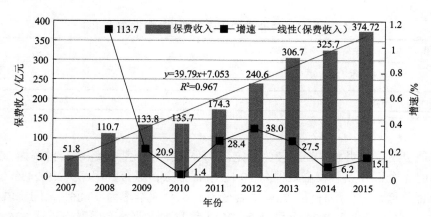

图 3-13　2007～2015 我国农险保费收入和增速变化情况

[①] 农业保险的保险密度计算方法是：农业保险保费收入/农业人口。
[②] 农业保险的保险深度计算方法是：农业保险保费收入/第一产业增加值。

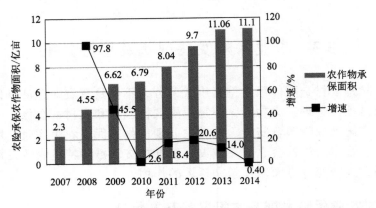

图 3-14　2007～2014 我国农险承保农作物面积和增速变化情况

一是覆盖范围持续扩大，保障水平稳步提升。2015 年，农业保险承保主要农作物 0.964 亿公顷，占全国播种面积的 58.98%。其中，玉米、小麦和水稻三大口粮作物承保覆盖率分别达 74.56%、69.22% 和 57.93%，玉米、小麦分别较 2014 年提高了 4.89 个和 8.67 个百分点，水稻与 2014 年基本持平。参保农户达 2.29 亿户次，提供风险保障 1.96 万亿元，同比增长 20.42%，约占农业 GDP 的 32.27%；赔款支出 260.08 亿元，同比增长 21.24%，较 2014 年提高 18.4 个百分点，约占农作物直接经济损失的 9.64%；受益农户达 3975.6 万户次，同比增长 13.55%，见表 3-8（陈文辉，2016）。

表 3-8　2015 年全国农业保险覆盖面积和保障水平

承保农作物面积/亿公顷	主要农作物覆盖率/%			参保农户/亿户次	保险金额/万亿元	赔款支出/亿元	受益农户/万户次
	玉米	小麦	水稻				
0.964	74.56	69.22	57.93	2.29	1.96	260.08	3975.6

资料来源：中国保监会

二是费用控制明显，经营较为稳定。2015 年，农业保险综合赔付率为 70.97%，同比增加 4 个百分点，较全险种高 10.62 个百分点；综合费用率为 19.24%，同比降低 2 个百分点，较全险种低 17.04 个百分点；综合成本率为 90.86%，同比增加 2.65 个百分点，较全险种低 7.74 个百分点。2014 年我国农业保险保费规模达 325.7 亿元，同比增长 6.19%；提供风险保障 1.66 万亿元，同比增长 19.42%；赔款支出 214.57 亿元，同比增长 2.86%；参保农户达到 2.47 亿户次，同比增长 15.96%[①]，见图 3-15。

---

① 引用 2015 年 4 月在厦门举办保险研讨会时王祺同志做的《农业保险发展改革政策趋势》报告（PPT）的相关论述，在此表示感谢。

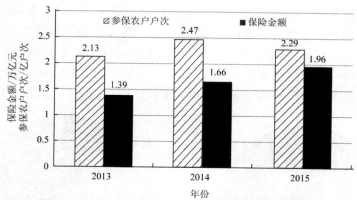

图 3-15　2013～2015 年我国农业保险各项指标情况

从保费收入结构来看，2015 年种植业保险、养殖业保险和森林保险保费收入占比分别为 68%、24% 和 9%。种植业保险保费收入 253.15 亿元，同比增长 13.77%；养殖业保险保费收入 88.96 亿元，同比增长 20.85%；森林保险保费收入 32.61 亿元，同比增长 11.37%。2014 年，种植业保险保费收入 222.52 亿元，养殖业保险保费收入 73.61 亿元，森林火灾保险保费收入 29.28 亿元，分别占比 68%、23%、9%，具体情况见表 3-9、图 3-16 和图 3-17。

表 3-9　2015 年全国农业保险保费结构　　　　　　单位：亿元

年份	种植业保险					养殖业保险					森林保险	农险总计
	玉米	水稻	小麦	其他	种植业保险保费总计	育肥猪	奶牛	能繁母猪	其他	养殖业保险保费总计		
2013	—	—	—	—	222.53	—	—	—	—	57.07	25.1	304.7
2014	—	—	—	—	222.52	—	—	—	—	73.61	29.28	325.41
2015	83.66	58.95	35.75	74.79	253.15	40.06	17.04	14.19	17.67	88.96	32.61	374.72

资料来源：中国保监会

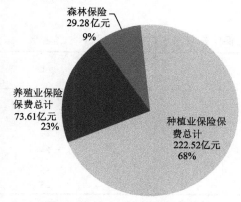

图 3-16　2014 年农险保费结构

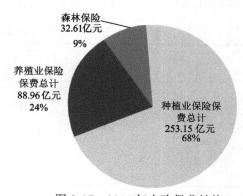

图 3-17　2015 年农险保费结构

从保障额度来看，2014 年提供保障额度 16 320 亿元，森林火灾保险保障额度为 10 871 亿元，种植业保险保障额度为 3884 亿元，养殖险保障额度为 1565 亿元，分别占比 66.6%、23.8%、9.6%。相比 2013 年，保障额度同比增长 2451 亿元，增长比例为 17.7%；森林险保障额度增长 2122 亿元，增长比例为 24.3%；种植险保障额度基本不变；养殖险保障额度增加 329 亿元，增长比例为 26.6%，见图 3-18 和图 3-19。

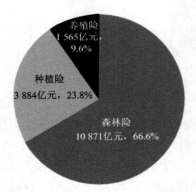

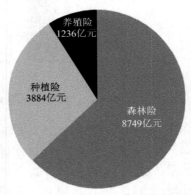

图 3-18　2014 年农险保障额度结构　　　　图 3-19　2013 年农险保障额度结构

从财政补助角度看，2015 年我国农业保险保费补贴额为 287.84 亿元，其中中央财政补贴 144.67 亿元，占保费收入的 39%；省级财政补贴 89.06 亿元，占比 24%；地市县财政补贴 54.11 亿元，占比 14%。三级财政补贴比例合计 77%。2014 年中央财政补助、省级财政补助、地方县级补助分别为 128.95 亿元、77.5 亿元、41.27 亿元，占农险保费收入的 78%。其中，享有财政补贴的农业保险保费收入为 317.09 亿元，占据农业保险总保费的 97%。保费来源比例基本维持在一个相对稳定的水平，在一定程度上表明当前农业保险保费补贴制度的稳定性，州市县财政补贴略有上升，说明地方政府越来越重视农业保险作用，如云南省昭通市农业局大力推进评估保险，普尔市推进小粒咖啡保险等，具体见表 3-10。

表 3-10　　2010～2015 年全国农业保险保费来源结构　　　　单位：%

年度	中央财政 补贴比例	省级财政 补贴比例	州市县财政 补贴比例	农户
2010	37	25	12	26
2011	38	25	13	24
2012	38	24	14	24
2013	39	24	13	24
2014	40	24	14	22
2015	39	24	14	23

资料来源：中国保监会

2. 农业保险发展呈现新的阶段性特征

结合近几年我国农业保险发展情况，并以农产品品种保费变化，东、西、中部区域保费增速变化，市场集中度变化为标准，分析总结出当前我国农业保险市场呈现以下三个阶段性特征[①]。

一是大宗品种农产品保费增速放缓。大宗品种农产品主要是指以小麦、水稻、玉米、大豆为主的粮食作物农产品。结合 2014 年和 2013 年农产品品种保费增速变化的情况，农业保费中大宗品种农产品保费放缓，而以蔬菜、奶牛、水产养殖、家禽、育肥猪等为代表的农产品的品种保费增速显著增加，具体情况见图 3-20。究其原因，是随着我国农业保险发展，其保障范围从基本粮食作物为主，农作物品种向经济作物、特色农作物品种扩展的结果。高收益的经济农作物、特色农作物与基本粮食作物相比，在体现农业保险促进农民增收、推动农业特色化、服务农业保险产业链发展的职能方面有着突出优势。

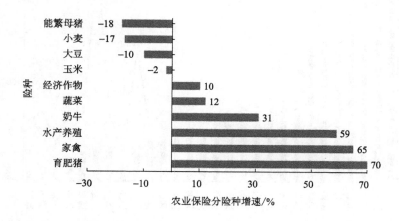

图 3-20　我国农业保险分险种保费增速变化情况

我国农业保险经过 10 多年的发展，基本粮食农作物保险从保险品种、保障程度、覆盖范围等方面已日渐完善。而相比之下，经济农作物和特色农作物保险发展则相对薄弱。农业保险向经济农作物、特色农作物侧重符合农业保险的发展规律和未来发展要求。经济农作物和特色农作物保险将成为我国未来一段时间内带动我国农业保险跨越式发展的新动力，是带动保费收入增长的新增长极。

① 引用 2015 年 4 月在厦门举办保险研讨会时王祺同志做的《农业保险发展改革政策趋势》报告的相关论述，在此表示感谢。

二是中西部地区农业保险发展较快。总结 2014 年相比于 2013 年我国在东部、中部、西部 28 个省（自治区、直辖市）的农业保险保费变换情况，我国农业保险市场另一突出的阶段性特点是中部、西部地区农业保险发展较快，具体情况见图 3-21。从图 3-21 中可以看出，中部、西部省份不管是保费收入还是保费增速水平都超过了东部地区，其中以贵州、云南、广西、四川为代表的西南 4 个省份占全国农险保费收入的 15%；中部安徽、河南、湖南、山西、江西 5 个省份的农险保费收入占比为 20%；另外西部重庆、陕西、甘肃、青海、宁夏、新疆、内蒙古 7 个省份的农险保费占比为 26%。

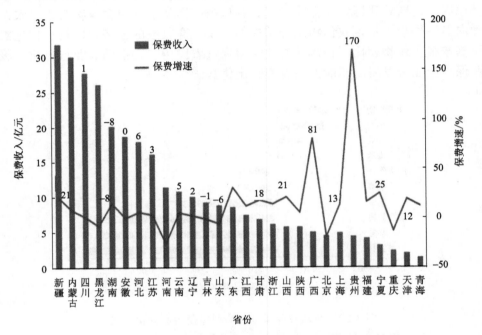

图 3-21　2014 年我国分省份农险保费收入和增速变化情况

从 2014 年全国农险分省份分布情况来看，中部、西部地区 16 个省份占据农业保险保费的 61%，其中农险保费增速超过 20% 的有新疆、江西、陕西、广西、贵州、宁夏 6 个省份，特别是贵州和广西，增速分别达到 170% 和 81%。中部、西部地区占据我国 13 个粮食主产区中的 7 个地区（云南排在第 14 位），农业资源优势为农业保险提供了良好的发展环境和条件。

三是农险市场集中度逐年下降。从 2010～2014 年经营农业保险业务的保险公司市场规模变化程度来看，农业保险市场另一显著阶段性特征是农业市场 CR_4 指标呈下降趋势，市场集中度逐年下降，具体情况见图 3-22。

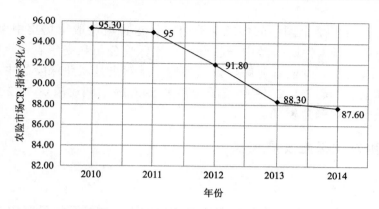

图 3-22　2010～2014 年农险市场 CR_4 指标变化趋势

截至 2013 年年底，全国共有 23 家保险公司经营农业保险业务。其中，人保财险实现农业保险收入 165.66 亿元，市场份额为 54.01%；中华联合财产保险股份有限公司（以下简称中华联合）实现农险保费收入 49.78 亿元，市场份额为 16.23%；阳光农业相互保险公司（以下简称阳光农业）实现农险保费收入 23.53 亿元，市场份额为 7.67%，具体情况见表 3-11。

表 3-11　2013 年我国农业保险市场结构情况

排名	公司名称	农险保费收入/亿元	市场份额/%
1	人保财险	165.66	54.01
2	中华联合	49.78	16.23
3	阳光农业	23.53	7.67
4	国元农业	17.33	5.65
5	安华农业	14.44	4.71
6	中航安盟	11.27	3.67
7	太保财险	6.28	2.05
8	安信农业	4.23	1.38
9	阳光财险	1.95	0.64
10	永安财险	1.93	0.63
	全行业	306.70	100

资料来源：中国保监会云南监管局

注：国元农业全称为国元农业保险股份有限公司；安华农业全称为安华农业保险股份有限公司；中航安盟全称为中航安盟财产保险有限公司；太保财险全称为中国太平洋财产保险股份有限公司；安信农业全称为安信农业保险股份有限公司；阳光财险全称为阳光财产保险股份有限公司；永安财险全称为永安财产保险股份有限公司

市场集中度下降的主要原因是新型的专业型农业保险主体的加入。伴随着新兴专业型农业保险公司经营主体数量的增加及其经营范围的扩大，专业型农业保险公司一般具有地方性和区域性特色，这就势必会对原有市场份额的占有者产生冲击，特别是全国性的传统保险公司，这也就造成市场集中度 CR_4 呈逐年下降的趋势，以人保财险及中华联合综合性保险公司和安华农业、安信农业、国元农业、阳光农业专业农业保险公司为例，虽然仍是农业保险的主要供给者，但市场份额呈下降趋势。2013 年市场份额为 89.65%，同比减少 3.72 个百分点，市场格局呈多元化趋势发展。

3.3.2　云南农业保险发展现状

1. 总体情况

在中国保监会、财政部、云南省委省政府的大力支持下，云南省农业保险实现快速发展，农业保险总保费收入从 2005 年的 0.48 亿元增加至 2014 年的 11.06 亿元，年均增长 41.71%。2007 年后受中央农业保险政策影响迅猛发展，当年全年度云南省农业保险保费收入同比上年大幅增长，保费增长率超过 200%，数额突破 1 亿元大关。2014 年云南农业保险保费收入累计 11.06 亿元，同比增长 7.27%，位居全国第 10 位，西部地区排名第 4 位，其中商业性农业保险保费收入连续 2 年全国排名第 1 位；为云南农业生产提供 1700 亿元风险保障，赔款支出为 8.23 亿元，同比增长 36.06%，超过 170 万受损农户从中得到赔偿。截至 2014 年年底，云南农业保险险种共计 20 种，其中中央财政补贴险种 11 个，地方财政补贴险种 3 个，商业险种 6 个，2014 年新增葡萄、辣椒、柑橘 3 个商业险种，云南已经形成"政策性农业保险为主，商业补充险为辅"的农业保险发展新格局，具体情况见表 3-12 和表 3-13。

表 3-12　2005～2014 年云南农业保险发展情况

年份	农业保险保金额/亿元	农业保险保费收入/亿元	保费收入增长率/%	占财产险业务比例/%	占全国农险总保费比例/%
2005	7.91	0.48	−2.62	1.65	6.57
2006	10.18	0.54	12.50	1.53	6.35
2007	36.83	1.67	209.26	3.46	3.12
2008	37.63	1.99	19.16	3.61	1.80
2009	57.01	3.14	57.79	4.61	2.35
2010	265.55	3.42	8.92	3.62	2.51
2011	1174.31	6.06	77.19	5.56	3.48
2012	1303.17	7.13	17.66	5.49	2.96
2013	1576.22	10.31	44.60	6.41	3.36
2014	1700.00	11.06	7.27	6.23	3.40

资料来源：中国保监会云南监管局

表 3-13　2014 年云南农业保险险种分类

险种分类	险种个数/个	险种名称
中央财政补贴险种	11	水稻、玉米、油菜、能繁母猪、奶牛、藏系羊、牦牛、林木、青稞、橡胶等
地方财政补贴险种	3	烤烟、咖啡等
商业保险险种	6	育肥猪、除虫菊、香料烟、葡萄、辣椒、柑橘
共计	20	
已报备商业险种	3	石斛、苗木、香蕉

资料来源：中国保监会云南监管局

　　农业保险保障程度的主要衡量指标是保障度，保障度=农业保险保障程度/农林畜渔产业总产值。云南省农业保险保障度从 2005 年的 0.74%增长到 2014 年的 52.09%，真正起到了农业保险对农业生产保驾护航的作用，具体情况见图 3-23。

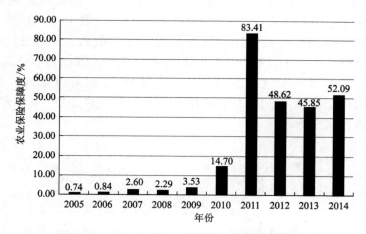

图 3-23　2005～2014 年云南农业保险保障度

　　农业保险发展的另一衡量指标是农业保险深度，农业保险深度=农业保险保费/农林畜渔生产总值。从农业保险深度来看，呈折线形递增趋势，折线形递增趋势是由于当前云南占据主导地位政策性农业保险已经实现全省覆盖，其增长水平空间缩减。农业保险深度值从 2005 年 0.04%增长到 2014 年 0.34%，最高点为 2015 年 0.54%，云南农业保险发展为推动云南经济增长提供强大推动力，具体情况见图 3-24。

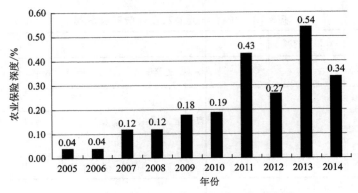

图 3-24　2005~2014 年云南农业保险深度

　　保险业作为服务行业,是国民经济结构第三产业的重要组成部分。一方面,经济发展为保险业带来新的潜在市场和保险需求;另一方面,保险业的快速发展为经济增长带来新的动力。云南农险保费和经济发展水平存在正相关关系。从图 3-25 和图 3-26 可以看出:云南农险市场规模与云南经济发展水平有密切的正相关关系。通过对二者进行回归分析,发现存在幂函数关系 $y=0.001x-5.379$,其中,x 是 GDP 值,y 是农险保费收入,$R^2=0.971$。由此也可看出,农险保费收入与 GDP 存在正相关关系,即人身险保费收入随着 GDP 的增加而增加。2014 年全省生产总值(GDP)达到 12 814.59 亿元,比上年增长 9.3%,居全国第 23 位,比 2013 年提升 1 位,实现了自 2000 年以来 GDP 总量在全国位次的首次提升。

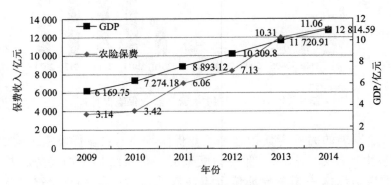

图 3-25　2009~2014 年云南经济增长与保费收入情况

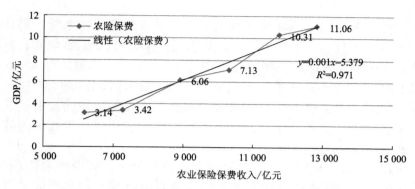

图 3-26　农业保险保费收入与经济增长之间相关性分析

2. 云南省农业保险发展沿革变迁史

云南省的农业保险业务发展先后大致经历了三个阶段，即 1980~2006 年农业保险恢复和初步发展阶段，2007~2010 年政策性农业保险和商业性农业保险协调发展阶段，2011 年至今共保体承保政策性农业保险为主，纯商业性农险经营为辅阶段。

第一阶段（1980~2006 年）：农业保险初步发展。云南省 1980 年开办农险业务以来，仅有人保财险一家公司独家经营，期间开办了耕牛保险、烤烟保险、养鸡保险等 28 个险种。1980~2006 年，累计保费收入 3.32 亿元，赔款 2.78 亿元，直接赔付率 83.7%，基本实现收支平衡。其中，养殖业保险方面累计承保各种牲畜 36.4 万头（只），承担风险 7569.6 万元，保费收入 512 万元，赔款 566.5 万元，直接赔付率 110.6%；种植业保险方面累计承保各种农作物和经济作物 274.45 万亩，承担风险 55.6 亿元，保费收入 3.27 亿元，赔款 2.72 亿元，直接赔付率 83.18%。其为广大种（养）农户转移经营风险、迅速恢复生产发挥了重要作用。但由于云南经济基础薄弱，广大农户缴费能力较低，加之农村保险意识淡薄，难以形成规模承保，大多数试办险种都未能长期运营，只有烤烟保险经营时间较长。自 1985 年开办后，初步形成了"烟草企业+保险公司+种烟农户"商业化发展经营模式。并在此基础上孕育出了"三南"模式之一的云南模式，即按照大农业的思路，将县以下农村保险业务单独建账、独立核算、自主经营、自负盈亏，走"以农养农、以丰补歉"之路。

第二阶段（2007~2010 年）：政策性与商业性农业保险协调发展。2007 年云南省以开展能繁母猪政策性保险为开端，开启了由各级政府共同参与实施的政策性农业保险序幕，以支持农业生产，云南省农业保险也进入了一个全新的发展阶段。2007~2010 年，云南省农险业务累计保费收入 8.40 亿元，赔款 7.14

亿元，直接赔付率 85%，基本实现收支平衡。从养殖业保险来看，累计承保各种牲畜 924 万头（只），承担风险 134.7 亿元，保费收入 6.86 亿元；从种植业保险来看，累计承保各种农作物和经济作物 1481 万亩，承担风险 43.06 亿元，保费收入 1.55 亿元。在运营模式上采取"各级政府+保险公司+农户（场）"的方式运营，实现了中央政策性农业保险和商业性农业保险协同发展，其中能繁母猪、奶牛、牦牛、藏系羊保险，以及水稻、玉米、油菜、青稞保险陆续在全省范围开办。

第三阶段（2011 年至今）：政策性农业保险为主，商业性农险经营为辅。从 2011 年至今，云南省农业保险的功能作用日益体现，初步形成了以中央政策性农业保险为主线，地方政策性农业保险和商业性农业保险为两翼的发展模式，地方财政补贴的甘蔗保险、香料烟和坚果树保险工作不断推进。目前，云南省开办中央政策性农险产品 11 个、地方政策性农险产品 3 个、商业性农险产品 3 个，基本覆盖云南种养业主要品种，初步形成了较为丰富的农业风险保障体系。2011～2013 年，云南省农业保险累计实现保费收入 23.50 亿元，提供风险保障 3346.48 亿元，累计赔款支出 13 亿元，超过 138 万农户直接受益。农业保险在 2012 年马龙洪灾、2013 年蔗区低温冷冻灾害等大灾中发挥了重要的经济补偿作用。截止至 2013 年年底，云南省农业保险保费规模首次突破 10 亿元，同比增长 44.60%，保费规模在西部 12 个省份排名第四。目前，农业保险已成为全省仅次于车险的第二大险种。随着农业保险功能作用的逐步发挥，越来越多的农户认同并积极参保。

3. 市场结构

2014 年云南省农业保险保费收入 11.06 亿元，其中人保财险承保约 5.23 亿元，占全省农业保险保费收入的 47.27%，同比下降约 1 个百分点；太保财险承保约 3.59 亿元，占全省农业保险保费收入的 32.49%，同比增加约 11 个百分点；中国人寿财产保险股份有限公司（以下简称国寿财险）承保约 0.87 亿元，占全省农业保险保费收入的 7.85%，同比下降约 5 个百分点；中国平安财产保险股份有限公司（以下简称平安财险）承保约 0.36 亿元，占全省农业保险保费收入的 3.29%，同比下降约 4 个百分点；阳光财险承保约 0.58 亿元，占全省农业保险保费收入的 5.28%，同比增加 0.3 个百分点。人保财险、太保财险、国寿财险、阳光财险作为市场份额前四家公司占全省农业保险市场的 92.89%，即 CR_4 等于 92.89，相比 2013 年 CR_4 指标 89.77 进一步增加，属于极高寡头垄断 I 型市场结构。从 2014 年和 2013 年的市场份额数据看，阳光财险、诚泰财产保险股份有限公司（以下简称诚泰财险）市场占有率有所增加，市场份额排名各上升一位，具体见表 3-14、表 3-15 和图 3-27。

表 3-14　2013 年云南各保险公司承保农险份额

项目	排序	农险总保费/万元	占全省比例/%	养殖业保费/万元	种植业保费/万元
全省		103 053.0	100	27 847.5	75 205.5
人保财险	1	49 633.9	48.16	20 686.7	28 947.3
太保财险	2	22 239.8	21.58	3 912.7	18 327.2
国寿财险	3	13 029.6	12.64	0	13 029.6
平安财险	4	7 612.7	7.39	246.9	7 365.8
阳光财险	5	5 136.8	4.98	2 291.8	2 845.0
大地财险	6	3 262.8	3.17	413.6	2 849.3
华泰财险	7	1 966.8	1.91	295.9	1 670.9
诚泰财险	8	112.4	0.11	0	112.4
太平财险	9	28.9	0.03	0	28.9
永安财险	10	29.2	0.03	0	29.2

资料来源：中国保监会云南监管局

注：大地财险全称为中国大地财产保险股份有限公司；华泰财险全称为华泰财产保险股份有限公司；太平财险全称为太平财产保险有限公司

表 3-15　2014 年云南各保险公司承保农险份额

项目	排序	农险总保费/万元	占全省比例/%	养殖业保费/万元	种植业保费/万元
全省		110 638.33	100	28 484.70	82 153.63
人保财险	1	52 299.90	47.27	20 414.39	31 885.51
太保财险	2	35 947.67	32.49	3 421.00	32 526.67
国寿财险	3	8 686.55	7.85	1 730.30	6 956.26
阳光财险	4	5 837.99	5.28	1 376.28	4 461.71
平安财险	5	3 644.25	3.29	487.11	3 157.14
大地财险	6	1 819.44	1.64	780.90	1 038.54
诚泰财险	7	1 555.42	1.41	0	1 555.42
华泰财险	8	714.74	0.65	274.73	440.02
太平财险	9	132.36	0.12	0	132.36

资料来源：中国保监会云南监管局

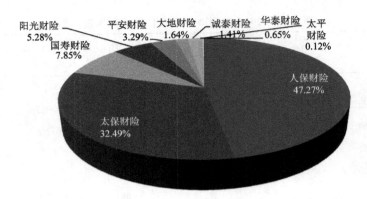

图 3-27　2014 年云南农业保险市场份额示意图

一般认为，如果行业集中度 CR_4 或 $CR_8 < 40$，则该行业为竞争型；如果 $30 \leqslant CR_4$ 或 $40 \leqslant CR_8$，则该行业为寡占型。从云南 2013 年和 2014 年农险市场份额变化情况来看，云南农业保险市场属于极高寡头垄断 I 型市场结构。虽然排名第 4 位、第 5 位的国寿财险和平安财险市场份额下降比例过大，分别下降 5 个和 4 个百分点，但这并不能影响市场的整体结构，说明短期内市场的寡占 I 型结构难以改变。

4. 产品结构

2014 年云南种植业保险保费收入约为 8.1 亿元，占全省农险保费收入 75%，为 2600 多万户次提供农作物灾害风险保障；养殖业保险保费收入约 2.7 亿元，占全省农险保费收入的 25%，为 234.9 万户次提供养殖灾害风险保障，具体见图 3-28。

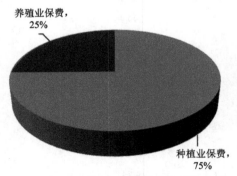

图 3-28　2014 年云南种养两业保险占比

如图 3-29 所示，2014 年云南种植业保险中，粮食作物保险占全省农险保费的 23.03%；经济作物保险占全省农险保费的 41.03%。粮食作物保险主要包括水稻保险和玉米保险，它们分别占全省农险保费的 8.1% 和 14.7%；经济作物保险主要包括油菜保险、橡胶保险和烤烟叶保险，它们分别占全省农险保费的 1.52%、2.9% 和 24.3%。

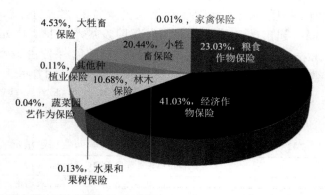

图 3-29　2014 年云南农业保险产品分类占比

在云南养殖业保险中，包括大牲畜保险和小牲畜保险，2014 年它们的保费收入分别占全省农险保费的 4.53% 和 20.44%。大牲畜保险主要包括奶牛和肉牛保险，其中奶牛保险保费 2728.49 万元，占全省农险保费的 2.5%。小牲畜保险主要包括能繁母猪保险、育肥猪保险等，其中能繁母猪保险保费收入 21 186.12 万元，占全省农险保费收入的 19.6%，具体见表 3-16。

表 3-16　2014 年云南各农业保险险种保费收入和占比

排序	险种	签单保费/万元	占比/%
1	烤烟叶保险	26 240.80	24.3
2	能繁母猪保险	21 186.12	19.6
3	玉米保险	15 876.07	14.7
4	甜菜保险	13 208.21	12.2
5	林木保险	11 535.47	10.7
6	水稻保险	8 768.23	8.1
7	橡胶保险	3 156.18	2.9
8	奶牛保险	2 728.49	2.5

资料来源：中国保监会云南监管局

在云南农业保险各险种中，2014 年烤烟叶保险、能繁母猪保险、玉米保险、甜菜保险为前四大农业保险，它们的总保费占全省农业保险保费的 70.8%，其中烤烟叶保险保费收入为 26 240.80 万元，占全省农险保费收入的 24.3%；能繁母猪保险保费收入为 21 186.12 万元，占全省农险保费收入的 19.6%，具体见表 3-16 所示。

5. 区域结构

从 2014 年云南各州市农业保险发展情况看，各地农业保险发展不平衡。一是地区间差距大，2014 年昆明农业保险保费收入占全省的 22.72%，怒江只占 2%，差距为 10 倍。二是同一州市的种植业和养殖业保险发展不平衡，比如，西双版纳的养殖业保险占该州农业保险保费的 6.6%，而种植业保险保费占该州的 93.4%，另外玉溪作为云南经济发达地区，2014 年农险保费收入仅 5057.96 万元，排名在全省第 9 名，可见，作为准公共品的农业保险发展情况与当地领导是否重视相关，具体看表 3-17。

表 3-17　2014 年云南各州市农业保险保费及种养两业保险情况

区域	各州市农业保险保费收入		
	排名	保费/万元	各州市占全省比重/%
全省	—	107 511.62	100
昆明	1	24 430.75	22.72
曲靖	2	11 034.25	10.26
临沧	3	10 206.91	9.49
楚雄	4	9 780.5	9.1
红河	5	7 524	7
文山	6	6 319.96	5.88
大理	7	6 136.54	5.71
保山	8	5 062.44	4.71
玉溪	9	5 057.96	4.7
德宏	10	4 173.88	3.88
西双版纳	11	3 688.85	3.43
丽江	12	3 316.9	3.09
迪庆	13	3 299.77	3.07
思茅	14	2 973.12	2.77
昭通	15	2 354.88	2.19
怒江	16	2 150.91	2

资料来源：中国保监会云南监管局

在种植业保险方面，2014 年昆明市种植业保险签单保费收入最高，为 19 292.45 万元，占全省种植业保险总保费的 23.81%；临沧排名第二，种植业保险保费收入达到 8947.75 万元，占全省种植业保险总保费的 11.04%；而最后两位的怒江和迪庆，种植业保险保费收入仅 1358.71 万元和 1030.8 万元，分别占全省种植业保险总保费的 1.68%和 1.27%。

　　在养殖业保险方面，2014 年昆明市养殖业保险签单保费收入最高，为 5138.3 万元，占全省总养殖业保险的 19.02%；而最后一位的西双版纳的养殖业保险签单保费只有 184.21 万元，仅占全省养殖业保险保费的 0.68%，具体情况见表 3-18。

表 3-18　2014 年云南省各州种养两业保费收入情况

种植业保险			养殖业保险		
州市	保费/万元	全省占比/%	州市	保费/万元	全省占比/%
昆明	19 292.45	23.81	昆明	5 138.30	19.04
临沧	8 947.75	11.04	曲靖	3 885.89	14.38
楚雄	7 738.57	9.55	大理	3 277.46	12.13
曲靖	7 148.36	8.82	迪庆	2 268.97	8.40
红河	5 709.02	7.05	楚雄	2 041.93	7.56
文山	5 102.57	6.30	红河	1 814.98	6.72
玉溪	4 408.04	5.44	保山	1 429.58	5.29
保山	4 172.86	5.15	临沧	1 259.17	4.66
德宏	3 957.86	4.88	文山	1 217.39	4.51
西双版纳	3 504.64	4.32	思茅	1 201.85	4.45
大理	2 859.09	3.53	丽江	865.56	3.20
丽江	2 451.34	3.03	怒江	792.20	2.93
思茅	1 771.26	2.19	昭通	772.56	2.86
昭通	1 582.32	1.95	玉溪	649.92	2.41
怒江	1 358.71	1.68	德宏	216.02	0.80
迪庆	1 030.80	1.27	西双版纳	184.21	0.68
总计	81 035.64	75.00	总计	27 015.99	25.00

资料来源：中国保监会云南监管局

3.3.3　云南农业保险工作亮点和经验

1. 云南农业保险工作亮点

　　一是业务发展又好又快。2012～2015 年中央、省和地市县三级财政共补贴农业保险保费 15.04 亿元，为全省农业生产提供了 3338.22 亿元风险保障，充分发挥了保险财政补贴的杠杆效应，放大资金效应近 222 倍，极大减轻了政府救灾压力，保证了农业生产顺利进行和社会和谐稳定。近年来，云南农业保险业务在政府部门的强力推动和保险业的积极参与下增长迅猛，2014～2015 年平均增速达54.54%，较全国平均水平高 16.21%。2013 年 1～11 月，云南全省农业保险共实现保费收入 9.93 亿元，同比增长 45.92%，在西部 12 个省份排名第四。目前，农业保险已成为云南省仅次于车险的第二大险种。

二是服务能力显著增强。①保险覆盖面逐步提高，2012 年，云南省森林火灾保险在全省实现 100%覆盖，能繁母猪保险覆盖面达 57.53%，奶牛保险覆盖面达56.42%，藏系羊保险覆盖面达 52.97%。②保障范围稳步提升，种植业保险责任在原有责任基础上均扩展了干旱责任，其中水稻和橡胶保险还扩展了病虫害责任。③保障程度不断增加，2012 年农业保险累计提供风险保障 1303.17 亿元，同比增长 10.97%，赔付支出 4.1 亿元，同比增长 44.13%，受益农户达 43.57 万户次，农业保险赔款已成为农民灾后恢复生产和灾区重建的重要资金来源。④保险产品日益丰富，目前，云南开办的农业保险产品已达 17 个品种，基本覆盖了云南农业经济发展中地位重要的粮食作物、经济作物、大小牲畜和经济林木，在全国位居前列，现正积极推动马铃薯保险的试点开办，初步形成了较为丰富的农业风险保障体系。

三是功能作用日益体现。随着农业保险功能作用的逐步发挥，越来越多的农户认同并积极参保，2005～2012 年，云南省的农险保险深度从 0.07%上升至0.27%，农险保险金额占农业总产值的比例从 0.83%上升至 48.62%。在政策性农险的推动下，涉农商业保险发展较快，2013 年 1～11 月，全省涉农商业保险实现保费收入 1.57 亿元，同比增长 11.35%，其中，农房保险实现保费收入 3926 万元，同比增长 15.26%，农机保险实现保费收入 1161 万元，同比增长 8.40%。

四是特色产品和模式不断涌现。为配合国家林权制度改革和"森林云南"建设，云南省在全国首创了保费较低、面积最大、投保林业农户最多、成效较好的森林保险全省统保模式。通过保险机制的引入，带动银行等金融机构对林业发展提供资金支持，云南省林权抵押贷款余额连续三年稳居全国第一，2012 年年末贷款余额达 114.6 亿元；临沧市通过调动政府、保险公司、龙头企业、农户等各方面的积极性，摸索出了政企合作、联合开办的"甘蔗保险临沧模式"。创新具有云南特色"烤烟保险商业化运作模式"。通过全省统一招标，3 家公司分三个标段按照"统招分签"的模式承保了 2013 年全省 12 个烟叶主产区的烟叶生长期间自然灾害险，实现了烟叶产区的全覆盖，为云南省烟草业的稳步发展提供了有效的风险保障。

五是服务网络全面延伸。近年来，中国保监会云南监管局鼓励保险公司大力推进乡镇营销服务部和农村网点的建设，不断向农业生产一线延伸服务网络。2015年，全省已建设乡镇级保险服务网点近 1500 个，"三农"保险服务点 5611 个，网点覆盖全省近 60%的土地面积。农村保险服务网络积极开展保险宣传，及时开展查勘理赔，为农民提供面对面的保险服务，极大地方便了每一位农民群众。

2. 中国保监会云南监管局推动农业保险工作的主要做法

中国保监会云南监管局一直高度重视农险业务健康持续发展，严格按照党中央、国务院及中国保监会的政策要求，以维护投保农户合法权益和规范农业保险市场秩序为核心，以"政府引导、市场运作、自主自愿和协同推进"为原则，协同配合有关部门积极争取政策支持，加强政策宣导，严守监管职责，推动云南农业保险实现又好又快发展，服务网络全面延伸，服务能力显著增强，保险功能作用日益体现，特色产品和模式不断涌现。重点做好以下几个方面的工作。

一是理顺工作关系，形成政策合力。在推动云南省农业保险工作中，中国保监会云南监管局积极加强与财政、农业、林业等部门的沟通协调，理顺了工作关系，提高了工作合力。2012～2015 年，中国保监会云南监管局办理回复了省内人大、政协委员涉及农业保险类工作提案（建议）十余件，与省政府金融服务办公室、财政厅、农业厅、林业厅等部门多次开展调研、座谈，联合制作、下发各类保险方案，不断加强与各保险总公司、基层政府及省政府的沟通及协调，积极争取各级财政支持，为农险业务发展创造了较好的外部政策环境。

二是宣导法规政策，进行风险提示。《农业保险条例》及其配套文件颁布后，中国保监会云南监管局及时通过电台广播等媒体就文件精神、监管规定和要求进行了长时间、广覆盖的宣传。①向辖内产险公司印发了《农业保险监管政策汇编》；②通过培训、会议、调研、现场检查等方式反复宣导监管部门在开办主体、产品审批备案、财务核算、理赔服务等方面的监管要求；③在农险业务开办前均召集各公司进行风险提示，把防范风险的关口前移，确保农险业务的合规有序开展。

三是加强基层调研，切实解决问题。近年来，针对农险业务发展过程中出现的新情况、新问题，中国保监会云南监管局由局领导十余次带队深入藏区、经济欠发达地区基层机构进行专项调研，督促"五公开""三到户"等监管要求落实到位，对新出现的问题进行深入剖析、认真研判，采取措施，着力解决了保险承保、"见费出单"、理赔等环节存在的突出问题和困难，提高了监管的针对性和有效性。

四是开展现场检查，保护农户权益。为保护参保农户合法权益，维护市场秩序，中国保监会云南监管局组织开展了多次全面检查和专项检查，严厉处罚各种违法违规行为。2012 年，中国保监会云南监管局根据中国保监会的统一安排部署对人保财险云南分公司的农险经营情况进行了专项检查，就查实的套取费用代缴农民应缴保费、赔款未直接到户等问题，对其分支机构处以责令改正并罚 10 万元的行政处罚，对负有责任的相关人员处以警告并罚 1 万元的行政处罚。

五是大胆探索，建设风险保障体系。云南的烤烟、蔗糖、蔬菜等产业已形成一定的竞争优势，围绕上述农产品的种植、加工、运输和贸易，保险业在承保农产品生产风险的同时，积极拓展服务领域，探索通过信用保险机制让农业生产与出口企业结算方式更加灵活，建立信用保险与农业保险相结合的风险保障体系，大力支持了一批农产品龙头企业。

3. 国寿财险云南分公司的主要经验做法

国寿财险云南分公司战略规划内的县支机构与营业网点尚未铺陈完毕，特别是具备专门农险部的机构数量不能满足业务规模的扩展，如何充分利用现有资源来维持经营、推动发展，是一个具有重要现实意义的问题。国寿财险云南分公司积极推动服务体系建设，灵活协调、运用各方资源，具体做法如下。

1）烟草种植保险项目平台系统对接创新

中国烟草总公司云南省公司在 2013 年 2 月 4 日对"2013 年度烟叶生长期间自然灾害商业保险项目"（以下简称"烟草种植保险"）进行了公开招标。国寿财险云南分公司烟草种植保险项目承保面积 290.7 万亩，投保种植户数 438 905 户，实现保费收入 11 564.5 万元，在总公司的支持下，获得了 80%的再保分出。

为解决农险服务网点铺陈滞后的问题，公司在全国范围率先采用平台系统对接来交互承保数据并完成出单的方式，即烟草各县市公司与烟农签订电子烟叶收购合同，并将烟农按承保数据（烟农姓名、身份证号码、烟叶收购合同号、开户行、账号、投保面积、投保标准、烟草垫付、烟草补贴等）通过中间平台系统直接交互到保险公司进行承保，而不单独提供承保数据，同时保险公司的理赔情况由承保公司在理赔项目结束后将理赔数据回传到省烟草公司。这是针对承保的一项大胆创新，突破了资源环境的限制，在保证效应的基础上极大地节约了成本，精简了环节，提高了效率。

2）森林火灾保险项目建立部门协调机制

2010 年国家列云南为中央政策性森林火灾保险试点省区，由阳光财险独家承保服务。国寿财险云南分公司于 2011 年首次参加了该保险项目，落地服务州市是楚雄，项目总保费为 1.3 亿元，占共保份额 5%，共保保费 651.79 万元。2012 年国寿财险云南分公司通过竞标，森林火灾保险业务的份额提升至 10%，落地服务地区域是楚雄和西双版纳。项目总保费为 1.4 亿元，公司共保保费收入 1465.24 万元。项目最终赔款 184.08 万元，代查勘定损费 5.4 万元。为了更好地服务独立承保业务，国寿财险云南分公司采取以下措施。

一是搭建与林业部门的良好关系。森林火灾保险项目中大量服务工作，如交流、协作、收缴保费、委托代查勘定损、赔款等，均与林业部门息息相关。因此，搭建起沟通、互助的平台共享资源，能够形成正外部性，使森林火灾险与林业互利互惠，共同发展。

二是灵活收取林农自缴保费。收取林农自缴保费是森林火灾保险项目推进的基础环节，云南地理特征使保险覆盖的面积较为分散，除部分种植大户以外，林农自缴保费最低仅几毛钱（6 分/亩），而营业人员到林户家收取保费的工作成本非常高，因此采取向林业部门支付合理比例的工作经费，请林业部门协助收取，对缓解人力资源不足有重要的作用，实践中这项措施也起到了显著成效。

三是严把单证收集。在单证收集的工作中，赔案均由主承保公司进行支付，因此服务州市中支公司的工作人员需详细了解所有单证，例如，商品林和公益林单证收集中的区别：商品林不能直接给林业部门，需提供林农的身份证、林权证、银行账号复印件等。对于这项难点，通过经纪公司与主承保公司联合协商制定更为细致的管理办法，可以减少案件需要准备的单证，只提供必要单证；对每份单证如何填写、盖章规定更详细的要求。这些规定有效缩短了各共保公司用在修改单证和补充资料上的时间。

四是设立火灾观察期。火灾后首次查勘现场并不确定损失程度和金额，云南的观察期设立在 7 月 15 日之后，原因在于火灾频发期为 11 月至次年 6 月，其中 4 月前后是火灾高危期，7 月雨季来临，大量着火林木有可能在雨水中恢复生长，所以观察期的设立有利于精确实际损失，避免不必要的超额损失。除部分新栽树苗在首次火灾后可直接定损外，其余均需在观察期后进行定损。

3.3.4　农业保险供给侧改革总体思路

当前我国农业保险供给侧改革的总体思路可以归纳为"三个结合，四个转变"，即农业与"三农"保险的结合、保险与信贷和期货的结合、农业保险与社会治理的结合；逐步实现保成本转变为保产值，农业直补转变为农业信贷和农险补贴，传统保险转变为指数或指数期货保险，保农业生产环节转变为"为农业现代化提供全方位、全流程、全产业链的综合金融解决方案"；实现农业品种研发、生产、收成、农业物联网、价格、食品安全责任、农村资产、健康保障全覆盖的多层次的"三农"风险保障体系；最终形成以特色农业供应链金融为业务新增长点和突破点的，以农业保险互助合作社、财产保险公司、专业化农业保险公司等多种组织形态共存的，以大金融、大数据、大网络（含"互联网+"等）为基本特征的现代农业保险制度。

3.4　云南农业自然灾害应急救助现状

"十二五"期间，云南省各级政府部门高度重视农业防灾减灾工作，由政府、企业、群众等单位构成的灾后应急救助体制机制基本建立，大幅提升了云南省农业灾害应急救助的能力。

3.4.1 "十二五"灾害应急救助措施与效果评估[①]

　　针对汛期自然灾害多发的情况，云南省民政厅加强应急值守，及时处置灾情。在汛期来临时，全省民政部门严格执行 24 小时值班制度，确保 24 小时通信畅通，做到灾情发生第一时间响应。全省各级民政部门主动加强与气象、防汛等有关部门的协调和配合，及时沟通灾害预警信息。省民政厅收到气象、防汛抗旱、国家减灾中心的相关信息后及时通过 RTX[②]、邮箱等多种方式通知各州市民政部门，并在全省信息平台上发布，各州市民政部门对重点区域通过手机短信、电话、邮件方式通知到人。

　　云南省出台了《云南省关于进一步加强气象防灾减灾能力建设的意见》《云南省气象灾害应急预案》，颁布实施了《云南省气象灾害防御条例》，2010 年提出"兴水十策"，2012 年提出"兴水强滇"战略，有力地促进了全省气象防灾减灾能力的提高。"十二五"以来，在一场场干旱、一次次水患的考验中，云南水利部门紧紧围绕"抗旱保民生、防汛保安全"，创新机制体制，科学谋划，抓防汛抗旱体系建设，抓防汛抗旱的基础设施建设，不断提升水利防灾减灾软硬件能力，有效应对频发、多发的洪涝灾害和连续多年的严重干旱，水利防灾减灾为全省经济社会发展撑起"保护伞"。"十二五"期间，全省防汛抗旱减灾经济效益达 274.99 亿元；洪涝灾害、干旱灾害年均直接经济损失占同期 GDP 比重均降低到 1.0%以下，实现历史性突破。

　　"十二五"期间，全省建设了 72 支县级抗旱服务队，形成了以县级抗旱服务队为基础，以乡镇抗旱服务分队为依托，村级抗旱小组和村民抗旱相结合的抗旱体系，织起了全省抗旱、保民生的大网。目前，云南省抗旱浇地能力达 105 万亩/天，应急送水能力达 3042 吨/次。目前，由国家指挥系统项目办公室特批为云南量身订制的抗旱业务系统，正在紧锣密鼓地开发，该系统建成后，将极大提升全省抗旱减灾信息化水平。切实落实防汛行政首长责任制，在媒体上公示责任人名单；抓汛前检查，强化指挥部成员单位各司其职、各负其责；抓抢险救灾应急处置，出台了《云南省水利抗震救灾应急预案》等规章制度，成立了省级专家库，一旦灾险情发生，各级领导、专家和抢险救灾队伍组成工作组立即奔赴现场；抓机制建设，建立了防汛抢险常规队伍、机动队伍、专业队伍的联动机制，并在抢险救灾中发挥突出作用，此做法得到国家防汛抗旱总指挥部的肯定并在全国推广。

---

　　① 本节引用了云南财经大学巨灾风险管理研究中心刘洪江教授做的《云南省综合防灾减灾"十三五"规划研究报告》内容，感谢洪江教授的研究成果。

　　② RTX：Real Time eXchange，即时通信平台。

全省大力实施江河治理和病险水库、水闸除险加固及山洪沟治理，"十二五"期间，中央和省级先后投资 57.6 亿元，对 309 条河道进行治理，累计新建河堤 1018.3 千米、护岸 418.6 千米、加固河堤 384.7 千米；积极争取国家支持加快病险水库除险加固工程，全省先后有 648 座小（Ⅰ）型、3428 座小（Ⅱ）型病险水库列入国家病险水库除险加固专项规划。截至 2015 年，全省已如期完成 13 座中型、251 座小（Ⅰ）型和 3990 座小（Ⅱ）型病险水库除险加固任务，有效消除了水库病害险情，为防汛抗旱及减灾体系构建奠定了坚实基础。云南省河流众多，不少河流防洪标准偏低，每年汛期，河水泛滥成为一方百姓的"心腹之患"。应加快大、中、小河流治理，提高防洪标准，保一方百姓平安。"十二五"期间，全省累计投入资金 72.92 亿元，治理河道 1673 千米，其中，中、小河流 1506 千米，山洪沟 42 千米，大江、大河及主要支流 88 千米，界河 37 千米，极大地提高了江河堤防的防洪标准。积极推进防汛抗旱指挥系统建设和山洪灾害防治系统建设，129 个县级山洪灾害预警平台基本建成，水利部门共编制了 129 份县级、1296 份乡级、7701 份村级山洪灾害防御预案，建成自动雨量（水位）测站 3746 个、简易测站 28 508 个、图像（视频）站 418 个，无线预警广播站 12 388 个、锣鼓等预警设备 4.6 万多套。"十二五"期间，共有 109 个县（区、市）发布预警 5239 次，及时转移 12.58 万人，避免伤亡 8357 人。全省山洪灾害群测群防体系逐步完善。"十二五"期间，全省投资 14.4 亿元，新建了 902 眼应急备用井、174 项引调提水工程；投资 7.56 亿元，实施了 121 个省级引调提增蓄应急重点项目；129 个县级山洪灾害预警平台基本建成；全省防汛抗旱减灾经济效益达 274.99 亿元。

目前，云南省已初步建立了"政府主导、部门联动、社会参与"的气象灾害防御机制，立体气象综合气象观测系统也初步形成，全省气象预报更加精准，气象灾害预警和气象信息覆盖面不断扩大，突发气象灾害预警信息公众覆盖率达到 75%以上，农村气象综合信息服务系统实现了乡镇全覆盖，行政村覆盖率达 75%以上。2011 年全省 16 个州市、111 个县实施人工增雨防雹作业达到 1.09 万点次，作业影响面积 4.7 万平方千米，农作物受益 2615 万亩，森林受益 1870 万亩，直接和间接减少经济损失超过百亿元。

3.4.2　"一案三制"工作日趋完善

从应急救助预案来看，云南省委省政府高度关注农业自然灾害，在 2013 年，对 2006 年颁布的《云南省重特大自然灾害救助应急预案》进行修订完善，加入了旱灾响应机制，各种灾害响应也从三级调整为四级。值得一提的是，农业灾害应急救助已经不是政府一方的责任，云南省许多企业也越来越重视农业灾害应急救助工作。以云南省烟草公司为例，2014 年 1 月 10 日，云南省烟草公司出台并印发《云南省 2014 年烤烟育苗霜冻冰雪灾害应急预案》，以全面提高烤烟育苗霜冻冰雪灾害应急处置能力，最大限度地预防和减轻灾害影响，保障春季烤烟育苗工作顺利开展。

从应急救助管理体制来看，为有效开展灾后应急救援，云南省成立了专项指挥部、领导小组和委员会，开展应急指挥工作。省减灾委员会、省防汛抗旱指挥部、省抗震救灾指挥部、省护林防火指挥部、省自然灾害抗灾救灾领导小组办公室等作为处置有关突发自然灾害事件的专门应急指挥机构，对专项应急救助工作进行指挥和协调。

从应急救助运行机制来看，云南省农业自然灾害监测预警及信息发布机制建设在"十二五"期间发展迅速。为保护烟草产业的持续发展，玉溪市在全市八县一区共建立了 17 个烤烟自动气象观测站，形成了规范的实用数据统计资料。另外，保山市已经建成了省—市—县（区）天气预报可视会商系统，并开发完成了精细化到乡镇的天气预报制作系统。

从应急救助法制建设来看，云南省起步缓慢，但成果依然喜人。2013 年 3 月 1 日，《云南省自然灾害救助规定》正式施行，成为全省乃至全国首个与国务院《自然灾害救助条例》相配套的地方法规。该法规结合云南省自然灾害的实际情况制定了救助管理办法，为云南省受灾群众尤其是受灾农户的生活救助提供了法律保障。

3.4.3　应急救助队伍不断壮大

一是救援人员数量、质量得到较大提升。截至 2015 年 3 月底，全省共有各类救援队 2600 支，共 11 万余人，其中，救生类 12 334 人、抢险类 78 513 人、保通类 9049 人、医疗类 10 625 人。其中，以公安派出所、专职消防队、民兵应急分队为主，综合应急救援队伍基本覆盖全省 16 个州（市）和 129 个县（市、区）所有乡（镇）。全省各级政府和行业共组建应急专家组 75 个，共 1161 人。二是救援装备取得长足发展。省军区地震救援队、省公安消防总队、武警云南总队、武警云南边防总队和省安全生产监督管理局共配备救援车辆 3359 辆，道路抢通大型机械设备 1122 套，舟艇 66 艘（辆），生命探测仪/热成像仪 98 台，搜救犬 56 只，其他救援设备 1386 台（套）。[1]三是救援、救助时间大幅度缩短。目前，云南省地震速报时间平均为 10 分钟，受灾群众基本生活救助由过去的 24 小时缩短至 12 小时，实现了《国家综合防灾减灾规划（2011—2015）》中明确规定的"自然灾害发生 12 小时内，受灾群众基本生活应得到初步救助"的目标。

---

① 刘洪江：《云南省"十三五"防灾减灾的思路与对策研究报告》，2016 年。

3.4.4　救灾备荒种子储备制度基本建成

救灾备荒种子能够保障灾后恢复农业生产种子和粮食生产应急所需种子供应，为顺利开展农业生产救灾和粮食生产应急工作提供保障。云南省历来高度重视救灾备荒种子储备工作，早在 2008 年印发的《云南省农业厅　云南省财政厅关于印发云南省省级救灾备荒种子储备管理暂行办法的通知》〔云农（种植）字〔2008〕55 号〕就指出，云南省农业厅每年要储备省级救灾备荒种子 150 万千克。2013～2015 年云南省共计储存救灾备荒种子 543 万千克，其中 2013 年 180 万千克，2014 年 187 万千克，2015 年 176 千克，储备能力较"十一五"期间有大幅提升。[①]

3.4.5　防灾减灾宣传机制全面建立

一是以 5 月 12 日"防灾减灾日"为契机，全省各州市、县市区农业局开展了丰富多彩的宣传活动。活动以悬挂横幅、发放宣传资料、设立咨询台等方式为主，向广大群众宣传农业自然灾害应对、农作物病虫害科学防治、农产品质量安全等方面的知识。二是强化信息服务，充分认识信息在防灾减灾工作中的重要性，不断加强农业信息网、"云南省数字乡村"网、《农业信息》、"三农通"热线等信息平台建设，为防灾减灾工作提供了大量及时、准确的信息。

---

① 数据由云南省救灾备荒种子储备项目招标公告中收集整理而成。

第 4 章 农业巨灾风险保障服务体系现状

4.1 云南农业保险服务体系

4.1.1 农业保险服务工作流程：2012～2015 年

2012 年，云南省政府下发了《云南省 2012—2013 年政府集中采购目录及限额标准的通知》文件，明确将财政资金支付的政策性保险纳入招标采购项目，省财政厅、农业厅委托安诺保险经纪公司组织全省政策性农险业务的招标工作。通过招标，有 7 家财险公司中标，分别是：人保财险、太保财险、国寿财险、阳光财险、大地财险、平安财险、华泰财险。招标的政策性农业保险险种共 12 个，含 8 个种植业险种（即水稻、玉米、油菜、青稞、甘蔗、橡胶树、香料烟、坚果），以及 4 个养殖业险种（即能繁母猪、奶牛、藏系羊、牦牛），服务期限为 2012～2015 年。由 7 家中标公司组成共保体，以人保财险作为主承保人，占 70%的份额，代表共保体承担保险出单、保费划转、赔款理算、赔款支付等工作。其他 6 家的承保份额依次为 15%、6%、5%、2%、1%、1%，拥有分享相应份额保费的权利及负有相应赔款分摊等义务。

运营方式上，采用财政、农业部门每年下达政策性保险保费补贴的区域、险种、承保计划面积、保险金额、保险费及各级财政补贴额度、农户自交额度的方式，由人保财险云南各级机构协调当地财政、农业部门具体办理承保、理赔手续。各部门具体职责见表 4-1。

表 4-1 政策性农险业务中各部门职责划分表

部门	职责
财政部门	（1）与农业厅联合编制，下达年度农业保险方案 （2）编制农业保险各级财政资金预算 （3）组织划拨各级财政资金
农业部门	（1）与财政厅联合编制，下达年度农业保险方案 （2）组织编制种养两业承保计划数 （3）县级以下农业部门协助配合人保财险开展农业保险的宣传、发动工作 （4）协助人保财险编制农户清单，收取农户保费

部门	职责
安诺保险经纪公司	（1）受省政府财政厅、农业厅委托对云南省 2012～2015 年政策性农业（种植业、养殖业）保险项目提供保险服务的共保联合体保险公司进行公开招标
	（2）对种养两业的投保情况和经营单位及个人承担保费的情况进行审核，审核无误后向县级农业部门发送种养两业的保费支付通知单
	（3）负责分别编制资金支付用款计划并报县级财政部门，经县级财政部门审核无误后，通过县级专户将各级财政承担的保费补贴资金直接支付到共保联合体主承保公司指定账户
人保财险（主承保公司）	（1）承担保险承保、出单等工作
	（2）承担宣传、发动、收取农户保费、向财政部门保费划转等工作
	（3）承担受灾农户的查勘、定损、理赔理算及理赔支付等工作
	（4）协助政府各职能部门做好防灾防损等工作
太保财险、国寿财险、阳光财险、大地财险、平安财险和华泰财险	负有相应份额赔款和费用分摊等责任

　　云南省政策性农业保险运作流程情况见图 4-1。每年年初，省财政厅根据各地的农业保险需求及财政配套能力下达当年各险种的计划数，虽然存在计划投保，但在实际中部分地区存在超计划现象也能获得相应的财政补贴。由各县农业局、畜牧站以村（乡、镇）为单位，组织农户统一向当地人保财险县支公司进行农业保险投保，规模性种植、养殖存在个人或龙头单位自行投保。人保财险县支公司根据投保清单将农户信息、投保面积、投保险种等录入系统，形成投保单，提交市（州）公司核保，再由省公司审核。真正的核保权由人保财险云南分公司农险部统一掌控，市级公司只是进行初步审核。严格遵循由下至上是县、市（州）、省公司，由上至下是省、市（州）、县公司逐级提交。县级公司收到审核通过的投保单，只要收到农户自交部分的保费就可以出具保险单。同时，逐级向上提交打印该保单财政补贴款发票的申请。人保财险云南分公司收到申请，打印出发票将其送至安诺保险经纪公司，安诺保险经纪公司依据发票金额开出财政支付通知单，并将支付通知单与发票交至县支公司所在地的共保体协办公司，协办公司将发票及支付通知单交给人保财险县支公司，由县支公司找当地县财政要求划拨相应的财政补贴款。县财政局将财政补贴划拨至人保财险云南分公司银行账号，人保财险云南分公司对金额进行入账处理，并根据各家共保体份额给其划拨相应比例的保费。同样，一旦发生保险责任内的损失，报案流程与投保情况相似，赔款支付流程为保费收取流程的逆过程，此处不再进行多余阐述。

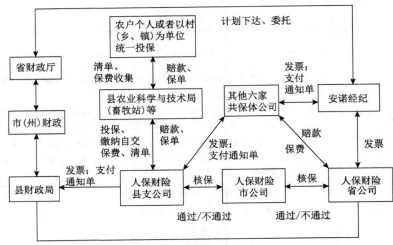

图 4-1　2012～2015 年云南农业保险工作流程图

在农业保险服务网点建设方面，目前人保财险云南分公司的基层机构已经延伸至乡镇和村级，已在全省范围内建成 585 个农村营销服务部、756 个"三农"保险服务站、5611 个"三农"保险服务点，将政策性农业保险的基础服务触及农村一线，基本实现"机构网络到村、保险服务到户"。在建站布点基本到位的情况下，庞大的服务网络的日常运营成本使基层服务网点必须将工作重点由机构铺设向提高产能转化。除了依托人保财险在各州（市）的基层服务网点，还在不同州（市）设定了相关的协办公司，如表 4-2 所示。

表 4-2　2012～2015 年云南政策性农险共保联合体组成及服务区域

共保联合体	服务区域
人保财险云南分公司、太保财险云南分公司	玉溪、保山、丽江、西双版纳、大理
人保财险云南分公司、国寿财险云南分公司	楚雄、怒江、文山
人保财险云南分公司、阳光财险云南分公司	昆明、曲靖、红河
人保财险云南分公司、平安财险云南分公司	昭通、德宏
人保财险云南分公司、大地财险云南分公司	普洱、迪庆
人保财险云南分公司、华泰财险云南分公司	临沧

4.1.2　保险经纪公司参与农业保险服务体系建设的角色功能

1. 保险经纪公司可作为政府的"顾问"

中国保监会发〔2013〕68 号文《中国保监会关于进一步加强农业保险业务监

管规范农业保险市场秩序的紧急通知》（以下简称"68 号文"）。监管部门加大农业保险监管力度，严厉查处违法、违规行为。其中一则条款"严禁保险经纪机构从享受中央财政保费补贴的农业保险保费中提取手续费或佣金"被保险业界解读为禁止保险中介公司参与农业保险，但是通过对保险经纪公司的价值分析可以清楚地看到，善意的保险经纪公司参与到政策性农业保险中来可以做到多方受益。在"68 号文"的背景下，保险经纪公司可以通过充当政府"顾问"，为保险公司提供技术支持与风险分析的方式，参与到政策性农业保险中来。

由于政府部门对专业保险业务不够熟悉，从开发新险种到各保费补贴的力度在谈判与制订方案时常常受制于保险公司，而保险经纪公司作为政府的"顾问"参与方案商讨，可以协助政府制定适宜当地农业保险业务的方案设计，并协助政府招标。另外，保险经纪公司的介入有助于解决保险公司与农户间由于信息不对称、不透明等产生的各类问题，一旦灾害发生，保险经纪公司能够协助被保险人索赔与追偿。此外，目前国内不少保险经纪公司在风险分布、灾害统计等方面有一定的数据积累，必要时能为农业风险研究提供技术支持。鉴于农业保险的巨灾性，随着保险业的日益发展，政府势必寄希望于创新产品和服务的出现来减轻灾害带来的损失。保险经纪公司可以以此为契机研发创新的产品和服务，或者在传统保险产品基础上提供创新的风险管理方案，这方面的典型事件就是非传统风险转移工具的出现和盛行。特别是对于政府这种特殊的参与体，传统风险管理工具，如保险、期货及对冲，逐渐不能满足他们对风险管理的要求，他们更需要保险经纪人提供创新性的解决方案。保险经纪人如果能成为创新的源头，推动创新的进展，有助于自身更好、更多地参与到农业保险中[①]。

2. 保险经纪人的参与可有效解决信息不对称的问题

如果从政府、保险公司、经纪人、农民自身四个方面比较，在农业保险中政府更多的是考虑社会稳定因素，保险公司考虑更多的是自身经营效益，农民缺乏保险知识并不能及时、充分地认识到自身需求，经纪人则直接面对农民和各家保险公司，其立场较为中立，可以说是最了解农民的人、最了解保险的人，是价值发现中最坚定的力量。无论是开发保险产品，还是投保及理赔服务，保险经纪人均能起到平衡保险公司与农民利益的作用，能够对农民的基本信息进行了解并加以分析、评估，帮助农民认识到自身存在的风险和需求。保险经纪公司的平衡作用，一方面避免了信息不对称产生的销售误导及格式条款产生的农民违背自身真实意思表示的合同，

---

① 对于安诺保险经纪公司对 2012～2015 年云南农业保险和森林火灾保险的经纪业务应给予客观、公正和历史性评价，不应因为安诺保险经纪公司工作缺陷而全面否定保险经纪人在推动农业保险中起的重要作用，如安诺保险经纪公司把旱灾、虫灾纳入保险责任，起赔线从 80%降低到 20%，推动了云南农业保险向农业巨灾保险转变，维护广大农户利益。

另一方面避免了农民随意扩大保险责任及虚假理赔、闹赔、骗赔的现象。

3. 保险经纪公司能够最大限度地促进农业保险的发展

在农业保险市场，保险经纪人可以将保险公司的经营触角延伸到农村地区的各个角落，既节约保险公司的经营成本，又起到深入了解农户保险需求的作用。经纪公司在提供咨询、协助索赔、业务增值等专业化服务时，能结合客户、政府、公司各方目标，剔除无价值的流程，降低整体运营成本，提高客户的服务满意度，同时通过制作标准业务模式提升整体运作效率，降低农业保险的经营风险，从而更好地协调农业保险所涉及的各个方面，对各种矛盾的价值冲突进行调和，最大限度地促进农业保险发展。

更重要的是，经纪机构对农业保险业务的价值发现、价值选择、利益平衡、模式探索、流程改进等方面，具有不可替代的作用。例如，近年来，经纪公司开发的貂、狐狸、梅花鹿、海参养殖保险等产品，填补了我国农业保险领域的空白，真正发挥出其价值发现的作用。此外，我国农村地区情况错综复杂，又没有农业损失率等历史数据可供借鉴和参考。而目前国内不少保险经纪公司在风险分布、灾害统计等方面都有一定的数据积累，必要时还能为农业风险研究提供技术支撑。

4. 可协助保户进行灾后索赔

在灾害发生后，保险经纪公司能及时以专业的角度帮助保户处理与保险公司之间的服务交互和问题，扮演咨询者和服务支持协调桥梁的角色，节省客户大量的时间与精力，使受损地区的民众能尽快地恢复经济生产活动。

5. 保险经纪公司参与农业保险的模式

通过对韦莱经纪公司的实地考察得知，保险经纪公司参与农业保险主要是通过招标服务、经纪服务、顾问服务及自保服务等方式。目前保险经纪公司参与农业保险的主流模式主要是按照以下流程进行的（图4-2）。一是政府聘请保险经纪人作为技术顾问，并授权其制订保险统筹方案；二是保险经纪公司制订方案，并通过谈判、招标等方式降低保费和选择保险公司；三是保险经纪人在具体实施中履行监督职能，协助政府处理参保中的具体事务性工作，并在发生赔案后及时跟进赔案；四是每年度对承保的保险公司进行多方面评估，保持竞争机制，提高服务水平和理赔效率。

对于保险经纪公司费用收取情况的规定，农业保险条例明确保险费来源为政府贴补资金。中国保监会2013年"68号文"规定："严禁保险经纪机构从享受中央财政保费补贴的农业保险保费中提取手续费或佣金。"据此，保险经纪人为农户提供了类似法律顾问的咨询服务，保险经纪人很大程度上能降低农业保险的成本。可采用国际通行的方式，"由政府机构收取顾问费"。保险经纪公司可采用清单式服务，根据客户服务内容的需求进行报价。

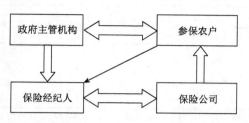

图 4-2　保险经纪人参与农业保险的模式图

4.1.3　农业保险基层服务体系调查：以玉溪市为例

加强农业保险基层服务体系建设是农业保险合规经营和规范管理的必然选择，是发挥农业保险社会管理功能的重要载体，是确保党中央、国务院强农惠农政策落实到位的重要保障。总的来看，要贯彻落实党中央、国务院支农惠农的农业保险政策，实现"应保尽保"的宏伟目标，需要实施一系列的战略举措，其中最重要的有两条：一是提高地方财政配套能力，填补制度缺失，使重要农产品、特色农产品都覆盖在农业保险制度之内；二是提高基层服务体系的制度执行能力，使农业保险政策得到有效贯彻和实施。云南省玉溪市农业保险不仅险种较为齐全，而且基层服务体系建设走在全省前列，其中玉溪市红塔区于 2011 年被人保财险（总部）授予"农村保险示范县"荣誉称号。目前，玉溪市有烤烟、烤烟"两黑病"保险[①]、农房、能繁母猪、奶牛、水稻、玉米、油菜、森林火灾等十余个"三农"险种。

1. 建立了较为完善的基层服务网络

目前，玉溪市的大部分农业保险由人保财险玉溪市分公司经营。该公司下设 9 个县区支公司、2 个城区支公司，并在全市经济发达的乡镇设立了乡镇营销服务部 51 个，保险机构全辖乡镇覆盖率达 70%。每个乡镇服务站点配备多名工作人员和办公设备，具体见表 4-3。同时还在各行政村设置了"农险联络员"，由村干部兼任。构建了营销服务部、服务站、服务点三级"立体化"的农险服务网络。玉溪市分公司制定了《乡（镇）农业保险服务站点建设标准》，坚持"六个一"建设标准[②]。服务站点的主要职能为服务，包括向农民宣传、介绍险种，解答被保险人疑问，接到报案后与其他相关部门协同勘察现场、核赔定损、赔付保险金、处理保险标的等。

[①] 烤烟"两黑病"保险由玉溪市人民政府烟草产业办公室提出投保需求，其目的是转嫁玉溪市八县一区试种从津巴布韦引进烤烟新品种 KRK26 可能发生的烤烟黑胫病和根黑腐病（以下简称烤烟"两黑病"）风险，鼓励农民积极种植优质烤烟支持红塔集团改善卷烟品质结构，实施集团制定的"51518"品牌发展战略。

[②] "六个一"建设标准：落实一个固定场所、悬挂一块招牌、配套一套办公设备、制定一套工作制度、配备一套工作台账、设置一个宣传信息发布栏。

表 4-3　人保财险玉溪市红塔区春和镇和高仓镇"三农"服务站点情况

站点名称	性别/人		年龄段/岁	学历	办公面积/米²	基础设备	2011年保费收入/万元
	男	女					
春和镇服务站点	3	3	30～44	5个高中1个大专	51	传真机、打印机、电脑、办公桌等	426
高仓镇服务站点	1	3	24～39	4个高中	48	电脑、打印机、办公桌等	345

资料来源：笔者与玉溪市红塔区春和镇和高仓镇的人保财险保险站点调查交流整理所得

2. 建立了较为完善的服务流程

目前，人保财险玉溪市分公司建立了比较完善的农业保险服务流程。农民遭受农业损失后可以报案到村委会的农险联络员，也可以打电话给乡镇服务站点，然后由农业综合服务中心（由畜牧站、农技推广站、农业中心等机构合并而成）与服务站点依据支公司下发的保险责任判断标准相关文件联合核赔定损。种植业保险、养殖业保险的服务流程分别以黄草坝村的油菜花保险理赔为例、以高仓镇能繁母猪保险为例，具体见图 4-3 和图 4-4。

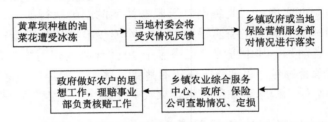

图 4-3　黄草坝油菜花遭受冰冻人保财险春和镇农业保险服务站点对其处理的流程图

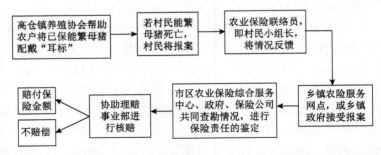

图 4-4　人保财险高仓镇营销服务部对能繁母猪保险服务流程图

3. 建立了基层服务体系的评比激励机制

为充分发挥乡镇和村级农业保险兼职负责人的主观能动性，提高做好农业保险工作的责任感，人保财险玉溪市分公司建立《农业保险基层服务体系管理考核办法》（以下简称"办法"）。"办法"设置了考核指标体系，主要从保费规模、理赔情况、优质服务三个指标对相关人员进行考核。并面向所有服务站点设立年度一次的"保险先进乡"评比活动，对年度保费收缴工作特别突出、业务效益良好和服务落实到位的相关人员给予物质及精神奖励。

4. 与农业专家一起科学设定保险赔偿标准

荀子曰："假舆马者，非利足也，而致千里；假舟楫者，非能水也，而绝江河。"云南气候条件复杂，农作物各生长期间和受灾期间价值的估算复杂，而农业保险服务时限性较强。为此，人保财险玉溪分公司借助当地农业科学院农作物专家的技术力量，聘请他们分别针对水稻、玉米、油菜等农作物的生长特点，确定它们在不同生长周期的价值，并按照其生长周期量身定做理赔方案，设定不同受灾时期的赔偿标准。水稻赔偿方案具体见表4-4。这样既可以根据农作物实际受灾情况，给予合理经济赔偿，维护农民利益，体现了政策性农业保险支农惠农的本质属性，又可以有效防范道德风险，减少社会福利的损失，维护政策性农业保险制度的可持续发展。

表4-4　人保财险根据水稻生产期分类赔偿方案

项目	移栽成活—分蘖期	拔节期—抽穗期	扬花灌浆期—成熟期	
最高赔偿额	40%（84元）	70%（147元）	100%（210元）	
损失率	抽样植株受损叶片总数/抽样植株标准叶片总数	抽样植株受损叶片总数/抽样植株标准叶片总数	冻灾（含8月低温） 1~15%-结实率 注：①结实率 = 单株谷穗满谷粒数÷单株谷穗谷粒数；②正常结实率为85%	暴雨、风灾、雹灾 单株谷穗损失谷粒数÷单株谷穗谷粒数

赔偿金额 = 不同生长期的最高赔偿标准×损失率×受损面积×（1-免赔率10%）

资料来源：玉溪市红塔区高仓镇的人保财险保险站点调查交流

5. 制定了比较完善的能繁母猪承保流程：以人保财险江川县支公司为例

人保财险江川县支公司能繁母猪下一年的承保工作一般由上一年的11月开始筹备，大部分的前期工作都是交由县畜牧局配备给每个自然村的农技站防疫员负责。防疫员平时的工作主要是负责给各自负责片区的牲畜打疫苗并打上疫苗注射耳标，耳标上都有一个与牲畜一一对应的耳标号，保险公司便以此作为牲畜承保的一个必要采集信息。由于江川县与畜牧局的密切合作，防疫员还额外为保险公司进行牲畜信息的采集、参保保费的收取及出险时的报案与查勘工作。由此保险公司给予一定的工作经费，且针对每年承保的具体情况给予一定的奖励，奖励金额由人保财险直接打入畜牧局，畜牧局不予任何名目截留，全部直接奖励到各乡镇防疫员。防疫员一般工资待遇较低，由此可间接补贴防疫员，提高其工作积极性。

一是制定完善的承保前工作。下一年度承保工作的前期工作准备由上一年度

11 月开始。首先，由人保财险导出系统统计的上一年度承保清单，每个自然村的防疫员与村镇客户经理作下一年度的承保信息核查，要以耳标号（即防疫号码）为主。全江川县共有 72 个乡镇，每一个乡镇有一个防疫号码段，共 4996 个防疫号码。其次，承保清单发放至各乡镇兽医站，再由兽医站发放至各片区防疫员，防疫员与乡镇客户经理逐一核对承保信息，包括牲畜耳标号、疫苗注射情况、标的的买卖及死亡等其他变动情况，然后依次在承保清单上标注变动情况，并核算出承保数额、保费。最后，该项工作完成时，将承保清单及承保数额交回各乡镇兽医站，然后将核对正确的承保清单返回县支公司。其流程见图 4-5。

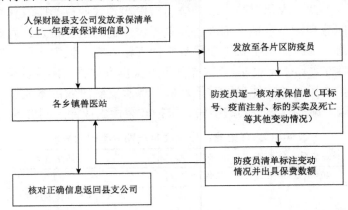

图 4-5　人保财险江川县支公司承保前期工作流程图

二是规范承保环节。人保财险县支公司收到回复的承保清单后，将核对后的承保信息一一输入系统，目前人保财险对于承保的信息每年进行一次录入，工作量相对较大。投保清单录入完毕后则出具保单，然后将保费发票与保单同时交至县财政局，由此县支公司再进行承保保费的收取。其流程见图 4-6。

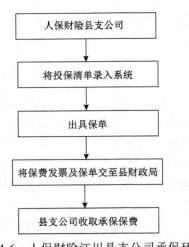

图 4-6　人保财险江川县支公司承保环节工作流程图

三是优化理赔环节。如果所承保的能繁母猪出现死亡，养殖户第一时间会打电话给负责该片区的防疫员进行报案，片区防疫员接到报案信息后，便向保险公司进行正式的保险报案处理（注：给保险公司报案必须是片区防疫员，保险公司不接受养殖户的直接报案）。保险公司接到报案后，便安排公司聘请的代查勘员进行现场查堪，代查勘员一般是片区的防疫员，因此，查勘和报案的片区防疫员可能出现是同一人的情况。这一环节可能存在防疫员与养殖户串通骗取保险金的情况，但是这种情况在江川县发生概率较低，这与人保财险实行的奖励机制密切相关。

片区防疫员进行现场查勘，查看养殖户防疫记录、缴保费收据等信息，然后核定保险责任，若不属于保险责任则拒绝赔付；若在保险责任范围内，则由县畜牧局出具死亡证明交给片区兽医站。之后由片区防疫员将死亡证明返回给养殖户，养殖户则携带身份证、银行卡及能繁母猪死亡证明至县支公司进行理赔。保险公司接到理赔申请后则进行公司内部的理赔流程，从养殖户申请理赔至赔款最快可一天处理完毕。对于养殖户的理赔申请，若信任片区防疫员，也可交由片区防疫员代为办理。其流程见图 4-7。

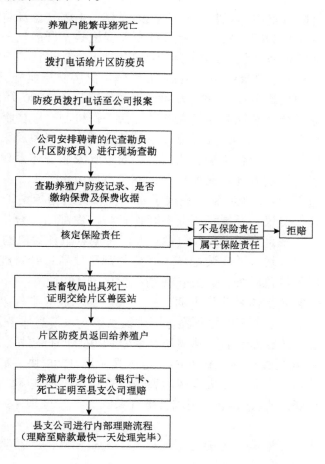

图 4-7 人保财险江川县支公司理赔环节工作流程图

4.2　农业气象服务体系和农村气象灾害防御体系现状

2010 年中央一号文件提出要"健全农业气象服务体系和农村气象灾害防御体系，充分发挥气象服务'三农'的重要作用"，全国气象部门掀起农业气象服务体系和农村气象灾害防御体系（以下简称"两个体系"）建设热潮。云南省气象局党组高度重视，将"两个体系"建设作为全局工作的重中之重。2010 年以来，"两个体系"建设对云南粮食减灾保产、实现增收发挥了重要作用。①

4.2.1　气象灾害防御组织体系初步形成，综合监测服务能力明显提升

（1）气象灾害防御组织体系初步形成。2012 年，中国气象局将云南省红塔区等 4 个县（市、区）作为"三农"气象服务专项实施县，开展气象为农服务体系和农村气象灾害防御体系建设。2013 年云南省有 12 个县进行"三农"气象服务专项建设，其中 6 个农业气象服务实施县、6 个气象灾害防御实施县。2012～2013 年，"三农"专项中央资金投入 925 万元，带动地方投入 1080 万元，12 个实施县与涉农部门建立联合为农服务和气象灾害防御工作机制，与农业、林业、水利、国土等部门签订合作协议 51 个，1 县 7 乡（镇）通过中国气象局第一批标准化气象为农服务县（市、区）和乡（镇）认定。在农业气象服务体系建设方面，昆明农试站组织研发了县级农业气象服务平台，临沧市局组织开发了县级一键式气象灾害预警信息发布平台；6 个实施县完成了农业气象灾害指标集 15 个，与农业、科研等部门签订合作协议，开展科研业务合作；与涉农部门、合作社、种养大户等建立了"直通式"联系，服务对象 1131 人，占重点服务对象的 89%；自建或共建农业气象试点田 8 块，并安装配备了必要的观测仪器；针对红梨、橡胶、咖啡、万寿菊等开展了特色服务，完成各类精细化区划 18 个。

在农村气象灾害防御体系建设方面，6 个实施县均成立了气象灾害防御领导小组，印发了《县级气象灾害应急预案》。建设乡镇气象信息服务站 66 个，覆盖94%的乡镇；气象信息员 640 名，覆盖所有乡镇和 96%的行政村；建设气象预警大喇叭 632 个，行政村覆盖率达到 90%；电子显示屏 1788 块，覆盖所有乡镇、行政村和部分自然村；开展气象灾害风险普查，普查中小河流 44 条、山洪沟 122 条、泥石流及滑坡隐患点 191 个，完成县级气象灾害风险区划 16 个；建设了 10 个农村防雷示范村。

（2）气象灾害综合监测服务能力明显提升。经过多年的持续努力，云南全省

---

① 该部分由章文君在《灾害志》撰写中总结形成，下面的问题与建议均如此。

气象灾害综合监测服务能力不断增强。编制了《云南省气象观测站网规划（2011—2015 年）》《云南省高速公路交通气象观测网布局发展规划（2013—2017 年）》《云南高原特色农业气象观测网规划》，完成《西藏、四川、云南、甘肃、青海四省藏区和新疆气象观测站网规划（2011—2015 年）》（云南部分）编制工作。另外，通过组织实施"气象监测与灾害预警工程"，完成大理气候观象台基准辐射站、20 个大气电场仪、昆明气溶胶质量浓度观测系统建设。在中国气象局指导下，完成老挝万象、缅甸仰光的自动气象站和 GPS/MET 站建设；大理新一代天气雷达和西双版纳 713 天气雷达正式投入运行。昆明新一代天气雷达完成技术升级改造。保山移动天气雷达作为云南第一部 X 波段多普勒中频相参移动雷达投入运行。禄丰、元谋、双柏、龙陵、凤庆、石林、新平、鹤庆等县建成 8 部局地警戒天气雷达；并且完成 2010 年、2011 年建设的 37 个自动土壤水分站中 35 个的业务化检验及应用，形成气象干旱监测网。完成昆曼大通道（昆明—玉溪—普洱—西双版纳）22 个交通自动气象站建设，填补了云南交通气象观测站的空白。在全省主要热区建成 63 个橡胶自动气象观测站，覆盖西双版纳、红河、文山、普洱、临沧、德宏等 6 个州市。在玉溪、昭通、楚雄、普洱、临沧等地区建成 56 个烟草自动气象观测站。为进一步深化对区域天气气候特点和规律的认识，组织进行了高山无人自动站网建设，共建成 16 个高山无人自动气象观测站。在大理苍山–洱海剖面山地气象观测系统投入应用。

2012～2013 年，云南省完成全省宽带网络扩容升级工程：省—州（市）带宽由 4 兆升级到 8 兆，州（市）—县带宽由 2 兆升级到 4 兆，线路由同步数据传输网（synchronous digital hierarchy，SDH）升级到多生成树协议（multi-service transfer platform，MSTP），州（市）局和县局均配备了 H3C（杭州华三通信技术有限公司）中高端路由设备；完成中国气象局—省局骨干网络系统升级工作，配置了 2 台高端交换机，启用了 MSTP 和多协议标签交换–虚拟专用网络（multiple protocol label switch-virtual private network，MPLS-VPN）互为备份的 2 条 8 兆通信线路，建立了业务流程和运行机制，实现业务化；完成国家—省级高清电视会商系统建设，完成省—地—县视频会商系统的 IP 地址、视频会商级配地址的调整工作；完成全省 8 个风云二号卫星中规模利用站升级改造工作，完成 143 个全省气象数据卫星广播系统安装调试并投入业务运行；完成全国综合气象信息共享平台云南省分系统建设任务；利用"云"技术集约省级资料接收系统，研发了全省互动式资料传输监控平台，开发了州市县级地面观测标准数据库；建成 10 个边远站北斗卫星通信传输系统，提高了边远、高山地区的通信传输保障能力。组织开发了云南省闪电定位仪运行监控系统，使设备运行监控种类覆盖率进一步提高。完成普洱、大理 2 个地市级移动计量校准系统、大理地市级维修测试平台建设并投入业务应用，实现了自动站传感器和数据采集器的现场校准、测试、核查及现场基本维修。

另外，在此期间，完成山洪地质灾害防治气象保障工程项目 2011 年一期、二期和 2012 年第一批建设任务。完成 43 个国家级台站新型自动站建设，占全省气象台站的 34%；建成保山移动天气雷达、普洱和大理移动计量保障系统、大理维修测试平台；累计新建山洪地质灾害气象监测站 1740 个，区域气象站平均站间距由 19 千米缩短到 11 千米，极大地提高了对山洪地质灾害的监测能力；完成 97 个县级数据中心、33 个县级预报业务平台、1 个县级预警示范平台建设；完成省级山洪和地质灾害精细化预报系统建设及 52 个县的精细化暴雨灾害风险普查。天、空、地立体监测网络初步形成，天气、气候、生态与农牧业气象、雷电、人工影响天气、沙尘暴、大气成分等灾害监测和气象服务能力得到明显提升。

4.2.2　气象灾害预报预警水平不断提高，预警信息发布能力不断增强

（1）气象灾害预报预警水平不断提高。气象预报预警工作以提高准确率、精细化为目标，得到持续推进和提高。云南省在气象灾害预警方面引进细网格数值模式。云南省气象局开展了"多时间尺度旱涝和低温冷害气候预测业务系统""基于 74 项环流指数的云南月气候预测业务系统""动力气候模式降尺度技术在云南短期气候预测中的应用研究"等项目研发，更新完善了相关业务工具，省级短期气候预测水平不断增强，重大气候灾害的监测与影响评估业务能力得到了提高。并且完成了气候信息交互显示与分析系统及气候业务基础数据环境建设。初步建立了云南气候信息交互显示与分析平台（climate interactive plotting and analysis system，CIPAS）业务系统实时数据接收和处理流程，已形成较为统一的省级气候业务数据环境。建立了极端气候事件监测本地化业务系统。针对云南省的网络接口和数据获取渠道，开发了极端气候事件监测业务系统实时资料添加程序，实现了平均气温、最高温度、最低温度、降水资料的实时追加，使极端天气气候监测系统的实时监测功能得以实现。推进了省级干旱定量化评估系统的本地化应用。根据干旱业务需求进一步细化了云南干旱定量化评估技术路线，以"省级干旱定量化评估系统"为平台，建立了本地干旱数据库，初步形成了干旱监测、评估、应用一体化的业务流程。多模式超级集合解释应用业务系统（Multi-model Downscaling Ensemble System，MODES）投入应用。初步建立了云南省气候预测数据传输及常规预测产品数据的上传流程，并对现有预测系统及 MODES1.0 系统的预测系统进行实时检验。降水、气温预测产品已在短期气候预测业务中得到应用。云南省气象局紧紧围绕气象防灾减灾的中心工作，以提高气象预报预测准确率和精细化水平为核心，开展科学研究和技术开发。2012～2013 年组织实施了"云南省滑坡泥石流灾害预报预警模型精细化研究""复杂地形精细化对流有效位能

计算及应用研究"等项目，提高了云南精细化预报水平。

通过组织研发 2013 年中国气象局气象关键技术集成与应用项目"云南省精细化客观预报业务系统"，对建模过程中的基本预报因子技术方案进行了改进，将与云南天气密切相关的具有地域特征的天气指标、系统和天气系统指数等引入基本因子库，经技术改进后的精细化客观预报产品的准确率有明显提高。建立了适合云南的精细化客观预报业务，可自动制作预报时效 0～240 小时，具有降水、温度、风向、风速等 11 个气象要素的客观预报产品，其中 0～36 小时时间分辨率分别为 3 小时、6 小时、12 小时；48～240 小时分别为 12 小时、24 小时，空间分辨率包括云南省 125 个县级站点和 1334 个乡镇站点。

通过实施省局业务能力研究与提升建设专项《强对流天气临近预报系统（SWAN）本地化应用研究》，建立了基于多普勒天气雷达、卫星 TBB[①]和闪电资料的强对流识别预警指标体系，完善了客观指导和主观订正相结合的业务流程，特征指标进入强对流天气临近预报系统，提高了强对流天气临近预报系统在云南本地化运行效率，在强对流天气实时监测预警中发挥了较好作用。

（2）气象灾害预警信息发布能力不断增强。全区各级气象部门加强业务系统建设，广泛利用社会媒体传播资源，气象灾害预警信息发布能力不断增强。构建了全区三级小区广播预警信息发布系统和手机短信预警信息发布平台；云南省气象局积极开展气象科技的科普宣传工作。与《春城晚报》、《云南日报》、《都市时报》、云南电视台《都市条形码》等多家媒体联合，积极开展气象科技的科普宣传活动。利用"3·23"气象口、"5·12"防灾减灾日等向公众普及宣传气象科技和气象防灾减灾知识。积极参加全国农业农村生态文明建设活动，应农业部、中国科学技术协会等六个部委的邀请，云南省气象局在大理市上关镇大营村委会开展了《大理州农业气候及农业气象灾害特点》讲解和科普宣传活动，取得了良好的科普宣传效果。云南省气象学会举办云南"气象人讲坛"，邀请相关领域的知名专家作专题学术交流，"气象大讲坛"每月举办 1～2 次，积极促进气象与相关部门横向的沟通和合作，牵引气象部门纵向的联动和交流。

4.2.3　气象灾害风险管理工作不断强化，人工影响天气作业效益不断提升

（1）气象灾害风险管理工作不断强化。气象灾害风险管理工作是有效防御气象灾害的重要前提，近年来得到了不断强化。2012 年 7 月 29 日，云南省十一届人大常委会第三十二次会议表决通过了《云南省气象灾害防御条例》，于 2012 年 10 月 1 日实施。这是云南省人大常委会通过的第二部地方气象法规，共 6 章 46 条，包括总则、预防、监测、预报、预警和应急处置。该条例对气象灾害防

---

① TBB：black body temperature，云顶的辐射温度。

御工作中各级政府及其有关部门的职责、防御规划制订、配套防御工程建设、防御知识宣传教育、气候可行性论证、雷电灾害防御、气象灾害预警信息发布、气象灾害信息共享、应急处置措施等做出了明确要求。为贯彻落实《国务院办公厅关于进一步加强人工影响天气工作的实施意见》（国办发〔2012〕44 号），进一步加强云南省人工影响天气工作，省政府于 2013 年 10 月下发了《云南省人民政府办公厅关于进一步加强人工影响天气工作的实施意见》（云政办发〔2013〕131 号），针对云南省实际情况，提出从四个方面加强云南省人工影响天气工作：一是准确把握人工影响天气工作的总体要求，明确新时期云南省人工影响天气工作任务；二是做好重点领域服务保障工作，特别是强化高原特色农业保障服务、水资源安全保障服务、生态建设与环境保护保障服务；三是科学推进人工影响天气工作；四是加大对人工影响天气工作的支持力度。气象局利用卫星遥感、航空遥感、国土资源数据、地面调查相结合的方式，对暴雨洪涝灾害中的农业损失进行了定量评估，评估结论得到地方政府和相关部门的认可。并且将政策性农业保险气象服务纳入政府统一管理，进一步规范了气象部门开展灾害性天气预警服务、评估鉴定气象灾害的流程。

（2）人工影响天气作业效益不断提升。2012～2013 年，云南省人工影响天气工作以提高气象防灾减灾服务能力为目标，以服务"三农"和发展地方经济为重点，积极开展人工增雨、人工防雹等人工影响天气作业。2012 年全省 16 个州市的 120 个县 480 个作业点，累计实施增雨作业 3800 点次，地面增雨影响面积 6.2 万平方千米，农作物受益面积 2100 万亩，森林受益面积 3000 万亩。增加降水 12 亿立方米，其中库塘蓄水 4.2 亿立方米。扑救森林火灾 18 起。累计开展人工防雹近 8000 点次，减少烤烟受灾面积 78.3 万亩，减少烤烟损失约 15.7 亿元。2013 年全省 16 个州市的 109 个县实施地面人工增雨作业 2589 次，作业影响区面积约 6.48 万平方千米，地面增雨作业增加降水 5.7 亿立方米，参与扑救森林火灾 20 起。实施地面防雹作业 6060 次，保护以烤烟为主的农经作物 1515 万亩。防区内烤烟冰雹受灾率约 2.4%，防区外烤烟冰雹受灾率大于 10%，减轻了冰雹造成的损失。

4.3　低空遥感在农业灾害风险评估中的应用

低空遥感是灾害应急监测和评估工作的一种重要的技术手段，可以对如农业旱灾、洪涝等重大农业自然灾害进行动态监测和灾情评估，监测其发生情况、影响范围、受灾面积、受灾程度，进行灾害预警和灾后补救，减轻自然灾害给农业生产所造成的损失。由于近年来我国自然灾害频发，低空遥感应急监测是当前农业领域的应用热点之一。

4.3.1　农业灾害损失勘查

农作物在生长过程中难免遭受自然灾害的侵袭，使农民受损。对于拥有小面积农作物的农户来说，受灾区域勘察并非难事，但是当农作物大面积受到自然侵害时，农作物查勘定损工作量极大，其中最难以准确界定的就是损失面积问题。

农业保险公司为了更有效地测定实际受灾面积，进行农业保险灾害损失勘察，将无人机应用到农业保险赔付中。无人机具有机动快速的响应能力、高分辨率图像和高精度定位数据获取能力、多种任务设备的应用拓展能力、便利的系统维护等技术特点，可以高效地进行受灾定损任务。通过航拍查勘获取数据，对航拍图片进行后期处理与技术分析，并与实地丈量结果进行比较校正，保险公司可以更为准确地测定实际受灾面积。无人机受灾定损解决了农业保险赔付中勘察定损难、缺少时效性等问题，大大提高了勘查工作的速度，节约了大量的人力、物力，在提高效率的同时确保了农田赔付勘察的准确性。

4.3.2　遥感技术在农业灾害服务体系中的应用领域

低空遥感工作第一阶段采用无人机航拍影响辅助人工查勘的定损方式，不作为最终理赔的依据。其主要应用有以下三个方面：一是进行灾情总体评估。从宏观上了解灾害的总体损失情况及空间分布，解决被保险人报损不准甚至严重夸大的问题，以有效防范报损中存在的道德风险。二是指挥调度查勘理赔力量。根据航拍图片反映的灾害损失情况，可根据灾情严重程度，按照严重受灾地区、中等受灾地区和轻度受灾地区分类，科学合理地配置查勘定损力量，及时奔赴受损地区实地进行抽样查勘定损，目的明确，安排合理，并节省查勘时间、人力、物力，可提高理赔效率，降低运营成本。三是作为与政府部门沟通协调的有力依据。基于航拍影像的处理成果数据和图片，客观科学地向政府汇报灾害损失情况，说服力强，防止政府缺乏有效、准确的信息而造成灾情被人为夸大，解决双方对灾情认识不统一的问题。在长期积累数据的基础上，逐步完善承保的空间化和基于农作物光谱特性的低空遥感定损模型，探索低空遥感从承保和理赔的辅助手段到主要手段的转变。

4.3.3　低空遥感与传统农业保险查勘理赔方式的对比分析

1. 精度、效率和成本的对比分析

一是保险查勘理赔精度超过传统的人工查勘理赔。低空遥感定损精度受影像处理人员的农业灾害专业经验及理赔人员专业经验影响较大，经过 1～2 年的使用，各个环节的技术成熟后，在一定程度上可提高精度。在目前的技术条件下，从总体损失评估上看，低空遥感辅助人工查勘的定损方式，查勘理赔精度要超过传统的人工查勘理赔方式。主要因为传统的查勘方式覆盖面有限，不可能达到100%，且受查勘人员自身视角的限制，基本为点状数据信息，而低空遥感的使用增加了面状信息。此方法较适合目前以村为单位统保所对应的理赔方式，但未来如果定损到户，则精度远远不够。

二是保险查勘理赔效率远超过传统的人工查勘理赔。通过低空遥感获得损失程度估计配置理赔资源，改善了过去单纯依据报案情况配置资源，受主观影响较大、信息渠道单一的不足，可有效提高理赔效率，降低理赔成本，优化人力资源配置，有利于缓解目前农险理赔力量缺乏、大灾定损忙不过来的情况。

三是保险查勘理赔成本远低于传统的人工查勘理赔。低空遥感的费用主要包括无人机租赁和后期影像处理费用，但通过对灾情的总体了解，可以有效合理地配置查勘理赔力量，降低因盲目查勘定损而产生的资源浪费或不合理支出。需要指出的是，为提高低空遥感定损技术的精度，未来需要配套推广承保地块的数字化工作。因此，低空遥感定损技术也是一项需要以战略目光看待，坚持长期投入的项目。

2. 替代性分析

目前，低空遥感技术无法完全取代传统的查勘定损手段，两者相辅相成，低空遥感技术可作为传统人工查勘理赔工作的重要辅助手段。一方面可以依据低空遥感的总体评估结果指挥调度地面的实地勘察理赔资源；另一方面无人机航拍定损必须依靠地面信息的辅助，需要以实地查勘结果来校正影像处理评估结果，逐步提高技术的准确性。长远来看，随着定损模型的成熟完善，无人机航拍技术可以极大减少现场理赔工作量。

第5章 云南农业巨灾风险保障体系建设面临的困难和存在的主要问题

5.1 农业保险面临的主要困难和存在的主要问题

5.1.1 农业保险受复杂的地理条件约束

1. 立体农业

云南省地理环境复杂,山地面积占比高达94%,在农业的发展历程中,为充分利用空间,形成了从山下到山上将不同物种组合起来的立体农业。气候条件复杂、种植物种繁多,如咖啡、茶叶的套种,玉米、番茄的套种等。这样的生产模式几乎无法实现统一承保,且查勘定损工作难度增大,而短期建立具备相当专业性的队伍既不符合公司经营原则,也不具备可行性。总之,立体农业的保险工作相对来说更加"三难"——承保难、理赔难、服务难。

2. 不规则土地

云南省地势复杂,交通非常不便,农业种植的分散化程度极高,房前屋后的零散种植给承保面积统计与定损面积统计带来了极大的困难,核实受灾面积时若通过测亩仪对小区域的土地进行测量误差太大,而通过卫星则成本太高。在烤烟保险理赔实践中多依靠农户相互监督、不愿吃亏的心理,将当地烟站统计的数据进行抽样核实,依据经验、肉眼及人工核对单位面积种植颗数等简单、单一的方法来核定受灾面积,从而以比例推定。然而该做法有很大的局限性,受双方工作人员责任心、技能的影响较大,最终得到的工作效果也有差距。

3. 成熟期多样性

云南省气候复杂,甚至呈"一山多气候",对于同一物种,不同地区成熟期各不相同。烟草具有典型的代表性,甚至山前山后就存在成熟期的差异性,为承保工作带来了相当大的难度与困扰。

5.1.2　农业保险受技术手段约束

1. 超计划种植

超计划种植不仅扩大了保险责任，而且大大增加了核实灾情、掌握损失程度真实性的难度。在对存在超种问题的地区定损时，原则上并不能严格按照叶片受损面积的标准抽样确定损失程度，而在实践中技术定损工作变成了谈判交涉，出险人员与村干部、烟农代表打交道的能力及当地的民风等成了直接影响赔付的因素。

2. 灾前预防工作难

以烟草为例，对烟草生长影响最大的自然灾害是洪涝，然而致损最严重的是冰雹，实践中对冰雹的灾前预防手段十分落后：尚未建立起依靠电子侦测数据判断的体系，而是依据经验——发射炮弹的车辆需要在山区对雨云进行追踪，经常无法快速赶到；部分县区有空中航线经过，炮弹发射前的准备工作约为 20 分钟，而冰雹形成只需 10 分钟，预防工作无从谈起。问题的主要原因除该领域财政拨款不足以外，公司无法对气象局防灾经费使用等工作进行观测，难以保证防灾减灾投入产出效率。

5.1.3　农业保险受制度环境约束

1. 缺乏支持政策性农业保险的可持续发展的配套机制

近年来云南省各种自然灾害频繁，这使承保风险进一步增大，而物价水平的不断提升使现有的保障水平无法满足农户恢复生产的需要，广大投保农户迫切希望提高保险赔偿金额。然而因为缺乏有效机制提供再保险支持，巨灾风险难以转移分摊。即使有政府补助，由于承受能力有限，农户也感到保险费用高而"保不起"，投保的积极性不高。所得税等现有税制给市场带来利益化的不好引导。另外，政策性农业保险的政府分管部门有农业厅、保监局、财政厅，管理过于分散，程序流程繁杂，存在重复工作、信息不对称、难协调沟通等加大成本，影响经营效益的问题。

2. 中央财政补贴比例仍有上升空间，地市县财政补贴压力较大

2012 年云南省农险保障程度提高，保费收入相应提升，在不增加农民负担的前提下，中央财政补贴金额 2.3 亿元，比例为 48%，与全国平均水平基本持平；而地市县财政补贴金额 1.01 亿元，比例则高达 21%，高于同期全国

平均水平 7 个百分点。由于云南省各地州市经济发展不均衡，部分县财政极其困难，属于讨饭财政，县级财政补贴压力较大，对政策性农业保险的保费补贴很难及时到位，一方面导致农业保险覆盖率难以提高，另一方面影响了基层政府部门发展农业保险的积极性，保险公司无力长时间垫资支付赔款，受灾农户体会不到中央支农惠农政策的好处，遇到气象灾害吃亏的是农民，如 2013 年 12 月云南冰雪灾害，文山甘蔗损失严重，但由于投保不足，许多农户无法得到保险补偿。行政村与自然村的区别给各服务网点建设带来一定程度的困难。

5.1.4　农业保险经营问题

1. 综合成本率过高，经营效益不稳定

云南农业保险综合成本率和综合赔付率过高，经营效益不尽理想。从 2005 年到 2013 年云南农险承保利润累计为-0.07 亿元，同期全国累计农险承保利润为 193.90 亿元，云南农险盈利水平低下，远落后于全国水平。2006~2010 年农险综合成本率都超过 100%，一直处于亏损状态，具体见表 5-1。直到 2011 年才扭亏为盈，达到 1160.37 万元的利润，占到同期全国农险承保利润的 5%。政策性农业保险由于有中央政府和地方政府的财政补贴支持，承保利润持续增长，分别为 3213.76 万元和 245.74 万元。再把种植业保险和养殖业保险分开来看，2011 年政策性种植业保险的承保利润均为正，但是养殖业保险无论是商业性还是政策性均处于亏损状态，尤其是能繁母猪保险。

表 5-1　2005~2013 年云南省农业保险经营效益总体情况

年份	云南省农险承保利润/万元	全国农险承保利润/万元	综合成本率/%	综合赔付率/%	综合费用率/%
2005	144.67	−12 293.8	96.8	98.5	11.56
2006	−860.42	8 410.6	110.1	85.4	11.32
2007	−2 630.97	−64 845.2	143.5	104.4	39.07
2008	−2 089.23	97 899.9	112.4	95.4	16.99
2009	−986.92	110 691.7	104.1	85.5	18.68
2010	−4 672.41	110 953.3	119.4	96.9	22.56
2011	1 160.37	230 200.9	95.7	78.6	17.10
2012	1 800.00	466 541.2	——	——	——
2013	710.00	991 400.0	——	——	——

资料来源：中国保监会云南监管局

2. 亟待建立全产业链农业保险产品体系，推动云南农业产业化

目前云南农业保险未形成对云南农业产业化提供全方位、全流程和全产业链保障与支持。目前，云南农业保险产品只保"生产环节"，没有保"流通环节""储存环节""销售环节"。云南种植业生产大户，特别是特色农业保险产业化急需以政策性特色农业保险为基础，以商业性保险为补充的全产业链风险保障的保险产品。

3. 已有险种覆盖面不足，特色险种亟待开发

由于云南高原气候的特点，形成了丰富多样的农业产品，但由于农户分散居住、土地零散经营，第一，部分农业保险险种覆盖率低，种植业险种中油菜覆盖率为 15.08%，橡胶覆盖率为 14.98%，玉米覆盖率为 21.96%，而邻近的四川省已经基本实现了主要农作物和经济作物的全覆盖。第二，保险产品尽管已达 15 个品种，但相对云南丰富的农业资源而言仍显不够，潜在保险需求得不到满足，云南高原特色农业急需风险保障，云南具有优势和特色的花卉、蔬菜、特色水果、核桃、茶叶、家禽等农产品尚未纳入农业保险范畴（目前云南特色农业保险只有咖啡保险，2013 年咖啡保险也由于种种原因没有推广，2015 年 11 月诚泰财险承保昭通苹果），如课题组调研澄江县的蓝茜蓝莓庄园的蓝莓种植，蓝莓一怕虫害，如金龟子和地老鼠等，二怕冰雹等气候灾害。

4. 发展不均衡，首位度过高

目前，各养殖业保险发展极不均衡，2013 年能繁母猪保险保费占云南养殖业保险保费的 83.14%，一险独大；养牛保险（包括奶牛、牦牛等）保险保费占 16.86%，只有能繁母猪保险的 1/5，首位度过高，具体见图 5-1。

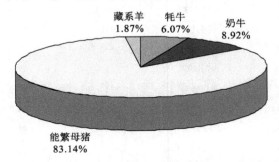

图 5-1　2013 年云南各养殖业保险保费收入占比情况

2013 年,种植业保险中,林木保险保费收入占种植业保险保费收入的 45.47%,水稻、玉米、油菜、甘蔗保险保费收入占比分别为 12.50%、16.98%、2.39%、18.48%,也存在一险独大,首位度过高的问题。具体见图 5-2。

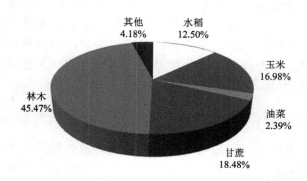

图 5-2　2013 年云南各种殖业保险保费收入占比情况

5. 农业保险经营模式不尽合理,制度效率有待进一步提升

云南农业保险经营模式,即委托保险公司商业化经营,自负盈亏的模式不尽合理。这种模式存在的内在缺陷是商业化经营与市场失灵的内在矛盾。由于农业保险具有准公共产品的特性,在消费和生产上具有很强的正外部性,并且存在较严重的难以分散的系统性风险(农业巨灾),而信息不对称进一步加大了保险公司经营成本的风险,加上云南 94% 的是山区,农业保险服务体系建设方面更加依赖政府部门的协作,市场机制难以起到有效配置资源的作用,这就要求政府部门发挥"积极作用",以提高制度效率。

6. 种植业未足额投保,易引发定损理赔矛盾

目前云南部分州市种植业保险未足额投保,容易引发定损理赔矛盾。当发生"受灾面积小、损失程度低"的灾害事故时,保险公司有条件超投保面积计算赔付;当发生"受灾面积大、损失程度高"的灾害事故时,保险公司超投保面积计算赔付的操作难度大。

7. 商品林火灾保险缴费存在一定困难,亟待创新缴费模式

商业保险是保险公司与投保者直接签订合同并缴付保费,而商品林火灾保险的保费是由各级政府(70%)和林权所有者(30%)共同承担。政府财政缴纳保费容易操作,然而应由林权所有者缴纳保费(个人部分)在具体操作上会有很大的难度。一是林权所有者认识不够。我国实行集体林权制度改革后,95% 的林权

确权到户。云南农村人口数量很大，确权到户后每户的林地面积不大，有的就几亩林地，林户缴纳保费才一两元钱，但由于民族文化和部分山区农民实在贫困，缴费能力弱，加上部分商品林缺乏经济价值，许多林农还是不愿意缴纳个人出资部分。二是保险公司收缴保费工作量大、成本高。在云南试点林区，商品林涉及林业经营者 300 多万户，居住分散，要逐户动员加保的难度非常大，致使目前除玉溪全额财政支付，昆明盘龙区、呈贡县、安宁市由财政出资支付外，其余对于财政支付为商品林经营者办理的基本保额外可加保享受的政策性保险优惠费率、足额保障落实还不够到位。

8. 政策性森林火灾保险责任单一，亟待开设"森林综合险"

目前，云南森林保险的保险责任为"火灾直接造成的保险林木死亡、因火灾施救造成的保险林木死亡"，保险责任较为单一，未能给森林资源提供全方位保障。应积极探索"基本险+补充保险"模式，由政府承担基本火灾保险，在森林火灾保险全覆盖的基础上，林农自愿选择投保"菜单式"的森林综合险。由单一的政策性森林火灾保险向综合性森林保险转变，把火灾、旱灾、病虫鼠害纳入保险责任，同时也把灭火人员的人身意外伤害等主要风险灾害纳入了附加保险责任范畴。在森林火灾过后，有些林木在查勘定损时，表面上看没有死亡，但已不能进行光合作用，过段时间必然死亡，也应将这些林木一并纳入保险责任范围。

5.2　云南农业自然灾害应急救助存在的问题

目前，云南省的农业自然应急救援能力建设取得长足进步，但依然存在一些亟待加强的薄弱环节。

5.2.1　应急预案体系有待进一步细化

横向来看，云南省虽然已经出台了自然灾害总体应急预案和许多专项应急预案，并且在应预案体系建设上做了大量工作，但目前尚没有出台一部省级农业灾害专项应急预案。纵向来看，各州市、县区编制的农业灾害应急预案体系尚不健全，尽管一些地方政府编制了农业灾害应急预案，但许多地方政府，尤其是乡镇一级政府的预案体系建设还十分薄弱。除此之外，一些企业、社区编制的应急预案也很难符合现实需要。

5.2.2　灾害救助、恢复生产等方面补助标准偏低

首先，云南省农业自然灾害政府财政救济的主体地位缺失。从近几年灾情救

济情况来看，救灾资金只能保证受灾群众的基本生活，而且灾民的生活补助标准偏低，受灾农户承担了主要的经济损失。以 2010～2011 年云南大旱为例，云南省政府安排用于农业用途的救济资金为 17.63 亿元，而当年农业经济总损失额高达 387.1 亿元，政府救济金占总损失比例不到 5%[①]。其次，各级政府部分财政投入责任的界限模糊，农业自然灾害救助资金主要依靠国家和省下拨的补助资金解决，县、区财力投入不够。尤其是发生不同程度的农业自然灾害时，各级政府财政救济比例不明确。

5.2.3　山区水利建设有待加强

"十二五"期间，云南省水利投资保持高位运行、水利建设快速推进，但是由于云南省特殊的山地特征，山区水利建设发展依然缓慢。云南省目前已经建成了大批不同类型的山区水利工程，但是存在以下几个主要问题：①技术投入不足，水利工程质量较差，导致水资源利用率较低，难以应对旱、涝灾害；②地方政府配套资金艰难，即使上级拨款，仍需要地方政府筹措部分资金，山区大多贫困，造成农村水利公共投资严重缺乏；③受传统水利及农村水资源产权制度的影响，山区水利工程建成后难以进行有效管理。

5.2.4　农民防灾减灾意识淡薄

随着经济社会的发展，云南省农村许多年轻人选择外出工作，留守在家的多为老人、儿童、妇女，这些人灾害意识较弱，灾后应急能力相对较差。另外，云南省教育资源相对匮乏，山区农民大多没有文化，缺乏对自然灾害的客观认识，灾害发生前做不到提前预防，灾害发生后也不能独立进行生产自救。

5.3　农业巨灾风险保障服务体系存在的主要问题

5.3.1　农业保险服务体系存在的主要问题

1. 农保基层服务体系运营困难

2012～2015 年，有 7 家保险公司以"共同体"形式承保全省种植业和养殖业保险，其中人保财险云南分公司占 70%份额，具体见表 4-2。除人保财险云南分公司外，其余 6 家保险公司的乡镇基层服务体系建设相对滞后。另外，从实践看，云南"三农"服务体系建设的基本情况为：第一，由于"三农"营销服务部、站、

---

① 数据由《云南统计年鉴》整理而成。

点人员基本上是营销员和临时用工，收入较低，人员不稳定；第二，由于保源有限（特别是经济发展滞后地区），部分营销服务部或服务站业务产能较低，按照现行的费用配置标准，难于维持经营，有的甚至处于休眠状态。

2. 经办机构合规风险管理难度较大

一是受农险标的分散且云南山区面积较大的影响，个别公司和地区保费收取成本远高于保费金额，导致个别机构采取了虚报费用套取资金的方式代缴应由农户自缴的保费；二是《农业保险条例》规定"保险机构应当在与被保险人达成赔偿协议后 10 日内，将应赔偿的保险金支付给被保险人"，受制于农险查勘定损的复杂性和专业查勘人员的紧缺性，保险公司很大程度上需要依托基层农业部门进行查勘定损，导致保险公司难以做到"定损到户""赔款到户"，部分地区存在由乡镇财政所代发农险赔款的情况。

3. 部门联动机制不畅

从理论上，农业保险属于准公共品，带有很强的"公益性"。基层服务体系作为农业保险制度的一个有机组成部分，也具有准公共品特性，所以县乡（镇）基层政府应在政策性农业保险服务体系这个准公共品的建设中发挥积极作用，与承保农险的保险公司建立联动机制，形成合力，一起完善服务体系建设工作，否则容易导致农业保险资源配置的"市场失灵"和"政府失灵"，例如，由于查勘定损的农业技术比较高，能繁母猪死亡原因鉴定专业性强，当地乡镇农业综合服务中心人员把关不严，存在"见死即赔"现象。在某些偏远地区，保险公司只能委托当地防疫工作人员进行查勘定损，而防疫工作人员由于收入较低，容易受利益驱动，同农户合谋，将埋下的病死猪挖起再卖，增加了道德风险。

另外，能繁母猪承保方式粗放，承保质量不高，将一些不符合承保条件的标的纳入承保范围；能繁母猪死亡原因鉴定专业性强，当地畜牧站人员把关不严，大量存在"见死即赔"现象；能繁母猪保险条款规定，当参保母猪死亡时，赔付 1000 元。当猪仔价格下降和母猪相对价格低于 1000 元时①，农民不会积极主动地为病猪医治，导致大量的道德风险。因此，政策性农业保险必须清楚各级政府部门和保险公司的权利与责任及义务，特别是农业部门和承保农险的公司的权责及义务，发挥政府强力引导甚至主导作用（尤指西部落后地区），建

---

① 2010 年猪肉价格稳中有降。云南省养猪业的一个盈亏点是 6∶1，意思是说用 6 斤猪饲料的价格相当于 1 斤猪肉的价格，只有 6∶1 及以上的比较对于农民来说才有养殖的动力。而我们从人保财险了解到现在的比例只能达到 4.6∶1，这个比较告诉我们饲料的价格在上涨，而猪肉的价格相对来说较低。

立相关职能部门联动机制，形成合力，才能保证政策性农业保险制度高效运行和健康发展。

4. 县级保险公司查勘定损压力大

云南山区占土地面积的 94%，地形地貌复杂，出险地点分散，加之云南种养两业以个体农户经营为主，农业保险缺乏规模效应，如养猪业 70%是分散养殖，许多农户家里只养 1~2 头能繁母猪，规模养殖仅占 10%左右，出险地点较为分散，特别是在每年 7、8 月猪死亡高峰期，这不仅造成农业保险服务成本高，而且导致基层服务人员协助查勘定损的工作压力大。同时，协助查勘定损压力呈季节性变化，如油菜保险的查勘定损工作主要集中在每年 2、3 月，能繁母猪保险的查勘定损主要集中在 7、8 月。比如，人保财险云南江川支公司共有工作人员 11 人，安排在农业险中有 2 人，并在营业柜台中设了一个专柜，开展能繁母猪保险。查勘定损部门有查勘车 5 辆，其中作为能繁母猪专用车有 2 辆，而且需要不时地从另外 3 辆中调用到能繁母猪的查勘中。江川支公司平均每天接到能繁母猪死亡报案 15 起左右，平均对每起案件的处理时间大约为 1.5 小时，这种大工作量对工作人员来说压力非常很大。特别是在某些偏远地区，保险公司只能委托防疫工作人员进行查勘定损，而防疫工作人员由于收入较低，容易受利益驱动，同农户合谋，将埋下的猪挖起再卖，同时获得保险赔偿金额，增加了职业道德风险。因此，云南省养殖业查勘定损的管理不能简单参照国内其他地区的模式，而是要根据云南自身的特点寻找适合的管理方法。

5. 藏区分散种植，服务困难

云南省的种养两业均以一家一户分散种植、养殖为主，农户居住分散，点多面广，农户自缴保费收取难度大，特别是藏区农户的自缴保费收取困难。

一是由于迪庆生产力水平相对较低，农村贫困人口较多，农牧民生产收入低，思想较为保守，对风险的发生抱有一定的侥幸心理和投机心态，参保意识较弱。同时农牧民没有更多的经济来源，政策性农业保险农户自担部分保费收缴异常困难，由于农户自担部分的保费形成应收保费，为防止被审计部门和财政专员办、保监局认定为套取中央、省级财政资金，公司从承保、理赔环节均采取了管控措施，导致保险标的出险后，不能及时进行理算和赔款支付，造成了一定的社会负面影响。

二是针对藏区政策性农业保险农户自担保费收取困难的实际，长期以来，人保财险云南分公司积极向地方各级政府部门汇报、沟通，2013 年上半年，迪庆州人民政府从地方实际出发，下发了《迪庆藏族自治州人民政府关于进一步做好全州政策性农业（种植业、养殖业）保险工作意见的通知》（迪政发〔2013〕133号）。决定从 2013 年起，到"十二五"末，每年由州、县财政预算安排农牧业风险防控资金，用于补贴农户自担部分的保费，这一举措不仅给农牧户减轻了经济负担，还在很大程度上为中央支农惠农政策的落实提供了保障。但目前仍有该政策出台前的政策性农业保险农户自担应收保费 63.39 万元确认已无法收回。

三是迪庆州境内多数农牧户为少数民族，并以藏族居多，在姓名翻译、登记时由于各地口音、称谓不同，翻译、登记时会出现多种不同或雷同的姓名（比如，姓名为江初，在翻译和登记时会出现"江楚、江措、加措"等；再如，姓名为达娃，在翻译和登记时会出现"达瓦、纳瓦"等），承保时人保财险云南分公司按照收集的清单进行录入，在理赔时就会出现虽然身份证号码一致，但姓名与农牧民身份证无法对应、银行账号正确但姓名无法对应的现象，理赔时容易产生银行退票，导致资金不能按时到位，同时也加大了理赔到户的难度。

四是迪庆州所辖香格里拉县、德钦县和维西傈僳族自治县三县，全州总人口40 万人，土地面积 23 870 平方千米，每平方千米居住不到 17 人，境内山高谷深，平均海拔 3300 米，地貌特殊，气候呈立体性，自然灾害多发，交通不便。受地理环境影响，承保信息收集、理赔查勘难度大。

5.3.2　农业气象服务体系和农村气象灾害防御体系存在的主要问题

（1）气象防灾减灾机制有待加强。目前，云南省气象防灾减灾组织机构和相关工作制度尚未健全，政府主导作用有待进一步发挥；部门联动尚未常态化，特别是气象灾害预警信息发布"绿色通道"尚未完全建立，部门联动程度有待提高；农村地区气象助理员、信息员队伍发展机制不够健全，农民防灾减灾意识薄弱、自救互救能力有待提高，社会参与程度有待增强。

（2）气象灾害防御与气象服务综合能力有待提高。"两个体系"建设成果及其作用尚未充分发挥，气象灾害防御基础设施和装备建设有待加强。气象预报准确率和精细化程度仍不能满足气象防灾减灾的需要，特别是突发性局地强对流天气、暴雨洪涝等灾害地区预报能力需着力提升。气象灾害风险管理机制尚不够完善，亟须进一步加快从气象灾害危机管理为主向气象灾害风险管理为主的转变。

（3）气象灾害防御保障体系有待完善。云南省部分地区尚未将气象防灾减灾纳入政府职责体系和绩效考核，大多数地区尚未将气象助理员和信息员补助、气象预警信息发布经费、气象信息服务站维持经费等纳入财政预算，发展与投入保障的长效机制尚待建立和完善。

（4）气象灾害预警信息传播力度有待加强。目前云南省气象灾害预警信息传播尚未完全覆盖广大农村和偏远地区，预警信息的针对性、及时性不够。

（5）气象灾害风险评估制度进一步建立。气象灾害风险评估制度尚未建立，缺乏精细的气象灾害风险区划，气象灾害风险评估和气候可行性论证对农村规划编制、基础设施建设、重大区域农业性经济开发项目建设支撑仍显不足。

5.3.3　遥感技术在农业灾害风险评估中的局限性

低空遥感技术以其无损、快速、客观、大面积等优点被很多学者尝试性地引入农业再保险研究领域，取得了不少研究成果，但仍然存在一些局限性。

一是卫星遥感目前在分辨植株高点的大宗作物上的研究与应用已趋于成熟，而对于植株矮小的瓜类及个别像红枣之类经济林的辨识仍存在重大不足；对于小区域的病害、气象灾害等造成的农业灾情的监测，进而为保险，为政府补贴发放提供依据等方面的研究值得深入。二是农业保险的投保时间大多集中在农作物或者养殖物生长初期，投保周期短，投保工作大。三是农业保险理赔往往涉及受灾地区实际情况的采集，具体受灾程度、受灾范围往往只能通过业务员的文字描述或者简单的照片进行分析，经常会出现受灾程度不好区分，受灾面积不好确定，只能靠投保人描述或者保险机构划定，缺少数据支撑，从而产生投保人和保险机构的矛盾及经济损失。

本书将低空遥感技术引入农业灾害研究当中，结合传统的卫星遥感方面存在的不足，加强重大病虫害、农业气象防灾减灾科技工程建设，为农业灾害预警、监测、评估及防控提供技术支撑，进而以遥感技术为核心，为实现"按图承保、按图理赔"的巨灾保险业务模式提供支撑。

第6章 农业巨灾风险保障基金

建立较为完善的农业巨灾风险保障基金是健全农业巨灾风险保障体系的难点。国内农业巨灾风险保障基金的研究要根据 2014 年农业保险大灾风险准备金的实施为分界点，在准备金制度未实施之前部分地区进行了一定程度的农业巨灾风险分散机制的试点工作，在 2014 年准备金制度建立之后，上海市在经过试点工作和准备金制度基础之上进一步完善农业巨灾风险分散机制。

6.1 我国农业巨灾风险分散机制

6.1.1 北京、江苏和安徽农业巨灾风险分散机制

在 2014 年农业保险大灾准备金实施之前，北京、安徽、江苏进行了不同农业巨灾风险分散机制的试点工作，具体情况见表 6-1。从北京、安徽和江苏的实践看，巨灾风险分散机制按照农业巨灾风险保障基金再保险和原保险保障基金模式划分。三者基金模式设计过于简单，只是初级试点阶段农业巨灾风险保障基金。

表 6-1 北京、安徽、江苏农业巨灾风险分散机制情况

试点地区	北京	安徽	江苏
实施时间	2006 年	2008 年	2007 年
基金类别	再保险保险基金	原保险保障基金	原保险保障基金
分散机制实施方案	农业保险赔付率 160%以下的风险，由保险公司承担损失补偿责任；赔付率 160%～300%的巨灾风险，通过政府直接购买再保险的方式转移；赔付率 300%以上的部分，由政府每年按照上年农业 GDP 增值的 0.1%提取巨灾风险准备金来保障	保险机构与地方政府，保费收入按照 4∶6 的比例分账管理，保险责任和赔付也按照 4∶6 的比例分摊；保险公司按照当年保费收入的 25%提取并建立巨灾风险准备金，综合赔付率达 60%以上的，可以动用巨灾风险准备金；赔付资金仍不足的，可向省级保险经办机构和省财政申请使用巨灾调剂资金	种植业赔付率在 100%以内的，由经办保险机构承担赔付责任；赔付率在 100%以上的由保险机构与市县政府共同承担。建立省、市、县三级巨灾准备金制度，地（市）按照全市农业保险保费收入的 10%提供补贴，建立农业风险准备金；省级财政给予同比例提取准备金；经办机构按补贴险种当年经办机构保费收入 25%的比例计提巨灾风险准备金

资料来源：高庆鹏. 2012. 政策性农业保险巨灾风险分担模式比较——以北京、江苏、安徽为例[J]. 保险研究，（12）：30-37

通过对比研究北京、安徽、江苏的农业巨灾风险分散机制的不同，可以总结出以下三点共同之处：一是政府参与，政府担任农业巨灾损失财政兜底的角色；二是划分责任承担范围，三者都根据不同赔付率区间划分了责任承担范围；三是提取巨灾风险准备金，针对农业巨灾损失三者都建立相应的农业巨灾风险准备金，但准备金的渠道来源和划分层次有所差异。

从三者巨灾风险机制的优劣性分析，从政府职能和责任设计上，北京和安徽对于分散机制的安排过于简单，对于政府的职能和责任缺乏细化的设计，江苏建立省、市、县三级的农业巨灾风险准备金安排是较为合理和科学的。从保障保险公司利益上，北京和安徽缺乏对保险公司利益的保护。北京对赔付率160%以上的风险责任，由政府购买的再保险分担，安徽省则是政府作为再保险"分入人"按照成数分保的模式分担农业保费来进行损失分担，两者的安排都不利于农险保费和经营结余的积累，打消保险公司参与农业保险业务经办的积极性。

从三者分散机制存在的问题分析，可以总结出以下五点不足之处：一是缺乏再保险的安排，从三者分散机制实施方案中可以看出，仅北京设计了再保险安排，江苏、安徽只依靠提取的农业巨灾风险准备金进行巨灾风险分散。二是政府角色的传统定位。政府角色定位是最后财政兜底的角色，在巨灾损失发生时仍以原有提供以风险保障准备金为形式无偿财政救济。三是物化成本下机制设计，三者分散机制的设计都是以物化成本保障程度为条件，缺乏对农业保险未来高保障程度发展阶段的考虑，缺乏发展可持续性。四是资金渠道单一，三者准备金渠道来源都过分依靠于政府财政支出和农业保险保费收入及经营盈余，而忽略了投保农户作为主要受益人应承担的责任。五是基金方案设计简单。相比于国外的模式，三者农业巨灾风险保障基金的设计过于简单，特别是缺乏多层次模式的构建。

6.1.2　上海农业保险大灾风险分散机制

在 2014 年国家颁布《农业保险大灾风险准备金管理办法》背景下，结合保险新"国十条"和《关于 2014 年深化经济体制改革重点任务意见》中对于"建立健全农业巨灾风险分散机制"的要求，上海为进一步提升应对农业巨灾损失风险的能力，进一步提高保障农业生产能力，由上海市政府办公厅颁布实施《上海市农业保险大灾（巨灾）分散机制暂行办法》，这是在风险准备金实施之后全国首个由政府引导建立的针对农业巨灾损失风险的风险分散机制。

上海市农业保险大灾（巨灾）风险分散机制采取政府主导、市场运作、再保险、政府财政托底多层分担的原则构建，其创新之处是根据农业保险赔付率对大灾和巨灾进行了划分，明确政策性农业险业务赔付率超过 90%为大灾风险，超

150%为巨灾风险。并以此为根据划分了不同赔付下的责任分担主体，《上海市农业保险大灾（巨灾）分散机制暂行办法》规定："在公历年度内有关政策性农业保险业务赔付率90%以下的损失部分，由农业保险机构自行承担。赔付率在90%～150%的损失部分由农业保险机构通过购买相关再保险的方式分散风险。赔付率超150%以上的损失部分，由农业保险机构使用对应区间的再保险赔款摊回部分和农业保险大灾风险准备金承担；如仍不能弥补其损失，差额部分由市、区县财政通过一事一议方式予以安排解决。"

上海市农业保险大灾（巨灾）风险分散机制与北京、安徽和江苏相比较，主要特点是进一步完善的农业巨灾风险保障基金，但其对于政府在巨灾损失的定位仍为传统提供无偿救济的角色没有改变，其基金模式本身也存在一定的区域局限性。上海市农业保险大灾（巨灾）风险分散机制存在一定的区域局限性，主要体现在以下三点：一是农业保险经营主体较为统一，上海市农业保险主要经办主体是上海市本土的安信农业，由于保险公司省分机构没有进行单独再保险的安排的权利，其较为统一的经营主体规避了这一限制因素，可以进行统一的再保险安排，相比于其他省份的多方经营主体具有一定的局限性。二是农业保险大灾风险准备金的使用标准较高。准备金管理办法中提出当赔付率高于65%时即可使用准备金，而上海市规定赔付率超过150%以上才可使用，弱化了准备金的效用，90%的经营自担标准也不利于保险公司可持续经营。三是农业巨灾损失分担过分依赖市、区县财政。上海市相比于全国大部分地区而言经济较为发达，其市区、县地方财政收入较高，具有可以承担一定程度农业巨灾损失的能力，但这在其他省份没有普遍适用性。

6.1.3　云南农业保险大灾风险分散机制

在 2014 年国家实施《农业保险大灾风险准备金管理办法》之前，云南农业保险的风险分散方式以政策性森林火灾保险再保险为主，而针对种植业和养殖业的主要由经办农业保险的各个保险公司的省分机构参照机构总部进行再分保安排，其省分机构没有进行单独再保险安排的权利。以农业保险经办周期为依据，再保险安排可分为种植险和养殖险再保险安排、林木保险再保险安排。种植险和养殖险 2012～2015 年经营主体相对固定，主要有 7 家公司共同经营；林木保险经办主体则逐年变化，从 2010 年阳光财险独自承保，2011 年 7 家承保，到 2013 年 6 家承保，2014 年 4 家，2015 年 2 家。对于林木保险再保险的安排主要在 2010 年阳光财险云南分公司单独经办采取了 90%成数分保和自留额300%的超赔再保险与安排，以及在 2012～2013 年采取 100%超赔自留额的安排，具体情况见表 6-2。

表 6-2　2012～2015 年云南农业保险经办主体变化情况

年份	种植险和养殖险经办机构	林木保险经办机构
2012	人保财险云南分公司、国寿财险云南分公司、太保财险云南分公司、阳光财险云南分公司、平安财险云南分公司、大地财险云南分公司、华泰财险云南分公司	阳光财险云南分公司、人保财险云南分公司等 7 家
2013		阳光财险云南分公司、人保财险云南分公司、诚泰财险云南分公司等 6 家
2014	人保财险云南分公司、国寿财险云南分公司、太保财险云南分公司、阳光财险云南分公司、平安财险云南分公司、大地财险云南分公司、华泰财险云南分公司	国寿财险云南分公司、阳光财险云南分公司、诚泰财险云南分公司、太保财险云南分公司
2015		人保财险云南分公司、国寿财险云南分公司

资料来源：笔者整理

以人保财险云南分公司为例，2014 年其云南农业保险经办份额占比为 47.27%，共计 5.23 亿元，其中种植险保费收入 3.19 亿元，养殖险保费收入 2.04 亿元，处于寡头垄断地位。2013 年人保财险云南分公司按照总公司再保部的总体要求，结合云南农险实际情况，建立了种植险 20%、养殖险 40%的成数分保，同时建立了 35%的超赔分保，构建了防范巨灾风险的再保分散机制。林木保险相比于种植业和养殖业保险，其承办机构逐年变化，所以对农业巨灾风险保险基金的再保险安排以 2012～2013 年再保险安排为例。对此，云南农业巨灾风险保障基金的再保险安排应由 7 家共保公司进行协商之后制定统一的再保险总分保比例，并根据各自市场占有额度和历史经营数据进行划分。

同时，各保险公司省分机构应与总部进行商议，赋予其独自进行再保险安排的权利，这将对基金再保险体系的构建产生推动作用。云南当前的再保险安排主要是由各个经办农业保险的保险公司的总公司进行，省分公司不具有单独进行再保险安排的权利。

6.2　建立云南农业巨灾风险保障基金的必要性

6.2.1　农户对高保障农业保险的需求

当前云南政策农业保险保障过低，根据 2012～2015 年云南政策性农业保险对水稻、玉米、油菜、青稞四种主要农作物的保障额度情况，其平均保障额度为 251 元/亩，本节根据云南 16 个州（市）农业保险保费排名情况，特选取排名第 7 位的大理进行农业保险问卷调查。

结合大理问卷调查结果，根据公式 $P_{保} / \left(P_{价} \times Q_{产} - C_{投} \right) \times 100\%$，其中 $P_{保}$ 为平均每亩保障额度，$P_{价}$ 为水稻市价，$Q_{产}$ 为水稻每亩产出，$C_{投}$ 为每亩总投入，可得大理主要粮食作物平均纯收益在 1350 元/亩左右，当前农业保险平均保障程度在 18.5%，保障程度过低，具体情况见表 6-3。

表 6-3　云南 2012～2015 年主要粮食作物保障程度情况

主要农作物保障额度/（元/亩）	大理水稻亩产/（市斤/亩）	水稻市场价格/（元/斤）	平均每亩成本支出/（元/亩）
水稻 260			农药 100
玉米 275			
油菜 230	1300	1.5	种子+插秧+收割 500
青稞 240			
平均保障额度 251			共计 600
相对收益保障程度/%		18.5	

资料来源：国家统计局

为了深入了解当前云南广大农户对政策性农业保险的满意度情况，特别对大理农户对有关政策性农业保险保费缴纳额度、保险责任范围、赔付额度的满意度采取问卷调查的方式进行实地调查。问卷统计 100 份，其中针对保障程度问卷结果显示有效问卷为 30 份。

问卷调查显示，农户对政策性农业保险保费缴纳额度、保障额度的满意度较低。根据上文云南政策性农业保险保费缴纳程度，农户对略高保费和高保障程度政策性农业保险产品普遍表示可以接受。

6.2.2　应对高赔付率的必然需求

从云南政策性农业保险 2005～2014 年赔付情况来看，农业保险赔付额度呈逐年递增的趋势，随着近几年农业保险全省覆盖，综合赔付率在大数法则下虽有所下降，但呈现触底反弹的趋势，图 6-1 中曲线表示每年农业保险综合赔付率，柱体表示每年农业保险赔付额度。借鉴上海市 2014 年实施的《上海市农业保险大灾风险分散机制暂行办法》中明确将超过政策性农业保险业务赔付率大于 90% 的定义为大灾风险，超过 150% 的定义为巨灾风险，并对超赔损失的具体分担情况做了严格规定。相比云南近 10 年来政策性农业保险经营情况来看，年平均综合赔付率高达 84.26%，其中赔付率超过 90% 的年份有 4 个年份，云南面对农业保险大灾风险损失的形式更为严峻。

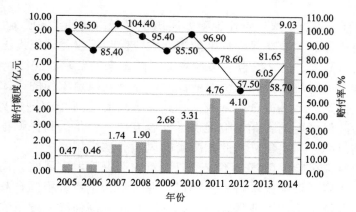

图 6-1　2005～2014 年云南农业保险赔付额度和赔付率情况

从图 6-1 中可以看出，在当前物化成本保障水平下，云南政策性农业保险的赔付情况不容客观，2007～2014 年平均综合赔付率高达 82.33%，相比同期全国农业保险年平均综合赔付率 65.95%，云南属于农业保险较高赔付率省份，具体情况见表 6-4。云南由于特殊的地理环境和气候条件，相比于其他中部、东部地区，面临发生农业自然灾害风险更高，而相比之下云南农业保险大灾风险的分散机制发展滞后。

表 6-4　2007～2014 年全国与云南农业保险综合赔付情况

年份	全国农业保费/亿元	全国农险赔付/亿元	全国年平均综合赔付率/%	云南年平均综合赔付率/%
2007～2011	602.7	418.3		
2012	240.6	148.2	65.95	82.33
2013	306.7	208.6		
2014	325.5	214.6		

资料来源：《2013 年中国农业保险发展报告》

云南建立针对农业保险大灾风险的分散机制是云南政策性农业保险在高赔付率下实现持久和可持续经营的必然要求。在保险公司自负盈亏的原则下，超赔损失是完全由保险公司自主承担的，一方面，农业保险的超赔损失不利于农业保险可持续经营，打消保险公司参与农业保险经办业务的积极性；另一方面，超赔损失是对农业保险大灾风险准备金的一种提前消耗，不利于准备金的积累和持续运作。

6.2.3　农业保险未来发展的必然需求

云南农业保险已经过 10 多年发展，其保障水平还停留在初期物化成本的保障水平，保障程度过低。国外农业保险发展历程都是由初期"保成本"向中期"保收益"的发展过程。发展高保障程度政策性农业保险不仅是国家提出的惠农、富农、强农的工作要求，也是符合政策性农业保险未来的要求。2015 年出台的《关于进一步完善中央财政保费补贴型农业保险产品条款拟定工作的通知》中对主要粮食作物农业保险产品进行全面升级，将其保障程度提高 10%～15%。这是国家从顶层设计为高保障度的农业保险提供了发展方向，但是提高保障程度意味着高赔付额度、赔付率，需要建立与此相配套的风险分散机制。

设立农业巨灾风险保障基金不仅可以应对农业保险大灾风险，而且可以提高农业保险保障程度。该通知中特别强调以农业大省为重点，根据自身风险特点、风险分布、经营情况下调农业保险费率，这就意味着高保障程度下农业保险将进一步加深农业保险保费对中央财政和地方财政补贴的倚重，但财政补贴额度、补贴比例、保障水平需要准确地划分和制定。以农业巨灾风险保障基金理论模型为依据，通过科学合理地对上述主要问题进行分析，构建具有云南特色的农业保险巨灾风险保障基金既可以满足政策性农业保险对大灾风险分散的需求，也可以满足国家对提高农业保险的保障程度的需求。因此，建立云南农业巨灾风险保障基金符合云南农业保险未来发展的必然要求。

6.3　建立云南农业巨灾风险保障基金的可行性

6.3.1　农业保险发展的良好基础

云南农业保险发展的良好基础主要体现在发展农业巨灾保险为农业巨灾损失风险分散机制创造了先决条件。云南政策性农业保险自 2005 年开展以来已经过 10 多年发展，从保障范围、保障额度、保费缴纳等方面来看，已经由最初的"农业保险试点阶段"向"农业巨灾保险"中间阶段发展，农业巨灾保险是农业保险由保障物化成本的初级保障水平向保产量、保收益中级阶段进行转变的根本发展基础。

当前云南政策性农业保险未来发展存在的主要问题是如何进一步提高保障程度和建立有效应对农业巨灾损失的风险分散机制。云南农业保险良好的发展基础为建立可有效提高农业保险实际有效赔付额度的农业巨灾风险保障基金提供了先决条件，也是基金建立可行性的重要条件之一。农业巨灾保险与初级阶段的试点农业保险相比，其虽扩大了保障范围和保障程度，但面临着较高赔付率风险，而建立可有效分散农业巨灾损失风险也是势在必行的举措。

6.3.2　国家多项政策支持的良好环境

国家近几年来出台的多项"三农"政策为建立云南农业巨灾风险保障基金提供了政策依据。2014 年我国实施《农业保险大灾风险准备金管理办法》，但由于大灾风险准备金的渠道来源的限制，其资金渠道主要为农业保险保费收入和农业保险赔付盈余，大灾风险准备金积累需较长时间才能形成规模，无法在建立之初的短期内应对农业巨灾损失。这为在农业保险大灾风险准备金的基础上建立更完善的农业巨灾风险分散机制提供了必要条件。

2014 年国务院发布了《关于加快发展现代保险服务业的若干意见》（以下简称新"国十条"）。新"国十条"提出建立巨灾保险制度，研究建立巨灾保险基金、巨灾再保险等制度，鼓励各地根据自身风险灾害特点，探索对台风、地震、滑坡、泥石流、洪水、森林火灾等灾害的有效保障模式。新"国十条"为云南建立农业巨灾风险保障基金提供了政策依据。

为了落实强农富农惠农政策和中央一号文件的精神，2015 年中国保监会、财政部、农业部联合印发了《关于进一步完善中央财政保费补贴型农业保险产品条款拟定工作的通知》，将在全国展开中央财政补贴型农业保险产品的全面升级。其中，主要任务是在升级后将主要粮食作物的农险产品保障程度提高 10%~15%，高保障程度的农业保险也就意味着高规模的风险保障基金需求，这为建立更高风险保障的云南农业巨灾风险保障基金提供了必要条件。

《农业保险条例》是 2013 年我国开始实施的第一部针对农业保险的法律依据，《农业保险条例》第八条中明确指出"国家建立财政支持的农业保险大灾风险分散机制，并鼓励地方人民政府建立地方财政支持的农业大灾风险分散机制"。这为农业巨灾风险保障基金的建立中借助于中央和地方财政支持的多元渠道来源提供法律依据。

6.4　云南农业巨灾风险保障基金设计

6.4.1　建立云南农业巨灾风险保障基金模式选择

结合云南当前农业保险大灾风险准备金和再保险安排模式，借鉴国外农业局在风险保障基金方面的成功经验，云南应建立以农业大灾风险准备金为主，以优化再保险安排为补充，以建立巨灾资本市场体系为突破口的多层次农业巨灾风险保障基金制度。具体情况见表 6-5。

表 6-5 云南农业巨灾风险保障基金模式选择

基金形式	基金渠道	层次建立	触发条件
以大灾风险准备金为基础，以再保险作为主要分散方式的农业巨灾风险保障基金	农业大灾风险准备金、中央和省以下各级政府财政补贴、经营农业险的保险公司税收优惠、农户自担、提取一定量的政府提供的专项救灾费用。在资本市场成熟时发售一定量的巨灾债券、期权、期货等产品，实现与资本市场的结合	优先建立省级的农业巨灾风险保障基金。在此不断完善基础上可以进行不同省份之间的推广，最终形成国家级的农业巨灾风险保障基金	农业保险赔付率在 65%之内，由经营农业险保险机构自负承担。赔付率达到 65%~100%，可动用农业巨灾风险保障基金。赔付率超过 100%，由商业再保险公司承担。在损失赔付超过保险公司原保险和再保险所能承担损失赔偿额度的条件下，即超过150%赔付率发生时，申请由省级政府提供无息借款的方式，在灾后若干年里由基金积累之后偿还。赔付率超过 300%时，可申请由国家财政提供的无息借款，在灾后若干年里由基金积累之后偿还

资料来源：笔者整理

对于基金再保险分保比例的划分，由于云南当前的再保险安排主要是由各个经办农业保险的保险公司的总公司进行安排，其各省份分公司不具有单独进行再保险分保的权利，同时，基于云南农业保险年均综合赔付率、公司的实际偿付能力、综合费用率应设立一个整体再保险分保方案。借鉴庹国柱（2013）提出的农业大灾风险准备金分散机制设计，本书将按照 50%比例的超额赔付再分保安排，年分出保费在 20%，并在下文有关基金渠道来源中进行进一步的分析和应用。

根据上海、江苏等省份设立农业巨灾风险保障基金的经验，结合上文计算得出云南农业保险年平均赔付比例在 82.33%，按照赔付率责任范围划分基金使用范围。根据《农业保险大灾风险准备金管理办法》中提出赔付率大于 65%时可以使用准备金，本章将以巨灾基金的使用范畴为基础，并设置赔付率为 65%~100%时使用，超过 100%赔付率由再保险承担。赔付率超过150%可借鉴国外基金设置由政府提供的无息贷款模式，由省级财政无息贷款，当赔付率超过300%时，可申请由国家财政提供的无息贷款，具体情况见图 6-2。

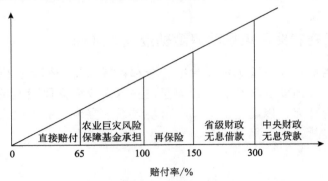

图 6-2 云南农业巨灾风险保障基金按赔付率划分

6.4.2 建立云南农业巨灾风险保障基金理论模型验证

基于前文提出的云南农业巨灾风险保障基金理论模型,本节将对此模型进行验证。影响农业生产的灾害主要为自然气象灾害,云南农业灾害的统计数据只是对农作物受灾和成灾面积进行统计,对灾害造成的农业生产损失数据缺乏统一性和准确性。结合本节提出的农业保险向保障收益水平的发展方向,本节中将以云南农业自然灾害因灾成灾面积(S)、全国农业居民家庭平均每人农业生产纯收入(I)、云南乡村人口(Q)、云南农作物每年耕种面积(S_1),并根据公式 $L_s = (I \times Q / S_1) \times S$ 计算云南 1984~2013 年自然灾害导致农作物成灾面积和经济损失,结果如表 6-6 所示。以农业巨灾风险保障基金的理论模型为假设依据,运用 R 软件验证其是否符合正态分布或对数正态分布。

表 6-6 1984~2013 年云南自然灾害损失数据

年份	成灾面积/千公顷	农作物播种面积/千公顷	乡村人口/万人	人均农业纯收入/元	农业灾害经济损失/亿元
1984	367.3	3441.40	2673.40	261.7	7.47
1985	376.0	3318.50	2513.50	296.0	8.43
1986	522.0	3332.90	2472.50	313.3	12.13
1987	576.0	3364.50	2537.80	345.5	15.01
1988	284.0	3417.90	2167.90	403.2	7.26
1989	504.0	3527.10	2123.50	202.1	6.13
1990	234.7	3622.30	2220.50	344.6	4.96
1991	464.0	3618.90	2226.90	338.7	9.67
1992	683.0	3582.00	2223.50	354.5	15.03
1993	621.0	3527.00	2221.20	448.4	17.54
1994	434.0	3668.90	2157.10	610.5	15.58
1995	475.0	3643.00	2168.30	799.4	22.60
1996	681.0	3698.20	2184.10	955.1	38.41
1997	903.0	3719.08	2156.70	976.2	51.12
1998	365.0	3886.25	2192.10	962.8	19.82
1999	836.0	4042.09	2201.10	918.3	41.80
2000	470.0	4238.70	3250.20	833.9	30.05
2001	611.0	4339.03	3221.40	863.6	39.17
2002	823.0	4160.58	3206.10	866.7	54.97
2003	810.0	4068.40	3211.70	885.7	56.63
2004	446.0	4158.47	3174.50	1056.5	35.97
2005	1431.4	4253.93	3137.50	1097.7	115.89
2006	872.4	4022.13	3115.70	1159.6	78.37
2007	754.9	3994.46	3087.60	1303.8	76.08
2008	882.0	4095.93	3043.80	1427.0	93.53

续表

年份	成灾面积/千公顷	农作物播种面积/千公顷	乡村人口/万人	人均农业纯收入/元	农业灾害经济损失/亿元
2009	716.6	4200.13	3016.90	1497.9	77.10
2010	2136.5	4274.40	2999.80	1723.5	258.42
2011	773.3	4326.90	2926.70	1896.7	99.21
2012	580.9	4399.57	2828.00	2106.8	78.67
2013	558.0	4499.40	2789.50	2106.8	72.88

资料来源：国家统计局

　　利用 R 软件对灾害损失做出分布直方图，如图 6-3 所示。图 6-3 中粗线为对数分布拟合的概率密度曲线，细线为正态分布的概率密度曲线。通过观察可以看出，对数正态分布的概率密度曲线与损失的概率密度估计直方图更加相近。

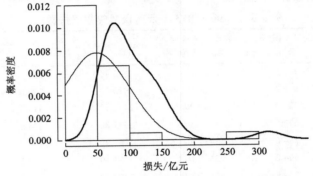

图 6-3　云南农业灾害损失概率密度曲线拟合

　　利用 R 软件对灾害损失做经验分布函数图，如图 6-4 所示。图 6-4 中折线代表的是灾害损失的经验分布，实线代表的是正态分布拟合曲线，断虚线代表的是对数正态分布拟合曲线。对数正态分布符合云南农业经济损失分布函数。

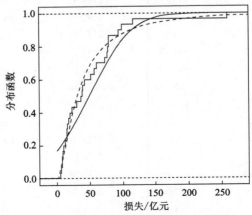

图 6-4　云南农业灾害损失分布函数拟合

为了验证农业灾害经济损失符合对数正态分布的合理性，对其进行Kolmogorov-Smirnov（KS）检验，结果如表 6-7 所示。KS 检验结果显示，在置信区间为 95% 的水平下，两者的显著性水平衡量值 p 都大于 0.05，但对数正态分布的 p 值为 0.902，显著性水平更高，可以证实云南农业自然灾害损失服从对数正态分布的情况，即 $\ln(L)\sim u(3.42,102^2)$ 的对数正态分布，其概率密度分布函数为

$$f_L(L)=\frac{1}{\sqrt{2\pi}1.02L}\mathrm{e}^{-\frac{(\ln(L)-3.42)^2}{2\times1.02^2}},L>0 。$$

表 6-7　云南农业灾害损失对数值 KS 检验结果

		农业自然灾害损失对数值	农业自然灾害损失
	N	30	30
正态参数 [a, b]	均值	3.42	48.67
	标准差	1.02	50.96
最极端差别	绝对值	0.103	0.196
	正	0.079	0.154
	负	−0.103	−0.196
Kolmogorov-Smirnov Z		0.562	1.071
渐近显著性（双侧）		0.910	0.201
Monte Carlo 显著性（双侧）	显著性	0.967[c]	0.133[c]
	95%置信区间　下限	0.902	0.012
	上限	1.000	0.255

a. 检验分布为正态分布

b. 根据数据计算得到

c. 基于 30 个具有起始种子的采样表

6.4.3　建立云南农业巨灾风险保障基金规模分析

结合上文云南农业自然灾害所造成的经济损失分布验证符合对数正态分布的结果，确定了农业巨灾风险保障基金模型理论的正确性，分析云南农业巨灾风险保障基金的规模。2010 年云南农业经济损失达到 258.42 亿元，为最高历史记录，将其作为基金模型理论中的 L_M，即在保障 100% 收益模式下理论上需要基金规模，根据公式计算当前实际有效赔付保障额度仅为 4.2%，有效赔付额度为 117

元/亩。云南农业保险是保物化成本。提高保障水平需要考虑地方财政补助能力，不能一蹴而就。本节将讨论在不同阶段和不同保障水平下的农业巨灾风险保障基金规模。

根据公式 $C_O = L_M \times x\%$，其中 $L_M \times x\%$ 的 L_O 作为提高到未来预期有效赔付程度下的基金规模，$x\%$ 为不同预期有效赔付保障程度，C_O 为在不同预期有效赔付保障程度下农业巨灾风险保障基金规模，具体见表 6-8。

表 6-8　农业保险不同预期有效保障程度下所需基金规模

预期有效赔付保障程度/%	所需基金规模/亿元
10	25.842
20	51.684
30	77.526
40	103.368
50	129.21

资料来源：根据基金模型理论公式核算

在有效赔付保障额度为 10% 的条件下，基金规模为 25.842 亿元，云南近 30 年年平均农作物成灾面积为 67.3 万公顷（1009.5 万亩），有效赔付约为 256 元/亩，与上文计算得到的云南四大粮食作物平均保障额度为 251 元/亩相比，有效地提高政策性农业保险有效赔付保障程度。

6.4.4　建立云南农业巨灾风险保障基金资金渠道分析

基于上文对基金规模的确定，本节将重点讨论有关基金资金各渠道来源。根据基金模式选择中提出的有关基金渠道来源的构思，本节将重点讨论有关大灾准备和其他渠道来源。

本节将提出两个假设条件。假设条件 1：云南政策性农业保险保费未来预期年平均增长率在 20%，考虑到随着政策性农业保险自 2012 年之后随着全省覆盖保费增速有所放缓，将以 2012 年之后的农业保险平均保费增速 20% 作为预期保费增速。假设条件 2：以 2014 年云南农业保险保费为基数，借鉴庹国柱教授的农业巨灾风险分散制度中所设立再保险的划分，设置超额赔付 50% 的再保险安排，年分出保费为 20%，根据上述假设条件，云南预计政策性农业保费规模公式为 $11.06 \times (1 + 20\%)^i$，$i=$ 未来某年 -2014，由此推算出累计当年提取农业大灾风险保费准备金金额为

$$\sum_1^i \left\{ \left[11.06 \times (1+20)^i - 1.15 \right] \times 6\% + 1.15 \times 9\% \right\} \times 80\%，i 为正整数。$$

结合 2012～2015 年云南农业保险财政补贴来源的分类，其中省级和市县财政补贴占据 50%[①]。2012～2014 年云南农业保险保费财政补助约为 4.75 亿元。除大灾风险准备金外，农业保险基金大都来自各级政府部门的财政补助和农户自缴保费。结合新"国十条"和国务院颁布的《农业保险条例》，应建立中央和地方财政政府支持的农业巨灾风险分散机制。从云南农业保险发展看，云南已经具备建立高保障程度的农业大灾风险分散机制的条件和需求。应以中央和省级财政补贴为主，其他渠道来源为辅的原则。因此，省级财政保费补助 40%，申请中央财政补贴 40%，专项农业大灾救助资金补助 10%，即省级财政支出承担 0.2 亿元、中央财政承担 0.2 亿元、农业大灾救助资金 500 万元，由投保农户自担 10%，保险公司税收优惠和保费结余 5%，农户承担 500 万元，保险公司承担 250 万元，具体情况见表 6-9。

表 6-9　农业巨灾风险保障基金其他渠道来源划分　　　　　单位：万元

中央财政（40%）	地方财政（省和市县）（40%）	农户自担（10%）	保险保费盈余（5%）	专项农业大灾救助资金（5%）	共计
2000	2000	500	250	250	5000

资料来源：笔者整理

　　农业巨灾风险保障基金不仅能有效分散农业大灾损失风险，更能有效提高农业保险保障程度和有效赔付额度。这对政府、保险公司、农户来说都是实现三方共赢的重大举措。农户作为高保障程度下农业保险的主要受益人，必须承担与风险相对应的成本；政府作为惠民工程的制定者和实施者，必须负责主要财政支持力度；保险公司作为主要的农业保险的主要经营者，在应对超额赔付损失的风险时也要承担相应的责任。

6.4.5　建立云南农业巨灾风险保障基金成效时间分析

　　根据上文已经确定的农业巨灾风险保障基金选择模式、模型理论公式、对基金各个渠道来源的划分，本节将着重对农业巨灾风险保障基金的具体成效时间进行分析。假设云南农业保险保费收入 $E(L_N)$ 为 $11.06 \times (1+20\%)^i$，农业保险大灾风险保障保费准备金到 i 年累计规模 $\sum Q$ 为

$$\sum_1^i \left(\left\{ \left[11.06 \times (1+20)^i - 1.15 \right] \times 6\% + 1.15 \times 9\% \right\} \times 80\% \right)，其他渠道规模 \sum Q_p 为 0.5i。考$$

虑到基金的稳定性和未来投资收益，2006～2015 年存款基准利率为 2.92%，可得到公式：

----

① 《2012～2015 年云南政策性农业保险实施方案》

$$11.06 \times (1+20)^i + \sum_{1}^{i} \left\{ \left[11.06 \times (1+20)^i - 1.15 \right] \times 6\% + 1.15 \times 9\% \right\} \times 80\% + 0.5i(1+2.92\%)^i \geqslant L_M \times x\%$$ 。

其中，$x\%$ 为不同有效赔付保障度；i 为农业巨灾风险保障基金成效时间。具体见表 6-10。

表 6-10　云南农业巨灾风险保障基金增长情况分析

基金运作时间/年	基金规模/亿元	农险保费规模/亿元	大灾准备金规模/亿元	基金其他渠道规模/亿元
1	14.436 66	13.272	0.664 656	0.5
2	18.383 12	15.926 4	0.792 067	1
3	23.013 3	19.111 68	0.944 961	1.5
4	28.464 1	22.934 02	1.128 433	2
5	34.899 54	27.520 82	1.348 599	2.5
6	42.516 5	33.024 98	1.612 799	3
7	51.551 33	39.629 98	1.929 839	3.5
8	62.287 62	47.555 98	2.310 287	4
9	75.065 64	57.067 17	2.766 824	4.5
10	90.293 74	68.480 6	3.314 669	5
11	108.461 9	82.176 73	3.972 083	5.5
12	130.158 3	98.612 07	4.760 979	6
13	156.088 3	118.334 5	5.707 655	6.5
14	187.098 9	142.001 4	6.843 666	7
15	224.206 1	170.401 7	8.206 88	7.5
16	268.629 1	204.482	9.842 736	8

资料来源：笔者整理

结合当前有效赔付保障程度为 4.2%，实际补偿额度为 116.7 元/亩，考虑到预期有效保障程度提高是一个逐步的过程，本节对 10%～50%预期有效赔付保障程度和年平均农作物成灾面积为 67.3 万公顷（1009.5 万亩）的条件下的基金成效时间进行测算，具体见表 6-11。

表 6-11　云南农业巨灾风险保障基金成效时间测算结果

有效赔付保障程度/%	基金规模/亿元	成效时间/年	有效赔付额度/（元/亩）
10	25.842	4	255.988 1
20	51.684	7	511.976 2
30	77.526	9	767.964 3
40	103.368	11	1023.952
50	129.21	12	1279.941

资料来源：根据农业巨灾风险保障基金理论模型测算

　　根据农业巨灾风险保障基金模型理论，在有效赔付保障程度为 10%～50%的条件下，基金成效时间分别需要 4、7、9、11、12 年。在假设平均每年农作物受损面积为 67.3 万公顷（1009.5 万亩）的条件下，相对应的有效赔付额度约为 256 元/亩、512 元/亩、768 元/亩、1024 元/亩、1280 元/亩。

第 7 章　农业巨灾债券定价模型与实证

党的十八届三中全会明确指出，"建立巨灾保险制度，发展普惠金融，鼓励金融创新，丰富金融市场层次和产品"。政府引导资本市场通过发放债券来分担灾害损失是实现农业巨灾风险保障的重要方式。如何对我国农业巨灾债券进行定价？建立一个定价模型对我国农业巨灾债券进行合理定价，使我国农业巨灾债券能够在资本市场顺利地交易和流动，这是建立农业巨灾保险的制度性约束条件和实施难点。

7.1　农业巨灾风险债券定价模型构建

7.1.1　基本原理

传统风险管理模式是风险个体通过缴纳一定的保费购买保险产品，将风险转嫁给保险公司。保险公司利用再保险的方式将超额保险分保出去，以此达到风险分散的目的。但是这种方式对于保险公司来说承保的损失规模是有限的，这是基于 Remmerswaal（1995）认为任何保险公司都不可能通过单笔再保险业务获得超过 1 亿美元的巨灾再保险保障。如果保险公司想要获得更多的保障，那么就需要资本市场。Cummins 将巨灾债券定价过程总结为两个步骤：①估计巨灾合约下的损失指数分布，由此得到各触发指数下的概率。②用估计的概率和预期收益率来为债券定价。与定价思路基本一致，假设巨灾债券的各个参数是给定的，设计我国农业巨灾债券并利用我国自然灾害数据对巨灾债券进行定价。

7.1.2　模型的构建与推导

农业巨灾债券的价格等于未来总的期望支付现金流的贴现值，而未来现金流与巨灾债券损失额度、损失额度触发值密切相关。

1. 损失数据的处理

考虑到通货膨胀等影响总自然灾害损失的因素，通常我们要将一种商品现在的价格和它过去的价格或将来可能的价格进行比较，所以，将灾害损失数据进行指数转化处理，以 2011 年为基期，将各年数据进行调整使灾害损失数据具有一致性。

2. 损失分布模型

Cummins 等指出行业巨灾损失指数、模型化指数和参数化指数分别是全行业针对实际事件的损失、实际事件的物理参数（如事件频率、震级或烈度）和业务组合针对实际事件的模型预估损失。但是，对于农业生产来说，农作物是具有生命周期的保险品种，在我国很难将农作物的保险归于以上三个损失指数来作为巨灾债券价格的触发机制，Cox（2000）论证了对于非指数型巨灾债券，损失频率服从泊松过程，而损失额度服从对数正态分布。本章以我国统计的农业灾害损失作为触发值。

对数正态分布密度函数：

$$f(x,\mu,\delta) = \frac{1}{x\delta\sqrt{2\pi}} e^{-(\ln x - \mu)^2/2\delta^2}$$

其中，$f(x)$ 为对数正态分布密度函数；x 为随机变量；μ 为观察值对数的期望；δ 为观察值的标准差。

$$\mu = \ln(E(X)) - \frac{1}{2}\ln\left(1 + \frac{\text{Var}(X)}{E(X)^2}\right)$$

$$\delta^2 = \ln\left(1 + \frac{\text{Var}(X)}{E(X)^2}\right)$$

3. 定价模型

假设农业巨灾债券每期利息为 C_i（$i=1,2,\cdots,t$），F 为面值，到期本金的支付取决于灾害损失是否超出触发水平，当损失 L 超过这一指数时，本金将分为三种不同类型支付（本金为 K），即当 $L < D$ 时，

$$K = F$$

当 $L \geqslant D$ 时，

$$K_T = \begin{cases} A \times F, & \text{本金部分有风险} \\ F, & \text{本金无风险} \\ 0, & \text{本金暴露} \end{cases} \qquad (7\text{-}1)$$

其中，A 为本金保障比例。假定农业巨灾风险债券的到期时间为 T，即巨灾债券的生命周期为 $[0,T]$。农业巨灾债券每期支付的利息为 C 元，并在 T 时间点偿还本金。如果巨灾发生，投资者按支付类型获得债息或本金支付，假定支付函数为

$g(x)$，投资者与发行公司债务结束，用 λ 表示巨灾发生的时刻。

如果不发生巨灾投资者得到的都是利息 C，债券的价值是

$$P = \sum_{i=1}^{T-1} \frac{C_i}{(1+r/m)^i} + \frac{F}{(1+r/m)^T} \tag{7-2}$$

其中，C_i 为债券的支付的利息；r 为贴现率；F 为最后一期支付的本金和利息总和；m 为每年利息支付次数。

如果巨灾发生，那么债券持有人的现金流表示为

$$C(t) = \begin{cases} C\big|_{(\lambda > 1)} + g(C+1)\big|_{\lambda=1}, & t = 1,2\cdots,T-1 \\ (C+1)\big|_{\lambda > T} + g(C+1)\big|_{\lambda=T}, & t = T \end{cases} \tag{7-3}$$

本章设计了三种类型的农业巨灾债券——本金保证型、本金50%保证型、本金暴露型的三年期债券，但为了比较还列出了单期和两期巨灾债券的价格。此债券的运营机制是：假设投资人购买了债券发行公司发行的农业巨灾债券，投资了一定数量的金额（本金），如果触发事件发生，则

$$P = \sum_{t=1}^{T} \frac{C(t)}{(1+r)^t} \tag{7-4}$$

4. 债券收益率的确定

根据根据资本资产定价模型（capital asset pricing model，CAMP）来确定，

$$E(R_i) = r_f + \beta_i[E(r_m) - r_f] \tag{7-5}$$

其中，$E(R_i)$ 为某金融资产的期望收益率；r_f 为无风险收益率；β_i 为该金融资产的市场相关度；$E(r_m)$ 为市场组合的期望收益率。则债券收益率为

$$E(R) = r_f + \beta_i[E(r_m) - r_f] = \sum p_i R \tag{7-6}$$

7.2 模型的实证分析

7.2.1 损失额度分布与拟合

Cummins 等根据前人的研究成果指出在模型中将巨灾损失假设为正态分布或对数正态分布。本节以此作为农业损失数据的假设分布进行拟合，即接受对数分布和正态分布比其他函数更能拟合农业巨灾损失分布，并且在这里对这两个假设

进行拟合优度检验。

1990～2011 年中国农业自然灾害损失（洪涝、旱灾等）如表 7-1 所示。

表 7-1 1990～2011 年中国农业自然灾害损失（洪涝、旱灾等）

年份	自然灾害/亿元	CPI	调整后的损失/亿元
1990	1170.1	103.1	1196.2
1991	1831.6	103.4	1867.1
1992	1754.6	106.4	1738.1
1993	1689.9	114.7	1552.9
1994	2480.3	124.1	2106.6
1995	1660.7	117.1	1494.8
1996	1464.6	108.3	1425.4
1997	1984.2	102.8	2034.4
1998	1590.9	99.2	1690.3
1999	1678.8	98.6	1794.6
2000	2198.0	100.4	2307.4
2001	2039.0	100.7	2134.2
2002	1715.9	99.2	1823.2
2003	1839.4	101.2	1915.7
2004	1592.8	103.9	1615.8
2005	2016.0	101.8	2087.3
2006	2500.0	101.5	2596.1
2007	2342.0	104.8	2355.4
2008	3100.0	105.9	3085.4
2009	2490.5	99.3	2643.5
2010	5000.0	103.3	5101.6
2011	3030.0	105.4	3030.0

资料来源：根据《中国农业年鉴》整理而得

注：CPI——consumer price index，居民消费价格指数

根据原始数据计算出样本的描述统计变量，如表 7-2 所示。

表 7-2 样本数据的主要统计量

主要统计变量	统计变量值/亿元
平均值	2163.45
标准差	820.6
峰度	8.54
偏度	2.177

续表

主要统计变量	统计变量值/亿元
中位数	1975.05
最大值	5101.6
最小值	1196.2

　　由我国农业巨灾损失金额的频率密度直方图（图 7-1）和样本的描述性统计量可以看出，样本数据具有单峰的特点，偏度为 2.177，分布是正偏斜的，峰度为 8.54，部分比较密集，有比较高的集中度。在原始样本数据表中最后一列基期转换后的数据波动较小，所以选择 1000 亿为单位绘制直方图，将表 7-1 的损失额度数据导入 R 软件①，绘制频率直方图、概率密度估计曲线，汇总成图 7-1。在图 7-1 中，从对数正态分布和正态分布两种分布概率密度曲线的峰值、偏度上可以观察到，巨灾损失额度的总体密度估计曲线更加接近于对数正态分布。分布函数图则显示了对数正态分布稍优于正态分布。

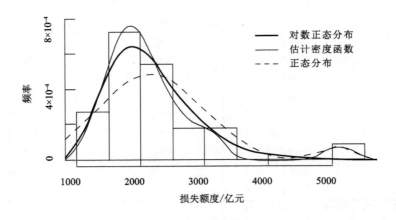

图 7-1　分布函数概率密度拟合

　　另外，根据经验分布判断，图 7-2 中折线为样本分布函数，曲线分别为对对数正态分布和正态分布拟合情形。从图 7-2 中可直观看出，对数正态分布拟合性更好。进一步，采用经验分布的 KS 检验方法检验两种分布函数与总体之间的差异。检验结果见表 7-3。

---

① 参见 R 软件的网站 www.r-project.org。

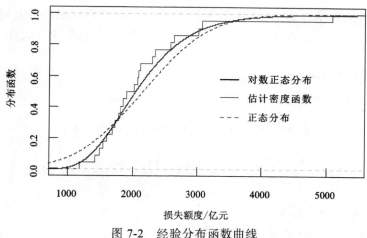

图 7-2　经验分布函数曲线

表 7-3　KS 检验结果

分布函数	D	p 值
对数正态分布	0.4091	0.0494
正态分布	0.2727	0.3937

从 KS 检验结果可以看出，对数分布检验的 D 值大于 0.05，p 值均小于 0.05，接受原假设：自然灾害损失数据与对数正态分布一致。另外，通过统计描述也可以明显看出，对数正态分布的拟合性更好。所以，我国农业自然灾害的损失服从对数正态分布：

$$f(x;\ \mu,\ \delta) = \frac{1}{x\delta\sqrt{2\pi}}\mathrm{e}^{-(\ln x - \mu)^2/2\delta^2} \tag{7-7}$$

其中，$\mu = 7.627$，$\delta = 0.314$。

7.2.2　定价实证结果

1. 债券收益率的确定

假定按面值平价发行一年期巨灾风险债券，票面利率为 R，巨灾发生的概率为 P，在不发生巨灾的条件下，投资者获得的收益率为 R。巨灾债券的本金偿还条件分为三种：本金无风险型、本金部分有风险型、本金有风险型。根据不同的债券类型设置了三个点作为触发值：（1000，0.03），（2000，0.015），（4000，0.008）。

假定无风险利率 r_f 为 6%，金融资产市场组合的期望收益率 $E(r_m)$ 为 10%，农业巨灾债券的市场相关度 β_i 为 0.6，那么三种不同类型的农业巨灾债券的票面利率分别如下。

1）本金无风险型或本金保证型

如果巨灾发生时收益率为 0，那么，

$$E(R) = R(1-p) + 0 \times p = r_f + \beta_i[E(r_m) - r_f]$$

$$R = \frac{r_f + \beta_i[E(r_m) - r_f]}{1-p} = \frac{6\% + 0.6 \times (10\% - 6\%)}{1 - 3\%} = 8.66\%$$

2）本金部分有风险型

如果巨灾发生时收益率为 50%，那么，

$$E(R) = R(1-p) + (-0.5) \times p = r_f + \beta_i[E(r_m) - r_f]$$

$$R = \frac{r_f + \beta_i[E(r_m) - r_f] + 0.5p}{1-p} = \frac{6\% + 0.6 \times (10\% - 6\%) + 0.5 \times 1.5\%}{1 - 1.5\%} = 9.29\%$$

3）本金暴露型或本金没收型

如果巨灾发生时收益率为 -100%，那么，

$$E(R) = R(1-p) + (-p) = r_f + \beta_i[E(r_m) - r_f]$$

$$R = \frac{r_f + \beta_i[E(r_m) - r_f] + p}{1-p} = \frac{6\% + 0.6 \times (10\% - 6\%) + 0.8\%}{1 - 0.8\%} = 9.27\%$$

2. 债券定价

假定发行面值为 100 元的债券，那么不同类型和不同期限的农业巨灾债券价格如下。

1）期限为一年（每年年末支付一次）

一是本金无风险型或本金保证型。其年利率为 8.7%，触发点为（1000, 0.03）。

$$P = \frac{108.7 \times 97\% + 100 \times 3\%}{1 + 6\%} = 102.3 \text{（元）}$$

二是本金 50%保证型。其年利率为 9.3%，触发点为（2000, 0.015）。

$$P = \frac{109.3 \times 98.5\% + 50 \times 1.5\%}{1 + 6\%} = 102.27 \text{（元）}$$

三是本金暴露型或本金没收型。其年利率为 9.3%，触发点为（4000，0.008）。

$$P = \frac{109.3 \times 99.2\% + 0 \times 0.8\%}{1 + 6\%} = 102.29 \text{（元）}$$

2）期限为两年（每年年末支付一次）

一是本金无风险型或本金保证型。其年利率为 8.7%，触发点为（1000，0.03）。

第一期预期收益现值：

$$P_1 = \frac{8.7 \times 97\% + 0 \times 3\%}{1 + 6\%} = 7.96 \text{（元）}$$

第二期预期收益现值：

$$P_2 = \frac{108.7 \times 97\% \times 97\% + 100(1 + 8.7\%) \times 97\% \times 3\% + 100 \times 97\% \times 3\% + 100 \times 3\% \times 3\%}{(1 + 6\%)^2} = 96.51 \text{(元)}$$

债券的价格：

$$P = P_1 + P_2 = 104.47 \text{（元）}$$

二是本金 50%保证型。其年利率为 9.3%，触发点为（2000，0.015）。

第一期预期收益现值：

$$P_1 = \frac{9.3 \times 98.5\% + 0 \times 1.5\%}{1 + 6\%} = 8.642 \text{（元）}$$

第二期预期收益现值：

$$P_2 = \frac{109.3 \times 98.5\% \times 98.5\% + 50 \times 98.5\% \times 1.5\% + 50 \times (1 + 9.3\%) \times 98.5\% \times 1.5\% + 50 \times 1\% \times 1\%}{(1 + 6\%)^2}$$

$$= 95.761 \text{（元）}$$

债券价格：

$$P = P_1 + P_2 = 104.403 \text{（元）}$$

三是本金暴露型或本金没收型。其年利率为 9.3%，触发点为（4000，0.008）。

第一期预期收益现值：

$$P_1 = \frac{9.3 \times 99.2\% + 0 \times 0.8\%}{1 + 6\%} = 8.703 \text{（元）}$$

第二期预期收益现值：

$$P_2 = \frac{109.3 \times 99.2\% \times 99.2\% + 0 \times 0.8\%}{(1+6\%)^2} = 95.726 \text{（元）}$$

债券价格：

$$P = P_1 + P_2 = 104.429 \text{（元）}$$

3）期限为三年（每年年末支付一次）

一是本金无风险型或本金保证型。其年利率为 8.7%，触发点为（1000, 0.03）。

第一期预期收益现值：

$$P_1 = \frac{8.7 \times 97\% + 0 \times 3\%}{1+6\%} = 7.961 \text{（元）}$$

第二期预期收益现值：

$$P_2 = \frac{8.7 \times 97\% \times 97\%}{(1+6\%)^2} = 7.285 \text{（元）}$$

第三期预期收益现值：

$$P_3 = \frac{108.7 \times 97\% \times 97\% \times 97\% + 100(1+8.7\%)^2 \times 97\% \times 97\% \times 3\% + 100(1+8.7\%) \times 97\% \times 97\% \times 3\%}{(1+6\%)^3}$$

$$+ \frac{100 \times 97\% \times 97\% \times 3\% + 100 \times (3\%)^3}{(1+6\%)^3} = 91.045 \text{（元）}$$

债券价格：

$$P = P_1 + P_2 + P_3 = 106.291 \text{（元）}$$

二是本金 50%保证型。其年利率为 9.3%，触发点为（2000，0.015）。

第一期预期收益现值：

$$P_1 = \frac{9.3 \times 98.5\% + 0 \times 1.5\%}{1+6\%} = 8.642 \text{（元）}$$

第二期预期收益现值：

$$P_2 = \frac{9.3 \times 98.5\% \times 98.5\%}{(1+6\%)^2} = 8.031 \text{（元）}$$

第三期预期收益现值：

$$P_3 = \frac{109.3 \times (98.5\%)^3 + 50(1+9.3\%)^2 \times (98.5\%)^2 \times 3\% + 50(1+9.3\%) \times (98.5\%)^2 \times 3\%}{(1+6\%)^3}$$

$$+ \frac{50 \times (98.5\%)^2 \times 1.5\% + 50 \times (1.5\%)^3}{(1+6\%)^3} = 91.109 （元）$$

债券价格：

$$P = P_1 + P_2 + P_3 = 107.782 （元）$$

三是本金暴露型或本金没收型。其年利率为 9.3%，触发点为（4000，0.008）。
第一期预期收益现值：

$$P_1 = \frac{9.3 \times 99.2\% + 0 \times 0.8\%}{1+6\%} = 8.703 （元）$$

第二期预期收益现值：

$$P_2 = \frac{9.3 \times 99.2\% \times 99.2\%}{(1+6\%)^2} = 8.145 （元）$$

第三期预期收益现值：

$$P_3 = \frac{109.3 \times 99.2\% \times 99.2\% \times 99.2\% + 0 \times 0.8\%}{(1+6\%)^3} = 89.585 （元）$$

债券价格：

$$P = P_1 + P_2 + P_3 = 106.433 （元）$$

7.3　研　究　结　论

　　假设上述实证评估结果中的"期望"损失数据为实际情形，则当巨灾造成农业自然灾害为 2163.45 亿元，如果政府分担 50%的巨灾风险比率，那么政府可以发行总额为 1081.725 亿元农业巨灾债券。根据不同年限和本金类型，将债券各年的付息、本金贴现得到一年期债券、两年期债券、三年期债券不同类型的价格，具体见表 7-4。

表 7-4　农业巨灾债券价格　　　　　　　　　　单元：元

项目	本金无风险型	本金 50%保证型	本金暴露型
一年期限	102.3	102.27	102.29
二年期限	104.47	104.403	104.429
三年期限	106.291	107.782	106.433

在已发行的巨灾债券中，只有 1%实际触发了支付。所以，比较不同期限的巨灾债券，如果选择发行三年期的巨灾债券较一年期、两年期的巨灾债券更有优势，期限较长的巨灾债券可以为机构团体提供较长时间稳定的资金来源。

当发生 2009 年的自然灾害时，如果政府发行总额为 1081.725 亿元的农业巨灾债券，巨灾债券能够承担 40.92%的自然灾害损失。

本章利用矩估计法对我国农业自然灾害数据进行模拟，认为农业自然灾害损失符合均值为 7.627 元，标准差为 0.314 的对数正态分布。给定了无风险利率、市场组合期望收益率、债券相关系数后，利用资本资产定价模型计算出了本金无风险型、本金 50%保证型、本金暴露型的巨灾债券的收益率分别为 8.7%、9.3%、9.3%。国债和公司债收益率最高分别为 6.92%和 7.05%，利用模型估测的巨灾债券收益率高于债券市场上大部分国债和公司债。具有长时间稳定价格和较高收益回报，巨灾债券能够充分发挥证券融资职能分散保险市场巨灾风险。在实际运用中，结合资本资产定价模型的巨灾债券定价能够合理地运用到我国农业巨灾债券定价。

第8章 农业巨灾风险保障体系优化与重构

8.1 总体思路和基本原则

8.1.1 总体思路

"十三五"时期云南健全农业巨灾风险保障体系总体思路：以"四个全面"战略布局为统领，认真贯彻落实习近平总书记系列讲话和考察云南重要讲话精神，以2016年7月28日（唐山大地震40周年之际）习近平总书记在河北唐山市考察时讲话精神为指导，以确保粮食安全为基本前提，以推进改革创新为根本动力，以尊重农民主体地位为基本遵循，以维护投保农户合法权益和规范农业保险市场秩序为核心，以"政府引导、市场运作、自主自愿和协同推进"为原则，以服务农村经济发展方式转变为目的，坚持以人为本的理念，健全部门联动机制，按照"全覆盖、多层次、促特色、可持续"的方针，①进一步加快顶层设计，把农业保险纳入防灾减灾体系中，进一步推动云南农业保险向农业巨灾保险转变；②建立以由财政补贴的特色农业保险为基础，以商业性保险为补充的多层次的高原特色农业灾害风险保障体系，推动特色农业产业化，促进农民增收；③为"三农"发展提供全方位、全流程、全产业链的综合金融解决方案；④推动成立由保险机构支持的，符合省情民情的"云南农业保险互助合作社"，创新农业保险经营模式；⑤推动农业保险朝"三个结合，四个转变"发展，进一步夯实农业巨灾风险保障制度基础；⑥探索建立农业巨灾风险保障基金和农业巨灾债券机制，进一步完善云南农业巨灾风险分散机制；⑦推动无人机低空遥感技术在农业灾害风险评估中的应用；⑧进一步完善多层次的农业自然灾害应急救助体系；⑨进一步推动灾后救助向灾前预防转变，完善农村气象灾害防御体系。在云南减灾防灾、农业现代化、保障粮食安全、促进农民增收、"一带一路"农业合作、社会治理等方面发挥越来越重要的作用，为云南"努力成为我国民族团结进步示范区、生态文明建设排头兵、面向南亚东南亚辐射中心，谱写好中国梦的云南篇章"提供坚实保障。

8.1.2 基本原则

一是坚持粮食安全的原则。农业巨灾风险保障体系建设始终把稳定粮食生产作为首要任务，通过农业保险、应急救助机制、灾害风险评估等制度安排，保障高原粮仓产能。二是坚持农民主体地位原则，在农业巨灾风险保障体系建设中尊重农民主体地位，充分调动农民积极性，一切为了农民，一切依靠农民。三是坚持政府主导地位。在巨灾风险基金建设、农业保险财政补贴、应急处置和社会救助中，均要发挥政府主导地位。农业保险应遵循"政府引导、市场运作、自主自愿、协同推进"的原则。四是坚持社会治理原则，通过政府购买服务等方式，吸引市场主体参与农业巨灾风险保障体系建设，整合社会资源，推动多层次的农业巨灾风险保障体系可持续发展。

8.2　进一步完善农业巨灾风险保障制度

8.2.1　进一步完善农业保险制度，大力发展特色农业保险

（1）建立"灾前预防—损失补偿—促进灾后恢复农业生产—推动农业现代化"四位一体的农业保险功能模式。目前，农业保险功能主要表现在"补偿"方面，其他三方面很弱或缺失，需要从制度设计上进一步强化。"灾前预防"指农业保险制度功能要发挥灾前预防的功能。灾前预防工作做得好不仅可以有效减少农业损失和农民损失，而且可以降低保险金的支出，提高偿付能力，具有很强的社会效应，实现企业的社会责任。"损失补偿"指农业保险制度功能要发挥灾后农业损失的经济补偿功能。农业保险通过发挥灾害补偿这个基本功能，可以实现政府支持和保护农业体系的目的，但如果把农业保险的功能作用仅定位于此，显然无法为农业保险的发展拓展更广阔的空间，增添更持久的动力。"灾后恢复生产"指农业保险制度功能要发挥灾后恢复农业生产的功能。及时把保险金送到农民手中，帮助他们开展生产自救工作，尽快恢复生产，确保大灾之年粮食不减产、农民不减收。"推动农业现代化"指农业保险制度功能要发挥灾后促进农业现代化，增强农作物抵御自然灾害的科技研发的功能和促进生物产业发展。发挥保险机制的独特作用推动当地农业发展方式转变，开发"生物产业保险"，转移生物产业风险。

（2）以农业巨灾保险为基础，建立多层次农业巨灾风险保障体系。当前只有把农业巨灾保险放在建设云南多层次的农业巨灾风险保障体系中去，云南农业巨灾保险才能健康、快速和可持续发展，即建立一个系统化和科学化的，以广覆盖、保（粮食）安全、多层次和可持续为方针的，以政府农业防灾救灾应急机制为支撑的，以建立健全政策性农业巨灾保险制度为基础的，以其他"三农"保险和社会救助为补充的，以创新和规范农村合作经济组织为抓手的，各个部门相互衔接、统筹协调和立体式的云南多层次农业巨灾风险保障体系。

（3）探索建立多层次农业巨灾风险分散技术，提升农业保险的抗灾能力。采

取多层次、多样化的农业巨灾风险分散技术是提升农业保险的抗灾能力的基础。其框架可初步概括为以下几点。

一是建立多层次的农业再保险体系。既要充分利用好国内分保、转分保等方式将巨灾风险在不同经营主体之间转移、互换，从而降低巨灾风险对单一主体的压力，又要有效发挥国际、国内两种资源作用，积极开拓国际再保险市场，将一部分风险分散到国际市场中。再保险应该采取超额再保方式。目前农业保险面临的主要问题是巨灾风险的问题，而目前保险公司采取的再保险方式——比例再保险方式，不是最有效的分散巨灾风险的方式。本书所讨论的超额再保险方式对政策性农业保险来说应该是最合适的再保险模式，主要可以从以下几点来看：首先，超额再保险针对的是赔付率超过一定限额（160%、200%等）的部分，而赔付率超过这个限额的时候可以推测农业可能面临的巨灾风险，在这种情况下，分保出去的正好是巨灾风险部分。其次，政府在参与农业保险的时候，其主要目的是对参与政策性农业保险的保险公司进行补贴，保障农业从事者在遭受损失时可以得到补偿。而当面临巨灾，赔付率较高时，保险公司通常无力承担赔付责任，这时如果由政府承担超额部分就可以使农户得到保障。最后，保险公司目前承担的巨灾风险比较有限，包括冻灾、雹灾、风灾和水灾，病虫害和旱灾属于除外责任，如果政府参与再保险并采取超额再保的方式进行分保，那么保险公司可以考虑扩大保险责任范围，使农户得到更好的保障。

二是完善云南农业保险巨灾风险准备金。对原保险人将农业保险的部分业务向再保险人进行分保，则由再保险人对此部分承担责任，提取相关的基金保障。对于原保险人自留的部分，采取措施，使其与一定的基金相联系，在发生损失时可以获得保障。例如，在中国保险保障基金有限责任公司或其他机构设立国家农业巨灾风险基金，与其他业务实行分账管理、分类核算。基金从农业保险保费中按一定比例提取，中央政府给予财政补助。在某地区发生农业巨灾时，补贴当地的农业保险赔偿金的缺口。

另外，政策性农业保险保费结余也要全额转入巨灾风险准备金，不作为利润分配，逐年滚存。各保险公司把政策性农业保险巨灾风险准备金存入财政部专门账户，专户管理，专款专用，审计署每年审计一次。当保险公司的政策性农业原保险和再保险不足以赔付保险责任范围内的农业损失时，可向财政部申请使用农业巨灾风险准备金。财政部严格审核后，做到应赔尽赔。

三是促进农业巨灾风险金融产品创新。巨灾风险金融产品的创新使国家面临的巨灾风险损失在资本市场找到了突破口。不断开发农业巨灾的金融衍生产品，如巨灾风险债券等，形成较为完善的农业巨灾风险投资市场，推动农业巨灾风险分散体系的发展。

（4）大力发展地方特色农业保险，建立特色农业风险保障体系。鼓励各地因地制宜开展地方特色优势农、畜产品保险。云南省目前已顺利开展咖啡、苹果种植保险试点（诚泰财险承保）项目，下一步将继续按照"试点先行"的原则推行特色农业保险项目。重点将蚕桑、特色水果、蔬菜、花卉、茶叶、三七、天麻等一批高原特色农业产业纳入省级财政补贴的特色农险试点范围，逐步建立和完善特色农业保险风险分散机制。保险方案应由专业的第三方牵头，农业部门、保险公司配合制订，维护农户利益，促进"三农"发展。农业保险方案应具有独创性和排他性，符合政府唯一采购来源要求。

（5）建立云南指数保险等新兴综合金融产品和服务。指数保险已在全国多个省份开展，是农业保险服务国家治理体系和治理能力现代化的重要体现。云南省将积极探索开展农产品指数类保险试点工作，重点选择糖料蔗、花卉、蔬菜、生猪、咖啡等特色产业开发农产品价格指数+期货保险、产品价格指数+信贷保险、气象指数保险、产量指数保险等创新型保险产品，延伸和推广农业产业链（含运输、仓储、期货交易、现货交易、食品安全责任等）保险服务，开发并推广农产品质量保险等，不断丰富农业保险风险管理工具。

（6）充分用好世界贸易组织（World Trade Organization，WTO）规则允许的"绿箱"政策，改进调整"黄箱"支持政策。一是调整各州县支持农业发展的财政补贴的支出结构（如农机补贴、价格补贴等），用于提高云南中央政策性农业保险的风险保障水平的农业保险保费财政补贴，即财政直补改为农业保险保费补贴。二是农业财政补贴增量优先向农业企业购买其他农业保险倾斜，如机秧保险、农机保险、粮食储存保险、粮食安全责任保险、大米价格指数保险等倾斜，推动云南优质大米产业化发展，保障粮食安全。

（7）由分管农业副县长牵头，由相关职能部门，如农业局、财政局、气象局、保险公司、州市保险行业协会和专家学者共同成立"农业保险联席会议"，由乡镇政府联合保险公司共同建立"三农"保险服务站点，形成服务体系联动机制。进一步推动保险公司探索"互联网+"的农业保险服务模式。

（8）以农业种植企业为抓手，集中投保。鼓励由农业龙头企业或专业合作组织和农产品行业协会组织社员（会员）集中参保第三层次农业保险，鼓励各区县组织分散农户以村、乡镇为单位整体参保，推动保险公司与龙头企业联系，开展全方位的深入合作。

（9）建立中央政策性农业保险绩效考核机制。由云南省农业厅牵头建立体现广泛民意的农业保险服务质量评价机制。建立农业保险服务质量评价体系，并由基层政府人员、专家学者和被保险农户参与评价，由公共媒体监督并公布评价结果。评价结果的好坏决定经营机构是否有资格参与下一轮农业保险及森林火灾保险投保活动。

（10）建立农业保险招投标监督机制。由云南保险行业协会聘请专家、学者制定招投标评分指标体系，中国保监会云南监管局审核，维护云南农业保险生态环境。在评分指标体系中鼓励保险公司做好特色服务，创新服务技术和理赔服务，如低空遥感技术等，鼓励保险公司积极展开农险科研活动，如参与产品创新科研课题的公司在评分指标体系应加分。

8.2.2　进一步完善农业自然灾害应急救助，完善多层次保障体系

（1）加强"一案三制"建设。一是在预案方面，加快制定《云南省农业自然灾害应急救助预案》的步伐，同时加大预案演练的投入，增强预案的针对性、可操作性、衔接性。积极引导各企事业单位、农村公社等建立有自身特色的农业应急预案，同时，还要与时俱进地促进地方已有农业自然灾害应急预案的管理和更新，使预案适应新的环境变化。二是在体制方面，明确政府组织和社会组织各自的职能。一方面，政府对社会组织的指导、服务和管理要加强；另一方面，社会组织要协调好、配合好政府组织进行应急救助工作，双方有力、有序参与救灾。另外，云南省应成立由省农业厅直属的农业自然灾害省级专门应急管理组织——云南省农业重大自然灾害应急指挥中心，由农业厅厅长担任总指挥，农业其他部门，如农垦局、云南省种子管理站、省种植业管理处等部门担任指挥部成员。同时，各州市、县区也加快成立农业重大突发自然灾害应急指挥部，各专业部门之间、各层级之间的职责也要清晰化，提高应急救助效率。三是在机制方面，机制服务于体制，在体制不完善的情况下，一定的机制建设可以起到很大的弥补作用。云南省需进一步建立跨部门综合应急协调机制，只有农业厅、民政厅、财政厅、公安消防等部门联合行动才能保证农业自然灾害应急救助有序高效运行。另外，云南省还需要进一步完善灾情核定机制、信息共享机制等，确保灾情、救助信息能够及时发布。四是在法制方面，加快农业灾害救助的立法步伐，逐步建立农业灾害救助的法制系统。加强农业自然灾害法规建设，是农业灾害救助工作顺利发展的客观需要。将应急救灾工作纳入法制化轨道，逐步提高救灾工作依法行政水平。

（2）建立救灾资金多元化投入机制。目前云南省农业灾害救助资金主要来源于以下三个方面：①中央财政和省级财政拨款；②农业保险赔偿；③社会捐助。仅仅依靠这些资金，相对于农业经济损失可以说是杯水车薪。云南省应加快建设救灾资金多元化投入机制，充分发动社会力量，拓宽救灾资金渠道。一是要建立健全经常性社会捐助服务网络，同时注意按照国家法规和国际惯例接受来自世界各国的捐赠；二是要将救灾资本和救灾资金相结合，利用资本市场的风险转移机制分散农业巨灾风险，扩充资金来源。

（3）继续推动农民专业化合作社建设。应对农业自然灾害不仅需要政府的力量，而且需要农民自身的力量。农民专业合作社是由农民本着自愿原则主动加入

的具有互助性质的组织，有效地整合了农民自身的力量。云南省应加大对农民专业合作社的支持力度，一定能提高农民灾后生产自救水平和抵御自然灾害风险的能力。因此，应该在政府引导、税收政策、人员培训等方面给予农民专业合作社建设大力扶持，充分提升农民自身抵御农业自然灾害的凝聚力、战斗力。

（4）加快农业巨灾保险制度落地。目前，尽管云南省农业保险发展速度在快速提高，但是对广大农户的保障程度却不尽如人意。从发展规模来看，发展规模较小，各农业保险经营公司主要以分保和再保险的方式转移风险；从国外成熟经验来看，建立长期稳定的农业巨灾风险转移分散机制为农业健康可持续发展提供了制度保障。云南省应以《农业保险条例》为契机，加快云南省农业巨灾保险制度落地。目前首先要解决经营模式和服务体系模式问题，经营模式又决定了服务体系模式，鉴于云南独特山地特征，从交易费用理论的角度来看，应该建立"保险公司与地方政府合作经营"的模式。

（5）成立专门机构进行农业自然灾害危机感教育。云南大多自然灾害发生在山区，威胁着山区高原特色农业的发展。广大山区农户对自然灾害的认识还处于朦胧期，不能正确冷静地应对自然灾害。为此，云南省应成立专门的机构对广大农户尤其是山区农户进行农业自然灾害危机感教育，提升农户防灾减灾、灾害应急互助能力，这对灾后快速恢复生产具有十分重要的意义。

8.2.3　进一步建立农业巨灾风险基金，健全巨灾风险分散机制

（1）提高农业保险保障程度。2015 年中国保监会、财政部、农业部联合印发了《关于进一步完善中央财政保费补贴型农业保险产品条款拟定工作的通知》，在全国展开中央财政补贴型农业保险产品的全面升级，文件第四条提出："保险金额应覆盖直接物化成本或饲养成本"，如云南水稻保险金额可以达到 860 元/亩[①]。

（2）出台与建立基金相配套的政策。借鉴 2014 年上海市建立农业巨灾风险分散机制的成功经验，上海市政府办公厅出台了《上海市农业保险大灾（巨灾）风险分散机制暂行办法》，为建立分散机制提供政策依据。云南建立农业巨灾风险保障基金的前提是出台农业巨灾风险保障基金管理办法，为农业巨灾风险保障基金建立提供政策依据。

（3）在假设其他渠道资金来源为每年 0.5 亿元、农业保险保费增速为 20%、再保险分出保费为 20%的条件下，中央财政、地方财政、农户自担、经营盈余、农业保险专项救助按照 40%、40%、10%、5%、5%的比例分担，并按照公式满足

---

① 具体可参看附件《决策咨询报告二　加快实施提高云南水稻保险的风险保障水平的建议》。

条件 $11.06 \times (1+20)^i + \sum_1^i \left\{ \left[11.06 \times (1+20)^i - 1.15 \right] \times 6\% + 1.15 \times 9\% \right\} \times 80\% + 0.5i \geq L_M \times x\%$，建立在 10%～50% 有效赔付保障程度下的基金规模所需时间为 4、7、9、11、12 年。

8.3　进一步完善巨灾农业保障服务体系

8.3.1　进一步完善农业保险服务体系

（1）推动地方政府特别是基层政府在农业保险基层服务体系建设中发挥"主导作用"。由相关职能部门，如农业局、林业局、财政局、保监局、气象局、保险公司和专家学者等组成农业保险工作协调领导小组，由分管农业的副市长任组长，整合农技部门、农业病虫害监控防疫机构、气象预测监控机构、地质灾害监控机构等部门资源，通过天气预报、灾害预测、产量估算和收入估算等手段给予农业保险经营主体全面的技术支持，由乡镇政府联合保险公司共同建立"三农"保险服务站点，形成服务体系联动机制。

（2）以农业互助合作组织为抓手，建立多层次的农业保险基层服务网络。大力发展云南地方农业合作组织，依托产业合作组织和龙头企业开展农业保险业务，如红塔集团、红塔区种植协会与养殖协会、陆良蚕丝生产合作社等，建立一个多层次的农业保险服务网络。通过农业政策性保险制度建设促进农民组织化程度的提高，在农民自愿的基础上，鼓励各区县组织分散农户以村、乡镇为单位整体参保；鼓励由农业龙头企业带领基地农户集中参保；鼓励由农民专业合作组织和农产品行业协会组织社员（会员）集中参保。这种承保方式有利于提高投保率，降低展业成本；有利于投保人相互监督，降低逆选择和道德风险；也有利于密切公司与龙头企业的联系，开展全方位的深入合作。

（3）进一步夯实基层服务体系"软实力"，提升服务能力。"软实力"不仅是农业保险服务能力的重要体现，而且是服务体系"核心"所在。加强农业保险服务体系"软实力"建设，主要包括以下几个方面：一是进一步加强培育和树立服务"三农"的企业文化，建设一个充满社会责任感的现代保险企业。二是进一步加大服务体系基层站点人员的选拔和培训力度，特别是选拔有亲和力、有家族威望的本地人作为乡镇服务站点的负责人。服务站点工作人员个个都要"懂农时、知农事，察民情、体民心"，对"三农"充满感情，服务到田间地头，始终坚持尊重农民意愿，维护农民利益。这样就能和当地农民建立起牢靠的"信任"关系，恢复农民对保险行业的信任，有效减少理赔纠纷等。三是进一步加强农业保险的宣传工作。要充分利用电视、电台、报刊、网络、短信等，通过召开学习农业保险的社员大会，编印、张贴、发放宣传资料多种形式，广泛宣传农业保险工作的重要意义和政策内容，做到家喻户晓，增强广大农民群众的保险意识、风险防范意识，引导农民积极主动参加农业保险。四是尊重基层创造，注重引导基层的首创实践，不断完善农业保险核保核赔机制。

8.3.2 进一步引导保险经纪公司参与农业保险服务体系

（1）完善我国相关法律法规。首先，要在法律上确立保险经纪公司在保险市场上的主体地位，并对其职能及营业范围、收费的合法性等做出法律规定。同时应采取先进国家的做法，在经纪人准入方面降低标准，允许私人保险经纪人的存在。其次，通过保险监管部门、行业协会等制定行业规则和职业操守，加强自律与监管、规范业务，提升从业人员资质，要对保险经纪公司与保险公司职能不分、业务交叉的情况加以解决，以引导保险公司的部分职能逐步转移给中介机构。最后，要加强与财政、税务、工商等部门的沟通，鉴于保险经纪公司现状给予政策扶持和税费优惠。与此同时，在保险法律法规的规范下，国家和地方政府应做出相应规定，清理和取消那些依仗权利及行政手段，以创收营利为目的的垄断性兼业中介机构及外来"杂牌"的中介人来插手保险经纪公司业务，以保证保险经纪公司按市场规律稳健经营。

（2）明确我国农业保险服务体系中的市场分工。政府要明确其政策制度供给者的地位，全力推动、引导、协调、保护农业保险，全程参与支持。另外，不能过多干预市场运作，要确立农业大市场经济观念，利用立法和市场竞争等方面的手段，搞好服务，搞好市场监管，该放的权力一定要放。真正做到"小政府，大市场"。而农业保险公司与保险中介机构在业务合作过程中合理分工，能使保险公司把主要精力用在产品开发、风险管理、客户服务及资金运用等方面，而将产品销售、理赔等业务领域交给保险中介来完成，而且其代理人、经纪人和公估人等中介也要各司其职、各尽其责，这样不仅能有效减少保险公司的销售成本和管理成本，也有利于进一步拓宽保险公司的销售渠道，促进保险中介机构的良性发展。

（3）充分发挥保险经纪公司技术咨询和险种开发的作用。保险经纪公司贴近市场、贴近保险消费者和熟悉特定领域风险，在风险数据积累、专业人才储备、保险产品研发机制建立等方面进行了有益探索，具备了扎实基础。可以推动创先承保机制，拓宽农业保险覆盖面；可以推动开发农业保险产品，有效满足保险消费者需求；可以推动改进农业保险服务体系，提升保险业服务水平。支持采取多种灵活方式，尊重和体现保险经纪公司推动保险创新的劳动成果，展示保险经纪公司在设计保险条款、开发保险产品等方面所作的贡献。

（4）积极鼓励保险公司与保险经纪公司合作。鼓励保险公司在完善自身保险产品研发机制的同时，积极加强与保险经纪公司合作，发挥保险经纪公司优势，探索建立数据共享和服务联动等方面的工作机制，协同开展风险管理研究和保险产品开发。对于保险公司使用保险经纪公司单独开发或者联合开发的保险条款、保险产品的，保险公司应当在向监管部门报备产品时予以阐明，可以在保单上进行专门说明或者明确标示。特别是保险经纪公司提出合理要求的，保险公司应当尊重保险经纪公司的意愿。

（5）发挥保险经纪公司的日常维护与理赔监管作用。保险经纪公司通过对农险结算数据进行审核，对每一个品种的保费、每一集政府补贴一一审核，要求保费计算错误的及时改正，确保财政支出的规范化。同时，监测共保体农业保险资金专户中保费收入和赔款支出的真实情况。一旦发生涉及农业保险索赔的重大自然灾害或意外事故，及时到场并负责协调相关部门处理好防灾抗灾救助工作；监测理赔资金及时到位；维护农民利益，协助处理理赔争议。

8.3.3　进一步推动低空遥感技术在农业灾害风险评估中的应用

开展遥感技术在农业灾害风险管理中的研究与应用，需要从政府支持推动新技术发展、行业联合促进新技术转化和产业化发展、加强基础平台建设等多方面着手，通过科技创新发挥保险的社会管理功能，推动农业经营模式的变革。

（1）政府支持推动新技术发展。支持无人机遥感在农业中的应用，如向民用无人机开放空域、应用无人机协助农业保险承保理赔查勘。

（2）行业联合促进新技术转化和产业化发展。遥感业、地理信息技术业、农业和保险业联合，促进遥感新技术的转化和产业化发展。保险业应用遥感技术并结合地理信息技术对农业进行承保数据管理，指导防灾防损，灾后确定灾害级别与评估损失等，推动了农业保险经营模式变革。

（3）加强基础平台建设。建立农业遥感监测系统和农业地块边界数据库等。通过基础平台，更好地管理农地，灾后及时界定损失，科学指导防灾减灾。

（4）构建全国性无人机遥感网络平台。为提高资源利用效率，降低投入成本，产生规模效益，建议逐步建立全国性的无人机遥感网络平台。整合政府、科研单位、企业已有的科技成果和优势，开展无人机资源规划、运行管理、组网技术等研究，构建具备无人机网络资源快速配置、指挥调度和管理功能的空间信息综合管理及展示平台，在农业保险领域开展综合示范应用，构建社会化的农业保险无人机遥感网络示范体系。

（5）研发估损模型。可考虑根据灾害类型、区域等特征，选取有代表性项目进行试点，开展灾后遥感调查工作，获取受灾后的影像。将各种农业专业模型，如作物生长模型、地表能量平衡模型等与遥感数据进行耦合或同化，来弥补遥感观测时间分辨率的缺陷。同时结合地面传感网采集的周期性信息和农作物空间信息数据库，对灾害损失进行评估，并以地面调查数据进行校验，揭示灾害损失形成规律，探索基于遥感等空间信息技术的估损模型，建立灾害损失评估系统，开展灾情快速评估，指挥现场查勘，并根据评估结果进行灾害救助和理赔。

（6）根据需要选择合适的遥感平台。无人机航拍适用于局部性、多发且分布比较分散的灾害，如洪涝、风灾、雹灾等，对于旱灾等大面积灾害可能反而不太适用，因为大面积灾害的受灾面积大，发生后全损可能性大，而且无人机航拍面积在一定程度上比较有限。卫星遥感技术则更适用于大面积的灾害，如森林火灾、旱灾等。总体来讲，目前卫星遥感技术的影像分辨率不足，细化查勘精度不够，且时效性相对较差，但相同分辨率的图像成本要低于无人机航拍影像，比较适合对大面积灾害的宏观把握；无人机航拍技术灵活性大、时效性强，对于精细化的估损更适用。无人机遥感可以与大面积卫星遥感相互配合，形成多尺度的农情信息监测网。

8.3.4　进一步完善农业气象服务体系和农村气象灾害防御体系

（1）进一步加强气象防灾减灾组织体系建设。云南省人民政府应建立健全气象灾害防御指挥机构，指挥部办公室设在当地气象主管机构，负责本地区气象灾害防御的统一指挥，并依托本级气象主管机构组建气象防灾减灾预警指挥中心。并且云南省政府要组建气象防灾减灾领导小组，设立专职或兼职气象灾害防御责任人，制定和落实本级气象灾害防御措施。农村地区设立气象信息员，承担气象灾害预警信息的接收传递与灾情收集上报，参与农村地区气象灾害防御的科普宣传和应急处置。加快构建从国家到地方的气象灾害政府专项应急预案体系，加强各级气象灾害应急救援指挥体系建设，完善应急响应工作机制，形成科学决策、统一指挥、分级管理、反应灵敏、协调有序、运转高效的气象灾害应急救援体系。按照"分类管理，分级负责"的原则，各级应急管理职能部门应分层次、按地区、有重点地组织指导各有关单位开展应急预案编制工作。

（2）全面提升气象灾害防御综合能力。云南省有关部门应编制实施气象灾害风险区划和气象灾害防御规划，统筹规划防范气象灾害的应急基础工程建设。在城乡规划编制和重大工程项目、区域性经济开发项目建设前，要严格按规定开展气候可行性论证，避免和减轻气象灾害的不利影响。进一步加强气象灾害调查、分析评估和认定工作，加快建立气象灾害风险管理制度，并将其纳入政府风险管理范畴。各级广播、电视、通信运营商及社会媒体要配合气象部门及时、准确、无偿播发气象灾害预警信息，减少审批环节，建立快速发布的"绿色通道"。要加大气象科普和防灾减灾知识宣传力度，纳入当地全民科学素质行动计划纲要，提高全社会气象防灾减灾意识和公众自救互救能力。

（3）进一步完善气象灾害防御保障体系。建立健全政府组织领导、部门协作配合、社会共同参与的气象灾害防御领导体制和工作机制。把气象防灾减灾纳入政府职责体系和绩效考核，完善气象灾害防御工作的发展与投入机制，将气象灾害防御工作纳入经济社会发展规划。为农村地区气象助理员、气象信息员配备必要装备，必要的经费补贴要纳入财政预算。积极发挥中央和地方及社会多方面的积极性，借助社会力量来建立和完善气象灾害防御投入机制，进一步加大对气象灾害监测预警、信息发布、应急指挥、灾害救助及防灾减灾工程等重大项目、基础科学研究等方面的投入。加强重点战略经济区、城市、农村、沿海，以及农业、林业、交通等高影响行业气象灾害防御基础设施建设。依托已有的现代化建设成果，加快实施城市气象灾害防御工程、农村气象灾害防御工程、台风灾害预警工程、高影响行业与重点战略经济区气象灾害综合监测预警评估工程、雷电灾害防御工程、沙尘暴灾害防御工程、气象卫星工程和气象防灾科普教育工程等气象灾害防御工程建设。落实 2010 年中央一号文件精神，加强农业气象灾害防御体系建设，提高农村气象灾害综合防御能力。

（4）建立和完善气象灾害预警信息发布系统。建立和完善气象灾害预警信息发布系统，完善突发气象灾害预警信息发布制度，综合运用多种手段、多种渠道使气象灾害预警信息及时有效地传递给公众，不断提高发布频次，实现气象灾害预警信息的滚动发布。有效利用电视、广播、报纸、网站等媒体，加大对公众的气象防灾减灾知识宣传。尤其是在灾害天气预警信号及其所包括的防灾避灾措施宣传的同时，与教育行政部门合作，从国家层面推进防灾减灾知识进中小学教材的工作；与广电部门合作，通过农村数字电影服务平台，制作播放各类灾害防御知识的科普短片，使广大人民群众提高防御灾害的意识，掌握避灾的基本方法，增强防御灾害的能力。

（5）加快开展气象灾害风险评估和区划。有效推进气象灾害防御工作从减少灾害损失向减轻灾害风险转化，依职责分工，开展全国气象灾害风险调查及气象灾害风险隐患排查，全面掌握各类气象灾害风险分布情况，查找气象灾害防御的隐患和薄弱环节，建立气象灾害风险数据库，分灾种编制气象灾害风险区划图。完善气象灾害风险信息上报系统和制度，加强对气象灾害风险信息的综合分析、处理和应用。进行气象灾害风险评估、气候可行性论证制度及气候变化影响评估研究。为经济社会发展布局和编制气象灾害防御方案、应急预案提供参考，为有效开展气象灾害防御工作提供科学依据。

附　　件

决策咨询报告一　加快推进云南高原特色农业灾害风险保障体系建设的建议

　　云南地处云贵高原，纬度较低，地形极为复杂，受太平洋季风和印度洋季风的影响，地处低纬度高原、临近热带海洋、干季与旱季突出，降雨集中分布。气象灾害具有种类多、频率高、分布广、季节性强、区域性突出、成灾面积小而累积损失大等特征。受地理环境的影响、山地立体气候明显，七种气候带交错分布。复杂的地质、构造环境，陡峻的山地和海拔高度差极大的地形及高强度降雨过程，使得云南成为中国自然灾害的高发省份。同时，较高的人口密度加重了环境负荷，陡坡垦殖、天然植被减少和工程建设中对地形地貌的强烈扰动使得本来脆弱的生态环境更加恶化，自然灾害损失逐年加大。

　　当前云南亟待建立一个系统化和科学化的，以广覆盖、保（粮食）安全、多层次、可持续为方针的，以政府农业防灾救灾应急机制为支撑的，以健全农业保险制度为基础的，以其他"三农"保险和社会救助为补充的，以创新和规范农村合作经济组织为抓手的，各个部门相互衔接、统筹协调和立体式的现代云南高原特色农业巨灾风险保障体系。该研究对于整合各部门的农业防灾减灾机制，形成合力，提升农业防大灾和救大灾的能力及效率，保障"米袋子"和"菜篮子"安全，保持粮食价格稳定及助力宏观经济调控，维护社会稳定，服务农村经济社会发展方式转变，具有重要的现实意义和紧迫性。

一、云南农业巨灾风险保障体系建设现状与成效

　　2015 年云南全省粮食产量达 1876.4 万吨,农业增加值达 2098 亿元,增长 6%。近年来，云南以畜牧、果蔬、茶叶、花卉、木本油料等特色优势农产品为重点，推动农业产业转型升级，实现农业发展新格局。

（一）云南省农业灾害应急救助能力提升迅速

　　云南省出台了《云南省关于进一步加强气象防灾减灾能力建设的意见》《云南省气象灾害应急预案》，颁布实施了《云南省气象灾害防御条例》，2010 年

提出"兴水十策"，2012 年提出"兴水强滇"战略，有力地提升了全省气象防灾减灾能力。"十二五"期间，云南全省建设了 72 支县级抗旱服务队，形成了以县级抗旱服务队为基础，以乡镇抗旱服务分队为依托，村级抗旱小组和村民抗旱相结合的抗旱体系，织起了全省抗旱保民生的大网。中央和省级有关部门先后投资 57.6 亿元，对 309 条河道进行治理，累计新建河堤 1018.3 千米、护岸 418.6 千米、加固河堤 384.7 千米；积极争取国家支持，加快病险水库除险加固工程，全省先后有 648 座小（Ⅰ）型、3428 座小（Ⅱ）型病险水库列入国家病险水库除险加固专项规划。

积极推进防汛抗旱指挥系统建设和山洪灾害防治系统建设，129 个县级山洪灾害预警平台基本建成，水利部门共编制了 129 份县级、1296 份乡级、7701 份村级山洪灾害防御预案，建成自动雨量（水位）测站 3746 个、简易测站 28 508 个、图像（视频）站 418 个，无线预警广播站 12 388 个、锣鼓等预警设备 4.6 万多套。系统运行以来，共有 109 个县（区、市）发布预警 5239 次，及时转移 12.58 万人，避免伤亡 8357 人。全省投资 14.4 亿元，新建 902 眼应急备用井、174 件引调提水工程；投资 7.56 亿元，实施 121 件省级引调提增蓄应急重点项目；全省防汛抗旱减灾经济效益达 274.99 亿元。

（二）云南农业保险发展迅猛

农业保险是农业巨灾风险保障体系的重要组成部分。在中共云南省委省政府的领导下，云南省农业保险实现快速发展，农业保险总保费收入从 2005 年的 0.48 亿元增加至 2014 年的 11.06 亿元，年均增长 41.71%，云南全省农业保险深度从 0.19%上升至 0.35%，农险保额占农业 GDP 的比例从 14.70%上升至 51.28%，保费年均增速达 28.5%，农业保险保费排名全国第 12 位，累计支付赔款 27.7 亿元，共有 352.4 万户次农户直接受益，已经形成"政策性农业保险为主，商业性农险为补充"的格局。当前，云南农业保险呈现"三个结合，四个转变"发展态势，即农业与"三农"保险的结合，保险与信贷和期货的结合，"三农"保险与社会治理的结合；逐步实现保成本转变为保产值，农业直补转变为农业信贷和农险补贴，传统保险转变为指数或指数期货保险，保农业生产转变为"为农业现代化提供全方位、全流程、全产业链的综合金融解决方案"；实现农业品种研发、生产、收成、农业物联网、价格、食品安全责任、农村资产、健康保障全覆盖的多层次的风险保障体系。

（三）建立起比较完善的农业灾害风险保障服务体系

目前，云南已建立起比较完善的农业保险服务体系，形成了农业保险基层服务工作流程，特别是人保财险云南分公司制定了比较完善的能繁母猪承保流程，逐步形成"江川模式"。探索建立了保险经纪公司参与农业保险服务体系建设的角色功能，有效解决农险信息不对称的问题等，扮演好农业部门"顾问"角色，完善农业保险服务体系。

云南建立了比较完善的农业气象服务体系和农村气象灾害防御体系，主要体现在以下三个方面：一是气象灾害防御组织体系初步形成，综合监测服务能力明显提升。二是气象灾害综合监测服务能力明显提升。经过多年来持续努力，云南全省气象灾害综合监测服务能力不断增强。三是气象灾害预报预警水平不断提高，预警信息发布能力不断增强。气象灾害风险管理工作不断强化，人工影响天气作业效益不断提升，充分发挥了气象服务"三农"的重要作用。

二、面临的困难和存在的主要问题

（一）农业保险面临的困难和存在的主要问题

1. 农业保险面临的主要困难

一是立体农业，云南省地理环境复杂，山地面积占比高达 94%，在农业的发展历程中，为充分利用空间，形成了从山下到山上将不同物种组合起来的立体农业。气候条件复杂、种植物种繁多。立体农业的保险工作相对来说更加"三难"——承保难、理赔难、服务难。二是不规则土地，云南省地势复杂，交通非常不便，农业种植的分散化程度极高，房前屋后的零散种植给承保面积统计与定损面积统计带来了极大的困难，核实受灾面积时若通过测亩仪对小区域的土地进行测量误差太大，而通过卫星进行测量成本太高。三是成熟期多样性，云南省气候复杂，甚至呈"一山多气候"，对于同一物种，不同地区成熟期各不相同。烟草具有典型的代表性，甚至山前山后就存在成熟期的差异，为承保工作带来了相当大的难度与困扰。

2. 农业保险经营存在的主要问题

一是综合成本率过高，经营效益不稳定。二是亟须建立全产业链农业保险产品体系，推动云南高原特色农业现代化。三是保险公司缺乏对"云南气象灾害风险空间分布的评估"，粗放式经营。四是已有险种覆盖面不足，特色险种亟待开发。云南高原特色农业急需风险保障，具有优势和特色的花卉、蔬菜、特色水果、核桃、茶叶和家禽等农产品尚未纳入农业保险范畴。五是农业保险经营模式不尽合理，制度效率有待进一步提升。云南农业保险经营模式，即委托保险公司商业化经营，自负盈亏的模式不尽合理。这种模式存在的内在缺陷是商业化经营与市场失灵的内在矛盾。

（二）农业自然灾害应急救助面临的困难和存在的主要问题

目前，云南省的农业自然应急救援能力建设取得长足进步，但依然存在一些亟待加强的薄弱环节。一是应急预案体系有待进一步细化。目前尚没有出台一部省级农业灾害专项应急预案，各州市、县区编制的农业灾害应急预案体系尚不健全，尽管一些地方政府编制了农业灾害应急预案，但许多地方政府尤其是乡镇一级政府的预案体系建设还十分薄弱。二是灾害救助、恢复生产等方面补助标准偏低。救灾资金只能保证受灾群众的基本生活，而且灾民的生活补助标准偏低，受灾农户承担了主要的经济损失。以 2010～2011 年云南大旱为例，云南省政府安排用于农业用途的救济资金为 17.63 亿元，而当年农业经济总损失额高达 387.1 亿元，政府救济金占总损失的比例不到 5%。三是山区水利建设有待加强。技术投入不足，水利工程质量较差，导致水资源利用率较低，难以应对旱、涝灾害；地方政府配套资金艰难，即使上级拨款，仍需要地方政府筹措部分资金，山区大多贫困，造成农村水利公共投资严重缺乏；受传统水利及农村水资源产权制度的影响，山区水利工程建成后难以进行有效管理。四是农民防灾减灾意识淡薄。云南省教育资源相对匮乏，山区农民大多没有文化，缺乏对自然灾害的客观认识，灾害发生前做不到提前预防，灾害发生后也不能独立进行生产自救。

三、对策建议

（一）总体思路

"十三五"期间推进云南高原特色农业巨灾风险保障体系建设的总体思路：以"四个全面"战略布局为统领，认真贯彻落实习近平总书记系列讲话和考察云南重要讲话精神，以确保粮食安全为基本前提，以推进改革创新为根本动力，以尊重农民主体地位为基本遵循，以维护投保农户合法权益和规范农业保险市场秩序为核心，以"政府引导、市场运作、自主自愿和协同推进"为原则，以服务农村经济发展方式转变为目的，坚持以人为本的理念，健全部门联动机制，按照"全覆盖、多层次、促特色、可持续"的方针，①进一步加快顶层设计，把农业保险纳入防灾减灾体系中，进一步推动云南农业保险向农业巨灾保险转变；②建立以由财政补贴的特色农业保险为基础，以商业性保险为补充的多层次的高原特色农业灾害风险保障体系，推动特色农业产业化，促进农民增收；③为特色农业发展提供全方位、全流程、全产业链的综合金融解决方案；④推动成立由保险机构支持的，符合省情民情的"云南农业保险互助合作社"，创新农业保险经营模式；⑤推动农业保险朝"三个结合，四个转变"发展，进一步夯实农业巨灾风险保障制度基础；⑥探索建立农业巨灾风险保障基金和农业巨灾债券机制，进一步完善云南农业巨灾风险分散机制；⑦推动无人机低空遥感技术在农业灾害风险评估中的应用；⑧进一步完善多层次的农业自然灾害应急救助体系；⑨进一步完善农村气象灾害防御体系。在云南减灾防灾、农业现代化、保障粮食安全、促进农民增收、"一带一路"农业合作、社会治理等方面发挥越来越重要的作用，为云南"努力成为我国民族团结进步示范区、生态文明建设排头兵、面向南亚东南亚辐射中心，谱写好中国梦的云南篇章"提供坚实保障。

（二）基本原则

一是坚持粮食安全的原则。农业巨灾风险保障体系建设始终把稳定粮食生产作为首要任务，通过农业保险、应急救助机制、灾害风险评估等制度安排，保障高原粮仓产能。二是坚持农民主体地位原则。在农业巨灾风险保障体系建设中尊重农民主体地位，充分调动农民积极性，一切为了农民，一切依靠农民。三是坚持政府主导地位。在巨灾风险基金建设、农业保险财政补贴、应急处置和社会救助中，均要发挥政府主导地位。农业保险应遵循"政府引导、市场运作、自主自愿、协同推进"的原则。四是坚持社会治理原则。通过政府购买服务等方式，吸引市场主体参与农业巨灾风险保障体系建设，整合社会资源，推动多层次的农业巨灾风险保障体系可持续发展。

（三）具体措施建议

1. 进一步完善农业保险制度，大力发展特色农业保险

（1）农业厅保险办通过农险招投标这个抓手，建立"灾前预防—损失补偿—促进灾后恢复农业生产—推动农业现代化"四位一体的农业保险功能模式。大力发展地方特色农业保险，建立高原特色农业风险保障体系。

（2）开展农产品指数类保险试点工作，重点选择糖料蔗、花卉、蔬菜、生猪、咖啡等特色产业开发农产品价格指数+期货保险、产品价格指数+信贷保险、气象指数保险、产量指数保险等创新型保险产品，延伸和推广农业产业链（含运输、仓储、期货交易、现货交易、食品安全责任等）保险服务，开发并推广农产品质量保险等，不断丰富高原特色农业保险风险管理工具。

（3）充分用好 WTO 规则允许的"绿箱"政策，改进调整"黄箱"支持政策。调整各州县支持农业发展的财政补贴的支出结构（如农机补贴、价格补贴等），用于提高云南中央政策性农业保险的风险保障水平的农业保险保费财政补贴，即财政直补改为农业保险保费补贴。农业财政补贴增量优先向农业企业购买其他农业保险倾斜，如机秧保险、农机保险、粮食储存保险、粮食安全责

任保险、大米价格指数保险等倾斜，推动云南优质大米产业化发展，保障粮食安全。

2. 进一步完善农业自然灾害应急救助，完善多层次保障体系

（1）加强"一案三制"建设。一是在预案方面，加快制定《云南省农业自然灾害应急救助预案》的步伐，同时加大预案演练的投入，增强预案的针对性、可操作性、衔接性。二是在体制方面，明确政府组织和社会组织各自的职能，一方面，政府对社会组织的指导、服务和管理要加强；另一方面，社会组织要协调好、配合好政府组织进行应急救助工作，双方有力、有序参与救灾。三是在机制方面，机制服务于体制，在体制不完善的情况下，一定的机制建设可以起到很大的弥补作用。云南省需进一步建立跨部门综合应急协调机制，只有农业厅、民政厅、财政厅、公安消防等部门联合行动才能保证农业自然灾害应急救助有序高效运行。

（2）建立救灾资金多元化投入机制。加快建设救灾资金多元化投入机制，充分发动社会力量，拓宽救灾资金渠道。一是要建立健全经常性社会捐助服务网络，同时注意按照国家法规和国际惯例接受来自世界各国的捐赠；二是要将救灾资本和救灾资金相结合，利用资本市场的风险转移机制分散农业巨灾风险，扩充资金来源。

（3）推动农民专业化合作社建设，特别是推动成立"农业保险互助合作社"等新型农村金融组织。应对农业自然灾害不仅需要政府的力量，而且需要农民自身的力量。农民专业合作社是由农民本着自愿原则主动加入的具有互助性质的组织，有效地整合了农民自身的力量。

3. 进一步建立农业巨灾风险基金，健全巨灾风险分散机制

第一，提高农业保险保障程度。2015年中国保监会、财政部、农业部联合印发了《关于进一步完善中央财政保费补贴型农业保险产品条款拟定工作的通知》，将在全国展开中央财政补贴型农业保险产品的全面升级，文件第四条提出："保险金额应覆盖直接物化成本或饲养成本"，如云南水稻保险金额可以达到860元/亩。第二，出台与建立基金相配套的政策。借鉴2014年上海市建立农业巨灾风险分散机制的成功经验，上海市政府办公厅出台了《上海市农业保险大灾（巨灾）风险分散机制暂行办法》，为建立分散机制提供政策依据。云南建立农业巨灾风险保障基金的前提是出台农业巨灾风险保障基金管理办法，为农业巨灾风险保障基金建立提供政策依据。

4. 推动低空遥感技术在农业灾害风险评估中的应用，提高防灾减灾效率

加强基础平台建设，建立农业遥感监测系统和农业地块边界数据库等。通过基础平台，更好地管理农地，灾后及时界定损失，科学指导防灾减灾。构建

全省无人机遥感网络平台。为提高资源利用效率，降低投入成本，产生规模效益，建议逐步建立全国性的无人机遥感网络平台。整合政府、科研单位、企业已有的科技成果和优势，开展无人机资源规划、运行管理、组网技术等研究，构建具备无人机网络资源快速配置、指挥调度和管理功能的空间信息综合管理及展示平台，在农业保险领域开展综合示范应用，构建社会化的农业保险无人机遥感网络示范体系。

5. 进一步完善农业气象服务体系和农村气象灾害防御体系，提升防灾减灾能力

一是进一步加强气象防灾减灾组织体系建设。组建气象防灾减灾领导小组，设立专职或兼职气象灾害防御责任人，制定和落实本级气象灾害防御措施。农村地区设立气象信息员，承担气象灾害预警信息的接收传递与灾情收集上报，参与农村地区气象灾害防御的科普宣传和应急处置。

二是全面提升气象灾害防御综合能力。进一步加强气象灾害调查、分析评估和认定工作，加快建立气象灾害风险管理制度，并将其纳入政府风险管理范畴。各级广播、电视、通信运营商及社会媒体要配合气象部门及时、准确、无偿播发气象灾害预警信息，减少审批环节，建立快速发布的"绿色通道"。加大气象科普和防灾减灾知识宣传力度，纳入当地全民科学素质行动计划纲要，提高全社会气象防灾减灾意识和公众自救互救能力。

三是进一步完善气象灾害防御保障体系。把气象防灾减灾纳入政府职责体系和绩效考核，完善气象灾害防御工作的发展与投入机制，将气象灾害防御工作纳入经济社会发展规划。为农村地区气象助理员、气象信息员配备必要装备，必要的经费补贴要纳入财政预算。加强重点战略经济区、城市、农村、沿海，以及农业、林业、交通等高影响行业气象灾害防御基础设施建设。依托已有的现代化建设成果，加快实施城市气象灾害防御工程、农村气象灾害防御工程、台风灾害预警工程、高影响行业与重点战略经济区气象灾害综合监测预警评估工程、雷电灾害防御工程、沙尘暴灾害防御工程、气象卫星工程和气象防灾科普教育工程等气象灾害防御工程建设。

四是建立和完善气象灾害预警信息发布系统。建立和完善气象灾害预警信息发布系统，完善突发气象灾害预警信息发布制度，综合运用多种手段、多种渠道使气象灾害预警信息及时有效地传递给公众，不断提高发布频次，实现气象灾害预警信息的滚动发布。

五是加快开展气象灾害风险评估和区划。有效推进气象灾害防御工作从减少灾害损失向减轻灾害风险转化，依职责分工，开展全国气象灾害风险调查及气象灾害风险隐患排查，全面掌握各类气象灾害风险分布情况，查找气象灾害

防御的隐患和薄弱环节，建立气象灾害风险数据库，分灾种编制气象灾害风险区划图。

决策咨询报告二　加快实施提高云南水稻保险的风险保障水平的建议

农业保险是农村金融体系的重要组成部分，不仅具有农业经济补偿、农村资金融通和农村社会管理三大功能，而且是我国农村经济和农村社会保障体系的重要组成部分，在国家保障粮食安全、推动农业现代化、促进农民增收、助力国家宏观经济调控、稳定农村社会、服务农村经济发展方式转变等方面发挥越来越大的作用，逐步成为宏观经济"助控器"、农业经济"助推器"、农村社会"稳定器"和农民福利"倍增器"。

一、背景与意义

当前我国经济发展进入新常态，正从高速增长转向中高速增长，如何在经济增速放缓背景下继续强化农业基础地位、促进农民持续增收，是必须破解的一个重大课题。2014年中央一号文件明确指出"不断提高稻谷、小麦、玉米三大粮食品种保险的覆盖面和风险保障水平"，2015年中央一号文件明确指出"加大中央、省级财政对主要粮食作物保险的保费补贴力度"，这样的表述意在保障主要粮食作物生产，聚焦我国粮食安全。《国务院关于加快发展现代保险服务业的若干意见》明确提出：积极发展农业保险。按照中央支持保大宗、保成本，地方支持保特色、保产量，有条件的保价格、保收入的原则，鼓励农民和各类新型农业经营主体自愿参保，扩大农业保险覆盖面，提高农业保险保障程度。

长期以来，稻谷发展在云南尤为重要，相关资料显示，云南省水稻种植面积达到1564.6万亩，居全国第11位，但目前普遍反映政策性水稻保险保障金额偏低，农户参加保险的热情递减。云南是自然灾害频发的省份之一，暴雨、干旱等自然灾害多发，因此研究提高水稻保险的保险金和保费补贴，正是响应中央一号文件的重要举措，有助于保持粮食收入稳定及助力宏观经济调控，服务农村经济社会发展方式转变，促进农民增收，维护边疆民族地区社会稳定，保障云南粮食安全。

二、现行水稻保险运行基本情况

云南水稻种植保险业务发展先后大致经历了三个阶段，即 1980～2006 年纯商业性水稻保险恢复—萎缩—政策性水稻保险萌芽阶段、2007～2011 年人保财险云南分公司独家承保政策性水稻种植保险阶段、2012 年至今共保体承保政策性水稻种植保险阶段。

云南是一个各种自然灾害多发的省份，常见的主要气象灾害有干旱、冰雹、洪涝和泥石流。2014 年云南省水稻种植保险实现保费收入 9086.02 万元，完成计划投保数的 83.49%，保费收入同比下降 4.10%，已决赔款 1398.63 万元，未决赔款 1640.97 万元，赔付率 33.45%，水稻种植保险的可持续发展空间充足。目前云南存在水稻保险共保体机制不完善，水稻保险覆盖面较窄，各级财政部门对农险工作重视程度不一，部分地区"三到户"工作落实不到位，整体经营成本较高，水稻生产巨灾风险分散机制欠缺等问题。

三、提高云南水稻保险的风险保障水平的市场需求调查、模式、政策依据和面临的主要障碍

从提高云南水稻保险的风险保障水平（开展水稻产量保险）条件及市场需求情况调查看，一是农民需求旺盛，县级政府积极性高，同时县级财政非常困难，希望县级财政不给予保费补贴，全部由省级财政或中央财政补贴；二是需求存在差异，保障需求层次不一，这就要求我们采取多层次的水稻生产风险保障体系。

提高云南水稻保险的风险保障水平的政策依据如下：一是 2014 年中央一号文件明确指出"不断提高稻谷、小麦、玉米三大粮食品种保险的覆盖面和风险保障水平"。二是 2015 年中央一号文件明确指出"加大中央、省级财政对主要粮食作物保险的保费补贴力度"。三是 2014 年国务院出台《关于加快发展现代保险服务业的若干意见》（新"国十条"）（国发〔2014〕29 号），明确提出：积极发展农业保险。按照中央支持保大宗、保成本，地方支持保特色、保产量，有条件的保价格、保收入的原则，鼓励农民和各类新型农业经营主体自愿参保，扩大农业保险覆盖面，提高农业保险保障程度。四是云南省政府出台《关于进一步发挥保险功能作用促进经济社会发展的意见》（云政发〔2015〕23 号），明确指出：加快发展主要粮食作物、生猪、蔬菜和特色农产品目标价格保险、天气指数保险、产量保险、农产品质量保证保险等新型险种。

通过精算和风险评估，提高云南水稻保险的风险保障水平拟采取三个层次的保险保障模式：第一层次是现行的水稻保险，保险金额 260 元/亩；第二层次是保

险金额 860 元/亩；第三层次是高价值水稻产量保险，保险金额 1500 元/亩，再根据种粮企业实际需要，辅以粮食储存保险、粮食安全责任保险等商业型保险。

提高云南水稻保险的风险保障水平面临数据统计口径不一、水稻优质品种播种少、水稻种植面积过于分散、逆向选择和道德风险、县级财政配套难等障碍。

四、措施与建议

（一）总体思路

认真贯彻党的十八届三中全会、中央农村工作会议、省委九届七次全会、省委农村工作会议精神，深化"三农"金融服务改革创新工作，贯彻并落实 2014 年和 2015 年中央一号文件"不断提高稻谷、小麦、玉米三大粮食品种保险的覆盖面和风险保障水平"和"加大中央、省级财政对主要粮食作物保险的保费补贴力度"的要求，以服务农村经济发展方式转变为目的，坚持以人为本的理念，以水稻龙头企业为抓手，着力做好：①注重顶层设计，制定全省统一的水稻保险风险保障的制度安排，做好新旧制度衔接；②建立多层次水稻保险保障机制；③试点县市建立由分管农业副县长为主席的"联席会议机制"，并以此为组织基础形成完善农业保险服务体系，不断提升服务能力，提升农业保险制度运行效率；④建立云南农业保险招投标监督机制和农业保险服务质量评价机制，维护农业保险发展的生态环境，促进云南农业保险健康可持续发展。

（二）遵循的基本原则

一是先行先试，分阶段推进的原则；二是政府引导，发挥基层政府部门积极性的原则；三是协同推进，市场跟进的原则；四是自主自愿，引导种植户（农村合作社）积极参与的原则。

（三）提高云南水稻保险的风险保障水平的方案

提高云南水稻保险的风险保障水平的方案分为三个层次，具体见表 1。按照目前云南省投保率 53%计算，预计全省财政支出增加 550 万～1000 万元，中位数在 750 万元，其中省财政 375 万元，州县财政 375 万元。

表 1　多层次水稻保险制度方案

层次	险种分类说明	保险金额	费率	保费	中央财政补贴保费比例	地方财政补贴保费比例	农户自缴保费比例	保险标的范围	补充商业保险	赔付标准	起赔线
第一层次	水稻保险（现行的水稻保险）	260 元/亩	7.5%	19.5 元/亩	40%保费（7.8 元/亩）	州、市、县三级财政补贴按照相关规定执行（共补贴 9.75 元/亩）	10%保费（1.95 元/亩）	一般水稻	保险公司与种粮企业、合作社、农户协商，具体保险，如粮食储存保险、大米安全责任保险、收获保险、育秧保险、价格指数保险等	每季每亩水稻基本险险金额按照水稻生产周期赔付，其中移栽返青—分蘖期最高赔偿 40%，拔节期—抽穗期最高赔偿 70%，扬花灌浆期—成熟期最高赔偿 100%	20%
第二层次	水稻保险（产量保险）	860 元/亩	6%	51.6 元/亩	40%保费（20.64 元/亩）	州、市、县三级财政补贴按照相关规定执行（共补贴 25.8 元/亩）	10%保费（5.16 元/亩）				
第三层次	（优质）水稻（政策性+商业型保险）	1500 元/亩	5.5%	82.5 元/亩	40%保费（20.64 元/亩）州、市、县三级财政补贴按照相关规定执行（共补贴 25.8 元/亩）剩余保费由粮食收购企业、合作社或农户自己缴纳，共计 30.9 元/亩		10%保费（5.16 元/亩）	高价值水稻（限定为广南县八宝米、德宏州遮放贡米等）	全费责任险、育秧保险、价格指数保险等		

注：（1）费率精算说明：由于第二层次具有经济规模效应，因此第三层次和第二层次测算的费率合比较低。

（2）第三层次水稻保险说明：第三层次保险是在第二层次政策性保险的基础上+商业性保险，商业性保险保险金额为 1500~860~640 元，保费由购粮企业或合作社或农户自己缴纳。政策性部分由各级财政补贴按照第二层次标准给予补助。

导防止病虫害，特别是与农户签订购买协议的粮食企业专门安排农业科技人员到农户指

（四）工作重点

一是选择试点地区，每个州（市）选择一到两个基础比较好的县（区）（包括财政自给率较好、水稻种植大县）作为第三层次水稻保险试点，如文山州的广南县、红河州的弥勒县、德宏州遮放镇等地。二是选择若干保险公司分别在不同试点先行先试。

（五）措施建议

（1）充分用好 WTO 规则允许的"绿箱"政策，改进调整"黄箱"支持政策。一是调整各县支持农业发展的财政补贴的支出结构（如农机补贴、价格补贴等），用于提高云南水稻保险的风险保障水平的农业保险保费财政补贴。二是农业财政补贴增量优先向农业企业购买其他农业保险倾斜，如机秧保险、农机保险、粮食储存保险、粮食安全责任保险、大米价格指数保险等倾斜，推动云南优质大米产业化发展，保障粮食安全。

（2）由分管农业副县长牵头，由相关职能部门，如农业局、财政局、气象局、保险公司、州市保险行业协会和专家学者共同成立"农业保险联席会议"，由乡镇政府联合保险公司共同建立"三农"保险服务站点，形成服务体系联动机制。进一步推动保险公司探索"互联网+"的农业保险服务模式。

（3）以水稻种植企业为抓手，集中投保。鼓励由农业龙头企业或专业合作组织和农产品行业协会组织社员（会员）集中参保第三层次水稻保险，鼓励各区县组织分散农户以村、乡镇为单位整体参保，推动保险公司与龙头企业联系，开展全方位的深入合作。

（4）省农业厅牵头建立体现广泛民意的农业保险服务质量评价机制。建立农业保险服务质量评价体系，并由基层政府人员、专家学者和被保险农户参与评价，由公共媒体监督并公布评价结果。评价结果的好坏决定经营机构是否有资格参与下一年度农业保险及森林火灾保险投保活动。

（5）建立农业保险招投标监督机制。由云南保险行业协会聘请专家、学者制定招投标评分指标体系，中国保监会云南监管局审核，维护云南农业保险生态环境。在评分指标体系中鼓励保险公司做好特色服务，创新服务技术和理赔服务，鼓励保险公司积极展开农险科研活动，如参与产品创新科研课题的公司在评分指标体系应加分。

决策咨询报告三　进一步加快发展云南跨境保险的建议

中国人民银行等 11 个部委办印发的《云南省广西壮族自治区建设沿边金

融综合改革试验区总体方案》（银发〔2013〕276 号）和《云南省人民政府关于建设沿边金融综合改革试验区实施意见》（云政发〔2013〕158 号）提出了积极开展双边及多边跨境保险业务合作的内容。推动跨境保险业务发展是云南省主动融入和服务国家战略，打造面向南亚、东南亚辐射中心的重要举措；是金融支持实体经济、沿边经济贸易发展广度与深度的拓展；是现代保险理论的补充与创新。依托云南沿边金融综合改革试验区建设的契机，顺势而为、因地制宜、积极大胆地推动云南省跨境保险业务发展，这具有重要实践价值与理论意义。

一、云南跨境保险业务的发展情况

截至 2014 年年末，云南全省跨境保险保费收入为 3701.96 万元，约为 2013 年全年跨境保险保费收入的 15 倍，其中跨境机动车辆保险保费收入为 267.9 万元，跨境非车险保费收入（涵盖了出入境货物运输保险、短期出口信用保险、境外企财险、境外工程保险、跨境旅游保险、出入境人员意外保险等）为 3434.06 万元，大约提供 300 亿元的风险保障。其业务一是以政策性出口信用保险为主，为进出口贸易提供风险保障。截至 2015 年上半年，中国信保累计承保云南省外经贸发展的风险规模达 183 亿美元，累计向云南省企业支付赔款达 8.37 亿元，支持企业融资累计达 186 亿元，帮助云南省企业调查海内外买家资信累计达 2.18 万户，为促进云南经济社会发展发挥了重要作用。二是以境外投资、出境人员保险为辅，保障出境人员、财产安全。全省共有 15 家公司开展了出境旅游（务工）保险业务，2014 年实现保费收入 1294 万元。其中，境外务工保险 251 万元，境外投资保险（工程、企财险）保费收入 652 万元，为已建成的缅甸瑞丽江、太平江一期工程及正在建设的柬埔寨桑河水电站等提供风险保障。三是以扩展境外责任、提供入境保险为特色，开展业务模式创新。全省保险业通过扩展境外责任或购买附加保险形式，为入境外籍人员提供人身、财产安全保障，2014 年实现保费收入 260 万元。

二、开展跨境保险业务面临的主要问题

（一）业务占比过低，功能作用亟待发挥

2014 年我国保费收入超 2 万亿元，跨境保险保费收入约 20 亿元，占总保费的 0.1%，2014 年云南省各口岸的进出口货运总量达 1475.35 万吨，同比增长 24%，出入境交通工具达 676.97 万辆，出入境人数达 3356.77 万人次，全省保费收入 3 759 882.2 万元，跨境保险总保费 3701.96 万元，占比 0.98%，相比云南省地理区位优势与稳步增长的对外贸易数据，跨境保险业务占比过低，不能有效满足云

南省在对外经济贸易交往中的风险保障需求，功能作用亟待有效发挥。

（二）产品同质化严重，不能满足市场风险需求

云南省现有开展的跨境保险业务，产品结构较为单一，业务主要集中在车险、跨境及境外工程险、出入境旅游意外险，客户可选择的跨境保险产品形态有限，且同质化竞争严重，不能完全满足市场需求，风险覆盖不足。

一是跨境农业替代种植急需风险保障服务。中南半岛是世界谷仓，云南省仅临沧、德宏两个州 2014 年境外种植农作物面积 80 余万亩，但保险机构并没有产品覆盖农业替代种植产业。

二是企业"走出去"急需风险保障服务。随着"一带一路"战略的实施，我国与东南亚、南亚国家经济融合的趋势越来越明显，企业"走出去"的积极性越来越高，对外投资呈现高速增长的良好态势。截至 2014 年，云南省签订对外投资合作协议总额 48 622.08 万美元，较上年增长 42.55%。但在企业"走出去"过程中，面临着诸多的政治风险、法律风险、市场风险、自然风险等，非常需要跨境保险提供全方位、全流程、全产业链的风险保障服务。

三是涉外人员急需风险保障服务。仅在瑞丽市每年长驻境内的外籍人员登记在册的达到 2 万人，未登记在册的流动外籍人员数量达到 3 万～7 万人。大量的外籍人员在境内务工、生活，面临着各种意外风险，部分富裕的外籍人员到我国境内购置房产和投资，也迫切希望得到保险保障。

（三）跨境保险产品创新力度不足，空间受限

目前已有的绝大多数产品条款及费率仅限国内使用，并不适宜涉外保险业务。跨境保险业务风险较大，业务开展渠道和规模有限，境外出险后服务难以延伸，成本较高等，加之，跨境保险产品创新的权限在于总公司层面，目前，我国与东南亚、南亚国家在保险赔偿中所涉及的法律适用标准及行业监管合作体系等均未建立，导致云南省内各保险公司在跨境保险产品和服务创新方面动力不足，空间有限。

（四）跨境保险合作机制不健全

目前，无论从政府层面、保险监管层面还是商业保险公司总部层面，尚未建立与老挝、缅甸、越南、泰国、柬埔寨等国家的双边及多边跨境保险合作机制，云南省跨境保险业务仅停留在保险省级分公司层面以下，采取一定的商业合作甚至民间交往的方式开展，距离沿金综改区总体方案提出的"为对方国家保险公司在本国开展风险评估、资信调查、查勘定损提供便利"的工作目标还有相当大的差距，这在很大程度上制约了云南省沿边跨境保险业务的开展。

（五）跨境保险人才储备不足

针对跨境保险专业人才，云南省内各家保险机构都提出了共性的问题，即缺乏既懂小语种（越语、缅语、老挝语等），又熟悉国际法律法规和保险理论的综合型人才，人才储备不足在很大程度上限制了跨境保险业务的发展。

三、推动跨境保险创新发展的对策建议

（一）推动跨境保险创新应遵循的基本原则

在服务国家"一带一路"战略中，推动跨境保险应按照"统筹规划、创新突破、风险可控、先行先试"的原则，坚持并体现"四个结合"：一是坚持顶层设计与基层探索相结合；二是坚持市场决定与政府推动相结合；三是坚持找准突破点与系统推进相结合；四是坚持体系建设与交流合作相结合。

（二）推动跨境保险业务发展的工作重点

工作重点在于实现"六有"，即"有市场、有政府、有产品、有覆盖、有机构、有合作"的跨境保险市场体系建设目标。其中，"有市场"是跨境保险创新发展的前提；"有政府"是跨境保险业务发展的支撑；"有产品"是跨境保险业务发展的载体；"有覆盖"是跨境保险发展的目标；"有机构"是云南省跨境保险发展的保障；"有合作"是跨境保险业务发展的基础。

（三）措施建议

1. 推动建设双边及多边跨境保险交流合作平台

跨境保险合作平台的建设是降低各国制度差异、优化保险资源配置、有效降低企业跨境保险业务经营成本，实现风险保障全覆盖的重要创新实践举措。为此，建议：第一，优化云南省与周边国家的合作模式，搭建双边及多边保险交流合作平台，赋予双边及多边合作跨境保险方面的内容，探索云南省与周边国家在跨境保险方面共同利益的契合点，谋求双方跨境保险业务发展。第二，加快跨境保险信息交流共享平台建设。依托云南省商务厅电子口岸网络平台为基础，建设跨境金融综合服务模块。实时更新并发布云南省跨境保险政策、保险产品与服务、涉外企业的经验状况等信息。依托商务厅电子口岸平台，建设跨境金融综合服务模块是跨境保险业务发展"落地"的重要举措。第三，充分利用云南-老挝、云南-缅甸、云南-泰国、云南-越南合作论坛、会议等契机，争取老挝、越南、缅甸等接壤国家的相关政策支持，通过签署合作备忘录，搭建多层次的跨境保险合作机制，进一步加快推进云南保险的发展，使云南省成为国家跨境保险产品创新、涉

外保险服务领域拓展、对东南亚及南亚跨境保险交流合作的辐射中心。第四，搭建产学研用一体化开放式区域保险交流合作平台。支持保险机构与大专院校合作共建产学研用一体化开放式区域保险交流合作平台，专项研发为重大项目、重点工程、特色优势产业、战略性新兴产业和与周边国家互联互通重点基础设施项目配套的保险产品及服务体系，服务"走出去"战略。推动组建区域保险智库，为政府决策提供保险风险管理智库服务。构建以巨灾风险管理研究中心、区域保险产品研发中心和区域再保险中心为支点的区域保险交流合作平台，打造跨境保险合作载体。依托院校及研究机构等，开展保险专业人才培养国际合作，进行保险行业跨境学术交流。

2. 跨境保险法律法规完善与"通关便利"措施

与云南接壤的三个国家（越南、老挝、缅甸）经济发展水平不高，法律法规不健全，国际保险监管机构并未在这些国家建立监管部门和制定监管规则。建议通过政府层面的沟通和协调，积极尝试在周边国家构建保险监管制度和引入保险监管规则，并签署国际保险机构合作交流备忘录。与此同时，大力推动与东盟、南亚国家在跨境机动车辆保险领域的交流及合作，鼓励开发跨境机动车辆保险产品条款，鉴于各口岸情况差异较大的实际情况，争取采取"一个口岸、一个模式、多个产品"的方式，开发出可即时办理、即时出单、即时生效的超短期货运车辆保险产品及出口境外的货物运输保险，满足通关便利化、贸易便利化的需要。为体现通关服务便利化、保险服务便利化，协调各级政府及外事、公安、海关、检验检疫、交通运输等管理部门，为跨境保险业务服务提供政策支持，实现通关、保险"一站式"服务。

3. 跨境保险市场体系建设

依托沿边金融综合改革试验区先行先试，探索跨境保险市场体系建设与产品创新。一是机构建设。鼓励在滇保险公司服务机构向沿边试验区进行延伸，并在机构审批、落地等方面给予政策倾斜和"绿色通道"；支持云投集团等发起设立地方法人保险机构；支持诚泰保险加快发展，率先到老挝设立经营机构，并逐步建设成综合性金融保险公司；积极引入具有国际背景，特别是针对南亚、东南亚国家跨境保险合作服务的保险代理和经纪服务中介机构，参与云南省沿边金融综合改革实验区建设，强化产品研发和市场服务渠道建设；依托云南省商务厅境外商务代表处，充分利用商务代表处的境外政策、资源、人力优势，合作发展与推进跨境保险业务发展。二是跨境保险产品与服务创新。鼓励开发满足不同市场需求的机动车辆保险、游客人身意外保险和境外救援机制，风险责任范围争取覆盖老挝、缅甸、越南、泰国、柬埔寨，在条件允许的情况下争取实现"一张保单保五国"，促进我国涉外保险业务改革创新；鼓励发展外籍人员小额人身意外伤害保险试点；支持开展人民币跨境再保险业务，培育发展再保险市场；鼓励保险公司在产险、寿险领域将境外医疗救援、境外医疗住院理赔风险管理、境外旅行综合援助保障嵌入保险产品，为沿边金融综合改革试验区客户提供相应境外服务。继续加大或维持政策性出口信用保险保费扶持政策的连续性和稳定性，引导企业运用出口信用保险政策，扩大承保规模和覆盖面。三是实现农业替代种植与跨境农业保险产品突破。通过"以奖代补"与"农业互助"的形式探索推进境外农业合作、境外替代种植的跨境农业保险产品创新。"以奖代补"的具体操作是替代种植企业先行支付保费，当农作物实现收成后，由各级财政部门核算收益，从而给予奖励，对替代种植企业先行支付的保费进行财政补偿。四是跨境保险经营模式创新。创新"互联网+保险"模式，创新"互联网+保险"跨境保险模式，创新推动"政府+保险+银行"合作模式，支持保险公司为企业"走出去"提供融资增信服务；尝试"互联网+自驾游+保险"模式创新，不断推出新的出入境旅游保障方案，提升客户服务标准。

4. 支出鼓励境内保险机构"走出去"

支持诚泰保险加快"走出去"的步伐，率先到老挝设立经营机构；以沿边金融综合改革试验区建设的契机，依托政策优势和地理优势，积极争取各保险机构按照商业自愿的原则，"走出去"在境外设立办事处或分支机构，增加机构设置，提高保险服务能力。

5. 加大出口信用保险支持力度，扩大承保规模和覆盖面

继续加大或维持政策性出口信用保险保费扶持政策的连续性和稳定性，引导企业运用政策性出口信用保险风险保障平台、融资促进平台、市场开拓平台，有效解决云南省企业开展贸易与投资合作面临的商业风险、政治风险，帮助企业获得贸易项下的融资，了解国外客户或合作伙伴的资信情况，参与国际市场竞争，提高云南省企业的市场竞争力。

6. 推动特殊监管区货物保险全覆盖

在云南的边境合作区、保税区等特殊监管区域内，需要对辖内货物进行全面排查并建立安全保障应急机制，同时对辖内货物统一购买保险，提高风险意识，完善风险保障机制，将特殊监管区货物保险全覆盖落到实处，防范重大事故的发生。

专题调查报告 农业保险全产业链发展需求调查分析

蔬菜产业是玉溪的优势主导产业，2013 年全市蔬菜面积 104 万亩，产值 36 亿元。其中，红塔区 7.2 万亩，产值 2.3 亿元。目前，玉溪蔬菜种植主要集中在

通海、江川、澄江三个县，种植的品种主要是叶菜、花椰菜、豆类，属于大路菜类，价格较低。相对而言，红塔区蔬菜种植规模不大，起步较晚，对发展高效益的精细蔬菜有较大的空间。近年来连续干旱少雨，不利于发展大水大肥的叶菜类蔬菜。玉溪市一些公司另辟蹊径，走节水、精细、特色、高效的蔬菜发展模式，对玉溪发展生态型高效农业具有很好的示范带动作用。玉溪"祥隆农业经营模式"是农业产业化的缩影，"祥隆模式"是云南山地农业发展的一种模式，可在云南全省内大型推广生态产业链农业。2014 年 7 月对玉溪祥隆农业进行实地调研。

一、玉溪"祥隆模式"

公司主要从事精细蔬菜种植，走"公司+基地+合作社+农户"的产业经营模式，在经营好自有基地的同时，与三个农民专业合作社合作，带动周边农户 500 户种植蔬菜，2013 年带动农民增收 1000 万元。

公司按照现代化农业的发展趋势，积极发展生态型、节水型高效农业，以发展生态农业、提供优质农产品为宗旨，大力发展标准化种植基地，完善灌溉系统，公司现有 9 个基地 1700 亩面积分布在玉溪市红塔区高桥、袁井、东前、后所、研和、黑村等地，全部采用喷灌设施，严格按照无公害农产品的要求组织生产，种植的蔬菜品种也全部是精细蔬菜，蔬菜品种已经达到十多个，以小香葱、春菜等作为主要轮作蔬菜，意大利生菜、银丝王、茄子、芹菜、辣椒、四季豆为插种蔬菜。

目前祥隆农业基地主要生产小香葱、香芹、娃娃菜、春菜、辣椒五种蔬菜作物。春菜主要是轮作，从播种计算，28 天后即可采摘，每亩产量为 4.5～5 吨；每年可产 8～9 发。

小葱生长周期短，消耗量大，市场价格稳定，具有较好的经济价值，且小葱可长时间种植，收获量大。所以是人们增产增收的良好选择。小葱不仅具有解热、祛痰功效，且刺激身体汗腺，起到发汗散热的作用。此外，小葱还有一个最大的功效，就是防癌抗癌。帮薄甜嫩，味道鲜美，又称微型大白菜，其钾含量是普通大白菜的 2～3 倍。

娃娃菜可消除压力，很多人觉得整天没精神，缺钾也是一个很重要的原因。钾是维持神经肌肉应激性和正常功能的重要元素。帮助胃肠蠕动，促进排便，秋冬季节多吃点还有解燥利尿作用。孕妇可以多吃娃娃菜，其叶酸含量也很高。其次还规模化种植芹菜、辣椒等畅销农作物。

（一）农产品"产业链"生产经营模式

近年来，农业优惠政策相继出台，农业发展形势大好。公司充分利用区位优势、政策优势，整合周边资源，不断探索，公司以诚信、稳健、奋进、创新、和谐、环保、高效、惠农、利民为宗旨，用现代农业的生产经营管理理念来组织生产和经营，走"公司+基地+合作社+农户"的产业经营模式，重视社会效益和生态效益，建设与农户的利益联合机制，发展生态节水型农业。公司对加入的合作社、基地、农户提供过硬的技术指导，通过综合市场价格，形成产销一体化产业链经营模式。2014 年，公司已经开始筹备农产品"冷链"运输体系，有望在 2015 年建成投入使用。

公司严格执行绿色环保、天然无污染的种植原则，新鲜蔬菜产品远销俄罗斯及东南亚各地，国内主要以昆明、北京、上海、深圳、广州等为销售地，通过多年经营，公司与国内外客商达成合作协议，已在日本、新加坡、俄罗斯等国外市场建立了完善的营销和合作网络。

充分利用红塔区的气候、区位、交通、政策等优势，以市场为导向，以经济效益为中心，走集约化、标准化、精细化、规模化、产业化的发展路子。以国内市场为主，逐步开拓国际市场；以保鲜菜销售为主，建设脱水菜生产线，加工销售脱水蔬菜，提高蔬菜种植经济效益，延长产业链，增加附加值，拓宽产品市场，保障公司业务的健康发展。

（二）公司保障经营发展规划

1. 建立新品种新技术试验示范基地

为了蔬菜种植经营的健康发展，公司决定建设 15 亩的新品种、新技术试验示范基地，每年从国内外引进蔬菜新品种 5～10 个，通过试种观察，掌握生长发育特性，筛选出适合当地种植、市场看好的品种推广种植。基地优先试种，引发"示范效应"，激发农户积极加入"合作社"，加入"合作社"一体化种植及销售体系，保障了农户的生产和销售，从某种意义上看，类似于另一种"保险"模式。

2. 制定标准、实施品牌战略

2014 年 12 月，公司开始将组织专家制定出主导产品生产企业标准，2015 年将申报制定产品云南省地方标准。开展无公害、绿色、有机农产品的申报认证，积极申报云南名牌农产品，实施"标准化"生产管理和"品牌营销"发展战略，做"品牌"农业。今后可在交易市场上公开蔬菜种植具体信息，如某时某日进行播种、灌溉、施肥、打药等种植流程，由此做到农产品食品安全责任"可追溯"①。

3. 扩大出口规模

2015 年，向有关部门申报完成自营农产品出口经营权、农产品的包装、储存、

---

① 农产品食品安全责任的可追溯性是农业产业链保险的一大难题，农业保险责任划分困难即不可追溯性导致农业产业链生产的不可保性。

运输、配送、信息处理统一管理。实现公司产品的运输畅通、全程监控，以满足市场和客户的要求，保障农产品质量，防止产后污染，实现公司生产、运输、销售一体化经营。

4. 营销网络及信息平台建设

建立公司营销网络信息平台，做好国内外蔬菜生产销售信息的收集和分析处理，及时掌握国内外市场的动态，组织和完成公司的生产种植计划与市场的对接，规避产品市场风险，做到根据市场的需求组织生产和销售，逐步推进农产品"订单式"生产。

目前，公司紧紧依托玉溪得天独厚的天然生态优势，以公司多年来积累的技术、资金、市场经验为基础，大力推进特色农业产业化；以擦亮高原特色农业品牌为己任；促进农民增收、农村发展、农业升级，推动和引领云南农业现代化及城镇化同步发展。

二、特色农业产业化保险需求分析

在农业产业化经营中，保险需求贯穿整个产业链生产的多个环节，以"祥隆农业"为例，主要保险需求集中在以下几个方面。

一是农企需要建立以政策性蔬菜保险为基础的，以商业性蔬菜保险为补充的，多层次的高原特色农业保险风险保障体系，其中政策性蔬菜保险主要保蔬菜种植物化成本，商业性蔬菜保险根据农企需要，量身定制，如开发农业物价指数保险，不仅可以保障农企收成，同时可以稳定物价，助力宏观经济调控，维护社会稳定。从农业产业化经营角度看，农场基地选择几种适宜农作物大面积集中种植，改变了云南农业的"小农经济"种植模式。在农场自有基地规范化、科学化、产业化耕种，为周边其他耕地起到了极好的示范作用，农民逐步跟从效仿，选择性加入农业合作社或合并协议化种植。种植基地的面积迅速扩大，种植风险已是整个片区地域面临的风险，不再是某农业经营公司独自面临的风险。开发农业产业化经营特色农作物的保险大势所趋，如祥隆农业基地主要生产小香葱、香芹、娃娃菜、春菜、辣椒五种蔬菜作物需要政策性蔬菜保险，以保障种植风险发生后，如冰雹等自然灾害发生后，农户能够恢复农业产业化生产，维系农业产业化模式的可持续发展。

二是农企需要全流程、全方位、全产业链的农业保险产品体系，即开发"田间地头到餐桌"农业保险产品体系，提升农企品牌价值，推动云南农业产业化。在农作物产业链经营中，农作物面临许多风险，如有机作物污染及二次污染，农作物储存、运输及加工，农作物销售终端品牌冒充复制等风险。此类众多问题可通过建立责任可追溯的管理模式，农产品产业链延长至销售终端，进行"品牌化"生产与销售。标准化生产（或"订单式生产"）—统一化加工、储存、运输—"品牌化"营销，在整个运作模式当中，风险可控，责任相对可追溯。这样就为保险在此链条中的生存提供了可保性条件，如食品安全责任保险，可提升品牌价值，促进其规模化发展，提升农业产业化经营规模，助力农企做强做大。

三是农企需要信贷保证保险。农业产业链的建设需要大量的资金支持，进行规模化、现代化、生态化种植设备建设，冷冻运输链建设，销售终端的品牌建设等。玉溪祥隆农业组建近两年来，总投资超过 2000 万元。农业产业链生产冷链建设方面投资较大，需要通过农业信贷保证保险给予资金信贷支持、推动其产业化发展。经营农业保险的保险公司可从这方面进行险种突破，从各方面体现"支农惠农"的政策，更好、更有效地服务农业生产。

四是通过农业互助社统一团体化承保。云南农业是典型的"小农经济"，小家小户小型生产，现在市场逐渐导向规模化生产，并自发形成了多个生产组织，如某某蔬菜种植互助社、某某种植协会、某某联营合作社等。农户依据自身情况自愿选择性加入组织，由组织统一安排种植作物、统一向外销售、统一进行种植培训、指导性生产等。保险机构可基于此种农业经营模式实行团体化承保，开发商业种植作物的农业保险。以团体化模式进行承保、查勘、理赔等工作，不仅有利于提高扩面效率，而且有利于提高查勘理赔效率，既减轻了工作量，又能较容易提高农户的参保积极性。如今的"农业互助社模式"使农户的生产、销售有了一定的保障，再由互助社牵头参保农业险，使农户面临的种植风险也有了基本保障，如此，农户入了互助社就得到了多层次的保障，得到了多方位的"保险"。

专题研究报告　　云南水稻产量保险制度设计及实施路径研究

一、研究意义及基础理论

（一）研究背景和意义

农业保险是农村金融体系的重要组成部分，不仅具有农业经济补偿、农村资金融通和农村社会管理三大功能，还是我国农村经济和农村社会保障体系的重要组成部分，在国家保障粮食安全、推动农业现代化、促进农民增收、助力国家宏观经济调控、稳定农村社会、服务农村经济发展方式转变等方面发挥越来越大的作用，逐步成为宏观经济"助控器"、农业经济"助推器"、农村社会"稳定器"和农民福利"倍增器"。

1. 研究背景

稻谷是云南省的主要粮食作物。国家统计局云南调查总队公布的调查统计数据显示，2014 年云南省稻谷（含早稻、中晚稻）播种面积 114.47 万公顷（1717.1 万亩），比 2013 年减少 0.8 万公顷（12 万亩）；产量 666.1 万吨，比 2013 年减少 1.8 万吨，下降 0.3%，占粮食总产量的 35.8%。1987～2014 年云南稻谷产量见图 1。

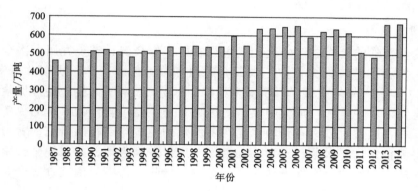

图 1　1987～2014 年云南稻谷产量

云南的水稻种植品种大体分为两类：粳稻和籼稻。其中，粳稻集中种植在滇中地区，种植面积约为 800 万亩，占整个西南部粳稻种植面积的近 50%；籼稻主要在滇西部一带种植，种植面积与粳稻近乎持平。在德宏等滇西部地区水稻种植周期为一年三季，其他地区普遍为一年两季。鉴于云南不属于国家主粮食生产区，不享受国家粮食收购最低保护价。为此，云南省政府、云南物价局、云南农业厅等单位参照国家粮食收购政策，对辖内八个州（市）的稻谷进行最低收购保护价，价格为 2.7～3.2 元/千克。

2. 研究意义

当前我国经济发展进入新常态，正从高速增长转向中高速增长，如何在经济增速放缓背景下继续强化农业基础地位、促进农民持续增收，是必须破解的一个重大课题。2014 年中央一号文件明确指出"不断提高稻谷、小麦、玉米三大粮食品种保险的覆盖面和风险保障水平"，2015 年中央一号文件明确指出"加大中央、省级财政对主要粮食作物保险的保费补贴力度"，这些表述意在保障主要粮食作物生产，聚焦我国粮食安全。《国务院关于加快发展现代保险服务业的若干意见》明确提出：积极发展农业保险。按照中央支持保大宗、保成本，地方支持保特色、保产量，有条件的保价格、保收入的原则，鼓励农民和各类新型农业经营主体自愿参保，扩大农业保险覆盖面，提高农业保险保障程度。

长期以来，稻谷发展在云南尤为重要，相关资料显示，云南水稻种植面积达到 1564.6 万亩，居全国第 11 位，但目前普遍反映政策性水稻保险保障金额偏低，农户参加保险的热情递减。云南是自然灾害频发的省份之一，暴雨、干旱等自然灾害多发，因此研究并推广云南水稻产量保险，提高水稻保险的保险金和保费补贴，正是响应中央一号文件的重要举措，有助于保持粮食收入稳定及助力宏观经济调控，服务农村经济社会发展方式转变，促进农民增收，维护边疆民族地区社会稳定，保障云南粮食安全。

3. 研究目的

认真贯彻党的十八届三中全会、中央农村工作会议、省委九届七次全会、省委农村工作会议精神，深化"三农"金融服务改革创新工作，贯彻并落实 2014 年和 2015 年中央一号文件"不断提高稻谷、小麦、玉米三大粮食品种保险的覆盖面和风险保障水平"和"加大中央、省级财政对主要粮食作物保险的保费补贴力度"的要求，通过对云南省开展水稻产量保险的模式与路径的研究，着力推动云南省主要粮食作物（水稻、玉米、马铃薯）产量保险落地，建立健全云南具有高原特色的多层次农业风险保障体系，促进农民增收，保障云南粮食安全。

（二）相关概念界定

1. 农业保险

农业保险是根据概率论和大数法则，对被保险人在从事种植业和养殖业过程中因自然灾害或意外事故所造成的经济损失给予保险责任范围内的经济补偿的一种风险管理机制。农业保险分为政策性农业保险与商业性农业保险。农业保险具有很强的公益性和公共产品属性，如果缺乏财政补贴和基层政府积极作用，会导致市场失灵，商业性农业保险呈现萎缩态势，云南商业性农业保险只包括烤烟保险等极少数的险种[①]。

2. 农业产量保险

Halcrow（1949）首先提出农作物区域产量保险的概念：农作物区域产量保险的保费和赔偿额取决于该区域的产量，（在任何一个既定的年份）如果区域产量低于特定的水平，则该区域所有投保农户将会获得赔偿（赔偿等于关键产量与实际产量之间的差），而不管单个农户的产量如何变化。其中，前提假设是一个区域每年产量的离均差是由农户面对的作物生长的自然条件引起的。文中还做了两个假设：①每个农户产出的长期趋势值为 0；②每个农户的平均产量的离均差相

---

① 田间地头是烟草公司的第一车间，烤烟保险的保费由省烟草公司提供。虽然政府财政不给予补贴，但云南许多州（市）、县的"一号"文件都会支持烤烟生产和烤烟保险发展。因此，与其说云南烤烟保险是商业性农业保险，还不如说是"准"政策性农业保险。

等。如果这两个假设都满足，则因产量变动而引起的收入波动将会减少，且随着时间的推移，所支付的保费等于所获得的赔偿额。虽然 Halcrow 没有解释道德风险，但他认为一个设计恰当的农作物区域产量保险能够很好地避免道德风险。若允许不同的离均差，则意味着低产田产量波动小，高产田产量波动大，因此 Halcrow 建议高产量农户基于面积按比例增加保障，低产量农户按比例降低保障，投保产量可以是正常区域产量的 50%～90%。为了使农户获利，个人产量必须与区域产量相关，相关程度越高，就越能提供更有效的农作物区域产量保险。最后，Halcrow 认为，只要正常的产量能够精确地确定，通过制订精确、健全的计划，农作物区域产量保险能够在农户产量与区域产量高度正相关的区域实现。

Miranda（1991）重新审视了 Halcrow（1949）提出的农作物区域产量保险概念。Miranda 利用西部 Kentucky 102 个大豆生产农户的产量数据分析了区域保险如何运转。该研究指出：①尽管区域产量保险仅保障系统产量风险，但不存在道德风险，因此不需要设计高免赔额或者限制保障水平；②对大多数生产者而言，区域产量保险提供了更好的产量风险保护；③由于区域产量信息是公开的且容易获得，在区域产量保险计划下，现行个人产量保险中由信息不对称导致的逆向选择问题会显著减轻，而逆向选择的减轻和道德风险的消除将显著提高联邦作物保险计划的精算效率；④管理成本亦可显著减少，因为不需要单独地调整索赔，也不需要核查每个农户的生产历史。Miranda 认为其实证研究表明，应郑重考虑将区域产量保险作为作物保险计划中的一个选择，在传统作物保险历史绩效糟糕的地区，至少可在其长期计划中考虑进行区域产量保险试验。

3. 指数保险

指数保险是农业保险的一种创新发展，其将损害程度指数化，并以该指数为基础设计保险合同，当实际计算的指数达到合同规定水平时，投保人就可以获得相应赔偿。与传统农业保险产品不同，指数保险的赔偿并非基于实际损失，而是基于预先设定的参数是否达到触发水平。依据指数类型，区域平均产量、降水量、气温、卫星图像和价格通常都可作为触发参数（trigger）。相应地，其产品主要有区域产量指数保险、天气指数保险、卫星指数保险、价格指数保险和收入指数保险等多种类型。农作物指数保险产品主要包括以下四种形态。

（1）区域产量指数保险。该保险的赔付金额要根据一个地区已经收获的实际平均产量来确定。被保险产量根据该地区平均产量的一定比例（通常为 50%～90%）确定。如果该地区实际平均产量小于被保险产量，则保险赔偿，无论保单持有人的实际产量是否损失。该指数保险要求该地区的历史产量数据，以便确定平均产量和被保险产量。

（2）农作物天气指数保险。该保险的理赔依据是一个特定气象站测量的事先规定时段内的特定天气指数。该天气指数的高或者低有可能造成农作物的损失。

只要指数值超过或者低于设定的阈值，保险就会赔付。赔付金额是根据事先确定的每一指数单位的保险金额（如美元/毫米降水量）计算。

（3）标准化植被指数/卫星指数保险。这一产品应用于几个国家的牧场中。该产品指数的构建运用了时间序列遥感成像技术（如应用假彩色红外线波段技术的草场指数保险，其理赔依据是标准化的植被指数，该指数反映了雨水不足造成的植被退化）。运用合成孔径雷达的农作物洪水保险也正在研究中。

（4）农产品价格指数保险。该保险是一种较为新颖的农业保险产品，是对农业生产经营者因市场价格大幅波动农产品价格低于目标价格或价格指数造成的损失给予经济赔偿的一种制度安排。它承保的是市场风险，以价格指数为赔付依据，关键在于了解其价格指数是如何设计和选择的。

（三）基础理论

1. 水稻产量保险资源配置中政府与市场的关系

人类社会面临的基本问题就是资源配置问题，也就是如何有效率地利用稀缺资源来满足人类的需求和欲望。在资源配置过程中，政府与市场之间的关系一直都是经济学界讨论的焦点。调整资源配置中政府与市场之间的关系，寻求二者之间的平衡点，已经成为当代经济发展的关键所在，也是当前完善水稻产量保险制度、建立具有云南省特色水稻产量保险服务体系、建立水稻产量风险分散机制过程中要优先解决的基础理论问题。2000 年，沃顿商学院的 Kunreather 和 Linnerooth 提出无论是私营保险市场，还是政府，都不是农业巨灾风险管理的唯一主体，这种观点相信，政府与市场的密切合作才是解决问题的唯一途径。

所谓资源，是指存在于一定社会历史条件下的经由人类劳动开发利用而有利于提高劳动生产效率、有利于创造出资产或财富的各种要素（王子平等，2001）。什么是水稻产量保险资源配置？笔者认为：水稻产量保险资源配置，就是对被保险人在从事水稻种植过程中由自然灾害或意外事故所造成的经济损失给予保险责任范围内的经济补偿，实现农业生产和农村稳定等安全保障的基本需求，将一部分社会资源（含财政补助）集中起来形成农业保险基金，再通过保险基金赔付的再分配活动，提供农业保险的准公共物品和公共服务，引导农业保险资源实现最优化配置的经济活动，是我国政府支农惠农政策中不可或缺的重要组成部分。"水稻产量保险资源"作为"资源"的一个子集，市场和政府都是配置水稻产量保险资源的一种"制度安排"。政策性水稻保险制度的突出特征就在于政府在农业保险资源配置中占据主导地位，其职能主要表现为制定农业保险法规政策并监督其执行、财政补贴（水稻保险财政补贴占保费的 90%）、建立和完善农业保险服务体系。政府之所以要介入农业保险资源配置领域，根本原因在于水稻保险的（准）公共品属性，同时水稻保险领域的市场失灵（道德风险与逆向选择等）、政府权威及其强制力所带来的管理成本收益优势及政府的财政补贴也是其介入水稻保险的重要原因。然而政府在供给水稻产量保险产品方面，也存在信息不足、官僚主义、政府政策的频繁变化、缺乏市场激励、缺乏竞争、缺乏降低水稻产量保险成本的激励导向等内在缺陷，政府也会失灵。只有明确了政府与市场各自在水稻产量保险领域中的角色与定位，使这两种资源配置机制扬长避短、相互补充和相互促进，才能更有效地保证水稻产量保险制度的可持续发展。

水稻产量保险资源配置领域中政府与市场的关系主要有相互替代、相互补充和相互促进三种。一是政府与市场在水稻产量保险中的作用存在着相互替代的关系。例如，中华人民共和国成立以来农业保险承办主体多次在市场和政府两方变迁。二是政府与市场在水稻产量保险中还存在相互补充的关系。从现代农业保险制度的建立来看，就是由政府颁布农业保险的法律和政策，政府与市场共同参与，如财政补助等形成"政策性"特征。三是政府与市场在水稻产量保险中还具有相互促进、协同发展的关系。一方面，农业部门参与水稻产量保险服务体系建设，特别是查勘定损等领域，保险公司通过给予农业部门一些经办费用，调动相关部门积极配置农业保险资源积极性，以摆脱集体行动逻辑陷阱①和囚徒困境，提高水稻产量保险服务效率。当前我国农业保险制度，特别是其在服务体系建设方面要处理好地方政府与市场的关系。既要发挥市场配置政策性农业保险资源的基础作用，发挥保险公司在再保险、费率厘定、风险管控等方面的优势作用；又要发挥政府配置水稻保险资源的引导作用，强化水稻保险的"风险转移"的基础制度功能，同时还可以促进水稻保险的减灾防灾能力建设，提升"保障粮食安全"、"促进农民增收"和"推动农业现代化"的"新"制度功能，实现水稻保险发展方式转变。另一方面，可以通过政府推动水稻保险过程，增强农村居民的农业风险意识，这也有助于促进"三农"保险，特别是农村商业保险的跨越式发展。

水稻产量保险资源配置方式与其服务体系息息相关。可以这么说，有什么样的资源配置方式就有什么样的服务体系。事实上，由于历史文化背景、社会经济结构与发展水平的不同，在不同时期、不同的国家或地区，政府与市场在水稻产量保险中作用的强度是不同的。根据政府与市场在农业保险中作用强弱的不同，可以将现有的农业保险划分为如下三种类型：①单一的政府垄断型农业保险制度。农业保险完全由政府来管理和运营，政府承担所有的农业保险职能。例如，苏联国家集中管理的农业保险制度。②政府发挥引导作用，市场发挥基础性作用的农业保险制度。同时，地方政府特别是农业部门参与农业保险

① 奥尔森（M. Olson）的集体行动的逻辑理论告诉我们"有限理性的、寻求自我利益的个人不会采取行动以实现他们共同或集团的利益"。

服务体系，这是我国各农业保险模式共同之处，如乡镇畜牧部门参与能繁母猪预防疾病、打耳标和核保核赔；③政府仅作为立法者与监督者，主要通过市场来进行间接管理的农业保险制度。

由于我国当前农作物保险费率厘定缺乏科学性和严谨性，农作物保险的保障水平不高。农户若要获得较高水平的风险保障就需缴纳更多的保费，进而大多数农户不愿投保农作物保险。如果农户对农作物保险的参保率达不到保险公司的最低要求，保险公司就会拒绝提供相应的保险产品，形成农业保险的有效需求与供给的缺失，造成一种社会福利损失。目前解决农作物保险供需不平衡问题主要存在两种方案：一是通过实行保费补贴或税收优惠；二是通过强制保险来实现。当前我国政策性农业保险的财政补贴是针对保费进行一定比例补贴。而刘京生（2003）提出，国家财政不应对保险费进行直接补贴，而应补贴经营主体的亏损。对于农作物保险的投保是采取自愿保险还是强制保险的形式，学术界存在很大的争议。庹国柱等（2010）认为农业保险应当采取强制保险形式。因为农户的保险意识差，相较于自愿保险，强制保险具有保证参保率、有效防止逆向选择、避免道德风险和解决交易成本过高等优点。刘京生（2000）则认为应当采取自愿保险形式。因为当前我国关于农业保险的法律法规及监管还不健全，实施强制保险与《保险法》规定的自愿投保原则相悖。孙香玉和钟甫宁（2009）通过对不同农业保险参与方式的实证研究，提出政府在财政资金有限的情况下可以采取对农户进行部分补助的强制保险方式来提高农业保险的参保率，但要兼顾强制保险所带来的成本。

2. 政策性农业保险的福利经济学分析

政策性农业保险是农业保障体系中的一个重要组成部分，也是许多发达国家采用的重要的非价格农业保护工具（邢鹏，2004）。政策性农业保险是一种准公共品，具有成本和收益的外部性，没有买保险的人常常可以"搭便车"，农业保险的消费具有显著的正外部性。农业保险的受益人不仅是购买了农业保险的农户，还包括广大的农产品消费者，农户购买农业保险的收益以间接的渠道渗透到整个社会，投保农户享受到生产、生活和收入稳定的好处，其他人则免费享受到投保活动带来的农业稳定、农产品价格低廉、国民经济稳定等好处。农户购买农业保险获得的效用小于其消费活动创造的社会整体效用。农业保险的私人边际收益低于社会边际收益，农户对农业保险的需求小于社会合意的需求，造成农业保险需求不足（李艳，2006）。而且由于逆向选择、道德风险及巨灾风险造成了农业保险的成本过高，破产风险过高，导致农民有效需求不足，保险公司有效供给不足（双不足），存在市场失灵。因而农业保险资源难以完全由市场配置，即难以完全市场化运行，很多国家不得不通过保费补贴或者补助经营费用的方式干预农业保险市场。

从西方经济学理论看，在一般情况下补贴政策往往会带来社会福利的无谓损失，即产生"哈伯格三角"问题。如果农业保险的政策性补贴也会带来社会福利净损失，那么政策性农业保险必然会因为制度效率[①]损失而遭受质疑和批评，政策性农业保险制度的财政补贴政策也会被进一步修正或废止。目前，部分学者（冯文丽，2004；陈璐，2004；庹国柱和朱俊生，2004；费友海，2005）从福利经济学理论视角分析了农业保险，认为农业保险会带来农产品产量的增加，从而使整个社会福利增加。孙香玉和钟甫宁（2009）引用了 2007 年美国农业法案报告研究内容，认为农业保险对生产和产量的影响一直都没有得到明确的结论（Glauber，2007）。笔者认为如果政策性农业保险制度建立"灾前预防—损失补偿—促进灾后恢复农业生产—推动农业现代化"四位一体的农业保险功能模式后，会减少农业灾害对农业产量的不利影响，提高农业平均产量，从而提升整个社会福利，如内蒙古农业保险灾前预防机制等。

1）水稻产量保险财政补贴分析

在现实生活中政策性农业保险保费标准确定，费率高低与农户投保的面积无关，与实际投保农户的数量也无关。由于保险是按照"大数法则"来经营，如果没有一定投保量，则保险公司会退出市场，即需要一个该地区最低投保率。按照孙香玉和钟甫宁（2009）、钱振伟（2013）的估计，水稻产量保险的产品供给处于一个很宽的规模报酬不变阶段，因而其供给曲线呈水平状态，其高度取决于最低平均总成本。由于最低参保率的要求，这条水平的供给曲线并不与纵轴相交，其起点与纵轴的距离取决于要求的最低参保率。在供给曲线呈水平状态的情况下，短期内社会福利的变化完全取决于需求的变化，具体见图 2。长期的情况下同时取决于供给曲线的上下移动（孙香玉和钟甫宁，2009）。

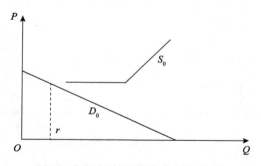

图 2　常规福利经济学分析框架图

我国农民虽然对水稻产量保险有需求（如云南文山州鸡街乡中寨村村民对提高保障愿望非常强烈），但由于高风险、逆选择、高费率导致农业保险的费率较

[①] 张五常认为，制度效率损失的本质就是社会福利的损失，但可以通过改变制度部分属性或形式来控制效率损失，提高制度效率。

高，同时由于收入水平低、支付能力有限，这种需求也只能是潜在需求而无法转变为现实有效的需求。如果它完全由市场供求双方的力量博弈决定，那么由于水稻产量保险有效供给不足，则水稻产量保险的供给曲线和需求曲线是不可能相交的，使得愿意购买水稻产量保险的农户无法参保，市场需求表现为潜在的需求曲线，消费者剩余为零，保险公司剩余为零，社会福利为零。

如果政府对水稻产量保险实行价格补贴，保费降低导致供给曲线下移并与需求曲线相交，此时消费者剩余增加，如果其数量大于政府补贴的总成本，补贴就带来福利的净增加；如果增加的消费者剩余小于政府补贴数量，就会有社会福利的净损失，但其数量将小于没有潜在福利时的情况（孙香玉和钟甫宁，2008）。

图 3 中的需求曲线 D_0、供给曲线 S_0 相交于 A 点，市场价格为 P_0，则 $\triangle CAP_0$ 面积为消费者剩余，这是潜在的消费者剩余（虚线表示）。当给予财政补助后，供给曲线向下平移。需求曲线 D_0、供给曲线 S_1 相交于 B 点，市场价格为 P_1，则 $\triangle CBP_1$ 面积为消费者剩余，其中潜在的消费者剩余实现了，面积为 $\triangle CAP_0$。价格差为 $P_0 - P_1$。政府付出的成本为四边形 P_0P_1BE 的面积，其中四边形 P_0P_1BA 的面积转化成消费者剩余，福利损失为 $\triangle ABE$ 的面积。如果消费者实现的潜在福利（$\triangle CAP_0$ 的面积）大于政府补助后的社会福利损失（$\triangle ABE$ 的面积），政府对水稻产量保险的财政补贴政策就有制度效率，增加了社会福利。因为如果不实行政策性农业保险，不对保费进行补贴，则这部分福利（$\triangle CAP_0$ 的面积）是无法转化为实际的，实际上是社会福利的潜在损失，而保险补贴能实现这部分潜在福利。

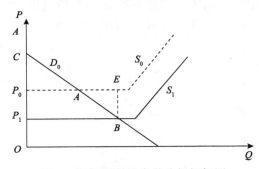

图 3　常规福利经济学分析框架图

2）政策性农业保险的效用分析

假设农民是风险规避的，可以通过分散风险而提高效用水平。并假设农民购买水稻产量保险不会对生产方式等造成影响。农民只是利用水稻产量保险这种分散风险的财务转移机制，利用水稻产量保险可以提高自身的效用水平，进而提高自身的福利水平。

$E(g)$ 是不确定收入 w_1 和 w_2 的期望收入。确定性等价物 CE 是完全确定的一个收入，它的效用是不确定收入 w_1 和 w_2 的期望效用，$U(\text{CE}) = p \cdot u(w_1) + (1-p)u(w_2)$。农民为了得到确定性的效用，这种效用等于不确定收入 w_1 和 w_2 的期望效用，宁愿通过购买保险（付出一定代价），即风险升水：$P = E(g) - \text{CE}$。具体见图 4。当费率小于风险升水时，农民得到的确定性福利水平一定高于不确定性时候的福利水平。

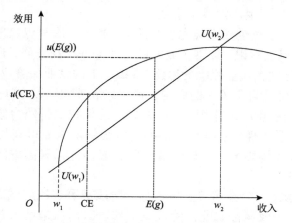

图 4　农民福利效用分析框架图

如果（边际）费率高于风险升水 P，得到的边际效用小于保费边际福利损失，此时农民将不会继续通过购买水稻产量保险的方式进行风险分散，这是因为即使分散了风险，也无法提高其效用水平，反而导致福利损耗。当国家给予水稻产量保险保费补贴时，农民则有可能会继续采用水稻产量保险分散风险的方式，其效用水平也能得到相应提高，整个社会福利得到提升。边际财政补贴额度应该等于财政补贴导致的边际社会福利增加值。此时，水稻产量保险资源配置达到帕累托改进的条件。

二、云南水稻灾害特点及其保险发展现状

（一）云南水稻保险制度变迁

云南省的水稻种植保险业务发展大致经历了三个阶段，即 1980～2006 年纯商业性水稻保险恢复—萎缩—政策性水稻保险萌芽阶段、2007～2011 年人保财险云南分公司独家承保政策性水稻种植保险阶段、2012 年至今共保体承保政策性水稻种植保险阶段。

1. 商业性水稻保险恢复—萎缩—政策性水稻保险萌芽阶段（1980～2006年）

云南省自 1980 年开始办理农险业务，当时国内刚恢复保险业务，全省境内

只有人保财险云南分公司一家财险公司，公司以摸着石头过河的思想积极试办农险业务，期间开办的险种中包含水稻保险在内，该保险属纯商业险业务，保费均由种植户或种植场（单位）缴纳。商业性水稻种植保险在一定程度上为广大水稻生产者转移了经营风险，极大地提高了其发展水稻生产的积极性，对因灾害遭受损失的种植户迅速恢复生产发挥了重要作用。

业务拓展方面，通过创建保险先进县活动，扩大了农村保险覆盖面和保险服务领域，提高了农村保险意识，促进了农村保险业务的广泛开展，形成了独树一帜的云南模式，即遵循建立大农业保险的思路，县级以下的农业保险业务按照分立账户、独立核算、自主经营、自负盈亏的原则，走"以农养农、以丰补歉"的道路。

然而，由于云南经济基础薄弱，广大农户的保费支付能力较低，加上农村保险意识淡薄，难以形成规模性承保，试办的水稻保险未能得到长期运营。1993 年之后的十年，受大环境影响，全国农业保险大多停办，云南省的水稻种植保险也基本处于停办状态。

2004 年，中国保监会按照"总体规划、阶段部署、抓好试点、逐步推进"的工作方针，正式启动政策性农业保险试点工作。云南虽未纳入首批种、养业保险试点省份，但此时已积极着手准备相关政策性农险的工作，水稻种植保险得到一定程度上的回暖。

2. 人保财险独家承保政策性水稻种植保险阶段（2007～2011 年）

2007 年 8 月，中央和国务院出台了实施政策性农业保险的相关政策措施，政策性能繁母猪养殖保险的开展标志着中央政策性农业保险这一惠农举措正式在各地区开始施行，拉开了政府进一步支持农业生产的序幕，云南省的水稻保险也进入了一个新的发展阶段。

按国务院和中国保监会的统一部署，人保财险在全国范围内独家承办各类政策性农业保险业务。2007～2011 年，人保财险在云南开办的政策性水稻种植保险得到了长足的发展，水稻承保面积从 2006 年年末的 0 亩发展到 2011 年年末的 350 万亩。

在运营模式上，采取中央、省财政、农业部门每年下达政策性水稻保险保费补贴的区域、承保计划面积、保险金额、保险费及各级财政补贴额度、农户自交额度，明确资金划拨方式，由人保财险云南各级机构协调当地财政、农业部门具体办理承保与理赔手续。总体上采取"各级政府+保险公司+农户（场）"的方式进行运营，在实际操作过程中，严格按照人保财险总公司提出的"四到户、两公开"的要求，做到"承保收费到户、保险凭证发放到户、损失确定到户和赔款支付到户"，以及"承保信息公开和理赔结果公开"，确保中央和各级政府的支农惠农政策落实到位。

3. 共保体承保政策性水稻种植保险阶段（2012 年至今）

2012 年，云南省政府下发了《云南省 2012—2013 年政府集中采购目录及限额标准的通知》，文件明确指出将财政资金支付的政策性保险纳入招标采购项目，2012～2015 年省财政厅、农业厅委托安诺保险经纪公司组织全省政策性农险业务的招标工作，水稻种植保险这一政策性农险业务被包含在内。招标结果是由人保财险、太保财险、国寿财险、阳光财险、大地财险、平安财险和华泰财险共七家财险公司组成的共保体承保该项业务。其中，人保财险作为主承保人，占70%的份额，代表整个共保体承担水稻种植保险的出单、保费划转、赔款理算、赔款支付等工作。其他六家的承保份额依次为 15%、6%、5%、2%、1%、1%，拥有分享相应份额保费的权利及负有相应赔款分摊等义务。各共保体按照水稻种植保险保费收入的 10%作为经纪费支付给安诺保险经纪公司[①]。以共保体形式经营政策性水稻种植保险的各部门职责划分见表1。

表 1　政策性水稻保险经营涉及部门的职责划分

部门	职责
财政部门	（1）与农业厅联合编制，下达年度水稻种植保险方案 （2）编制水稻种植保险各级财政的资金预算 （3）组织各级财政资金的划拨工作
农业部门	（1）与财政厅联合编制，下达年度水稻种植保险方案 （2）组织编制水稻种植保险的承保计划数 （3）县级以下农业部门协助配合人保财险开展水稻种植保险的宣传与启动 （4）协助人保财险编制农户清单，收取农户保费
安诺保险经纪公司	（1）受省政府财政厅、农业厅委托对云南省 2012～2015 年政策性水稻种植保险项目提供保险服务的共保联合体保险公司进行公开招标 （2）对水稻的投保情况和经营单位及个人承担保费的情况进行审核，审核无误后向县级农业部门发送水稻保险的保费支付通知单 （3）编制资金支付用款计划并报县级财政部门，经县级财政部门审核无误后，通过县级专户将各级财政承担的保费补贴资金直接划转到人保财险云南分公司的账户
人保财险 （主承保公司）	（1）承担保险承保、出单等工作 （2）承担宣传、发动、收取农户保费、与财政部门保费划转等工作 （3）承担受灾农户的查勘、定损、理赔理算及理赔支付等工作 （4）协助政府各职能部门做好防灾防损等工作
太保财险、国寿财险、阳光财险、大地财险、平安财险和华泰财险	负有相应份额赔款和费用分摊

---

① 2013 年 8 月 15 日中国保监会下发了《中国保监会关于进一步加强农业保险业务监管规范农业保险市场秩序的紧急通知》（保监发〔2013〕68 号），文件规定严禁从享受中央财政保费补贴的农业保险保费中提取手续费或佣金。自文件下发传达至云南后已停止了该项费用的支付。

（二）云南水稻种植的区域性灾害风险特点

云南是一个各种自然灾害多发的省份，常见的主要气象灾害有干旱、冰雹、洪涝和泥石流。复杂的地理环境和地形地貌使得云南省各州市面临的主要气象存在一定的差异。

1. 干旱

干旱指土壤在长期少雨甚至无雨天气下产生的水分不足，农作物水分平衡遭受破坏导致减产的气象灾害。干旱是影响云南省农业生产最严重的气象灾害，发生时间主要是每年的冬春及初夏时节。2012 年 3～5 月，云南省平均降水量仅 134 毫米，较常年同期偏少 30%[①]。仅 2012 年的干旱就导致 876 万人受灾，有 494 万人有不同程度的饮水困难，农作物受灾面积达 1251 万亩，全省因旱造成直接经济损失超过 61 亿元[②]。云南省干旱灾害具有发生频率高、时间长、范围广、危害大的特点。除了小范围的西南部、南部、东北部及西部边境地区由于降雨比较丰富，干旱出现较少外，其他大部分地区干旱现象均比较普遍。尤其是北部金沙江流域、滇中地区和东部岩溶地区。干旱灾害在云南空间分布情况见图 5。

Ⅰ 轻旱　　Ⅱ 中旱　　Ⅲ 重旱

图 5　云南省干旱灾害空间分布图[③]

---

① 《〈2012 年云南省气象灾害年报〉发布干旱影响最重》，http://politics.gmw.cn/2013-02/20/content_6755675.htm [2013-02-20]。
② 《云南干旱致 876 万人受灾，494 万人不同程度饮水困难》，http://www.chinadaily.com.cn/hqgj/jryw/2012-03-21/content_5479524.htm [2012-03-21]。
③ 云南省干旱、冰雹和洪涝的空间分布图依据解明恩等的《云南气象灾害的时空分布规律》一文（《自然灾害学报》2004 年第 5 期）作图。

2. 冰雹

《气象词典》对冰雹的定义是：在积雨云中因强对流天气系统形成的直径在 5 毫米以上的固态降水物。冰雹灾害的特点是发生局地性强、季节性明显、持续时间短和阵势强烈，以机械式打砸和冰冻对农作物造成物理伤害，从而导致农作物减产，甚至绝收。云南的地形地貌形成的山地气候极易引发冰雹，一年四季均有发生。地域上以昭通、曲靖、文山的中部和南部、红河的南部、普洱的南部、丽江、保山、迪庆中北部、临沧的中西部、玉溪的江川、西双版纳的景洪等地最为严重。冰雹灾害在云南空间分布情况见图6。

Ⅰ 微冰雹区　Ⅱ 轻冰雹区　Ⅲ 多冰雹区　Ⅳ 重冰雹区

图6　云南省冰雹灾害空间分布图

3. 洪涝

洪涝灾害指因大雨、暴雨或持续降雨淹没低洼地带，形成大量积水、渍水的现象。根据直接致害主体的不同，将水灾区分为洪灾和涝灾。二者的区别是涝灾因本地降水过多而造成，洪灾是因客水入境造成，即由江河湖库等水位猛涨、堤坝漫溢或者溃决导致的。云南94%的面积为山地，地势较高，不利于河谷盆地低洼地区对短时暴雨形成积水的排出，进而演化为洪涝灾害。云南的洪涝灾害呈现出普遍性、季节性、区域性和交替性的特点。普遍性体现在云南洪涝分布面广，季节性体现在发生时间主要是每年夏季6～8月和秋季9～10月，区域性体现为洪涝灾害主要分布在东北部、东南部、西南部和南部地区，但真正成灾的区域很小，一个州（市）出现洪涝灾害有时只是一个县，甚至一个乡（镇）。洪涝灾害在云南空间分布情况见图 7。交替性体现为旱、涝灾害交替现象比较明显，往往发生先旱后涝或者先涝后旱的情况。

Ⅰ轻洪涝区　Ⅱ中等洪涝区　Ⅲ重洪涝区

图 7　云南省洪涝灾害空间分布图

4. 泥石流

泥石流是山区特有的一种自然灾害，是由暴雨、冰雪融化等强降水因素引发大量泥沙、石块和水的混合物沿沟道或坡面流动的现象。泥石流大多数是伴随山区洪水而发生的，云南地形多属山地，一旦发生洪涝灾害极易引发泥石流灾害，掩埋位于河谷盆地及山脚的农田，对农业生产构成严重威胁。云南省泥石流灾害的时空分布与洪涝灾害基本一致，发生于每年夏季 6～8 月和秋季 9～10 月，主要分布在东南部、东北部、南部和西南部地区。

根据云南不同的气候特征，水稻种植呈现出区域性灾害特点，大致分为以下五类：一是以西双版纳景洪、元江、德宏、红河河口等地区为代表的热带、地热河谷三季水稻种植，这些地区的热量条件充足，结实率高。但是水稻生育期较短，从而有效穗和穗粒数少。二是玉溪新平、红河弥勒、石屏、蒙自、开远等滇东南单季水稻种植地区，这些地区水稻产量高，但因春季升温慢，水稻种植易受"倒春寒"天气侵袭。三是普洱、西双版纳勐海等滇南种植双季水稻，这些地区日照偏少，存在降水量多、病虫害严重、水稻结实率低的特点。四是怒江、盐津、绥江等滇北部河谷地带种植单季水稻，这些地区水稻种植总面积小，地域分布零散，气候呈现春季升温迟，但升温速度快，秋季降温早，属于典型的大陆性气候。五是楚雄、曲靖等滇中地区种植水稻，降水量偏少，易发干旱灾害。

（三）目前云南水稻保险发展现状及存在的问题

1. 云南水稻产量保险制度宏观背景

目前我国经济发展进入新常态，国内农业生产成本快速攀升，大宗农产品价格普遍高于国际市场，如何在"双重挤压"下创新农业支持保护政策、提高农业竞争力，是必须面对的一个重大考验。近年来，我国农业发展的新常态不断催生农业保险的创新机遇。近两年连续在中央一号文件中提及的目标价格保险就是如此。2014 年中央一号文件明确指出"不断提高稻谷、小麦、玉米三大粮食品种保险的覆盖面和风险保障水平"，2015 年中央一号文件明确指出"加大中央、省级财政对主要粮食作物保险的保费补贴力度"，这些表述意在保障主要粮食作物生产，聚焦我国粮食安全。自 2014 年我国目标价格保险在山东、湖南等 18 个省份启动试点，主要覆盖蔬菜价格、生猪价格等。2015 年，目标价格保险的覆盖范围将进一步扩大到大宗农产品等。

自 2007 年实施中央财政农业保险保费补贴政策以来，云南补贴品种逐年增加、覆盖地区逐年扩大，到目前保险品种已发展到 20 个，保障区域涵盖全省 16 个州（市）129 个县（市、区），保费规模在西部省份排第四位，在全国排第十位。截至 2013 年，云南省农业保险保费规模突破 10 亿元，同比增长高达 44.55%，成为财产保险市场仅次于车险的第二大险种。从云南省"三农"保险总体来看，发展中仍存在一些问题：农民承担风险和抵御风险的能力较低，保险意识薄弱，参保积极性不高，因灾致贫、因病返贫突出，相关保险产品不能有效满足农业发展的市场需求。长期以来，稻谷发展在云南尤为重要，相关资料显示，云南省水稻种植面积达到 1564.6 万亩，居全国第 11 位，但目前普遍反映政策性水稻保险保障金额偏低，农户参加保险的热情递减。云南是自然灾害频发的省份之一，暴雨、干旱等自然灾害多发，因此水稻产量保险对于种稻而言具有更重要的意义。开展水稻产量保险研究，推动在云南省的实施开展，并作为政策性水稻保险的补充保障，极大提高了保险保障水平，较好解决了目前政策性水稻保险保障不足的问题。

研究并推广云南水稻产量保险，提高水稻保险的保险金和保费补贴，正是贯彻党的十八届三中全会、中央农村工作会议、省委九届七次全会、省委农村工作会议精神，深化"三农"金融服务改革创新工作，响应中央一号文件的重要举措，有助于保持粮食价格稳定及助力宏观经济调控，服务农村经济社会发展方式转变，促进农民增收，维护边疆民族地区社会稳定，保障云南粮食安全，因此具有重要的现实性和政策指导意义。

2. 云南水稻保险发展情况

1）云南省目前采用的水稻种植保险条款的主要内容

一是保险金额。目前云南省政策性水稻种植保险的保险金额为每亩 260 元。依据的是保险水稻生长期内所发生的一切物化成本，即购买种子、农药化肥、地膜、灌溉等生产要素的成本投入，不含人力成本。

二是保险期间。保险水稻秧苗移栽至田间成活或者种植齐苗后开始，到成熟收割为止。

三是保险责任。保险责任只承担发生在保险期间内的责任事故，对于保险期限外的责任事故不予承担。事故风险必须是直接导致保险水稻发生损失的纯粹性可保风险，如暴雨、洪涝、干旱和霜冻等。为了控制经营风险和降低业务管理成本，合同还设定责任事故只有造成一定程度的损失才可以得到赔偿。风险事故不同，所需达到的损失程度也不同：由暴雨、洪涝、风灾、冰雹和霜冻灾害造成的损失，损失在 20%以上；由干旱和病虫害造成的损失，损失在 30%以上。

四是赔偿处理。保险水稻一旦在保险期间发生保险责任范围内的损失，保险人就必须给付相应的保险金，赔偿金额的计算公式如下：

赔偿金额=不同生长期的最高赔偿标准×受损面积×损失率×（1-绝对免赔率）

生长期不同，每亩保险水稻的最高赔偿金额也不同。具体标准如表 2 所示。

表 2　水稻不同生长期的最高赔偿标准[①]

生长期	每亩最高赔偿标准
移栽成活—分蘖期	每亩保险金额×40%
拔节期—抽穗期	每亩保险金额×70%
扬花灌浆—成熟期	每亩保险金额×100%

2）云南省水稻种植保险的经营状况

A. 云南省政策性水稻种植保险运作模式

一项完整的政策性水稻种植保险运营的具体流程是年初省财政厅根据各地的农业保险需求及财政配套能力下达当年水稻种植保险的计划承保面积，虽然存在计划投保，但在实际中部分地区存在超计划投保现象也能获得相应的财政补贴。首先，由各县农业科学与技术局、畜牧站以村（乡、镇）为单位组织农户统一向当地人保财险县支公司进行水稻种植保险投保，一些规模性水稻种植存在个人或龙头单位自行投保，人保财险县支公司根据投保清单将农户信息、投保面积、投保险种等录入系统形成投保单提交市公司核保，再由省公司审核。真正的核保权由人保财险云南分公司农险部统一掌控，市级公司只是进行初步审核。投保单的流转等业务往来严格遵循由下至上是县—市（州）—省公司，由上至下是省—市（州）—县公司的程序。县级公司收到审核通过的投保单后，只要收取了农户自交部分的保费就可以出具保险单。同时，逐级向上提交打印该保单财政补贴款发票的申请。人保财险云南分公司收到申请，打印出发票将其送至安诺保险经纪公司，安诺保险经纪公司依据发票金额开出财政支付通知

---

① 引自人保财险水稻种植保险条款中赔偿处理的内容。

单，并将支付通知单与发票交至县支公司所在地的共保体协办公司（表3），协办公司在做好自有份额的业务统计后将发票及支付通知单交给人保财险县支公司，由县支公司找当地县财政要求划拨相应的财政补贴款。县财政局将财政补贴划拨至人保财险云南分公司银行账号，人保财险云南分公司对金额进行入账处理，并根据各家共保体份额给其划拨相应比例的保费。同样，一旦发生保险责任内的损失，报案流程与投保情况相似，赔款支付流程基本为保费收取流程的逆过程，此处不再进行多余阐述。政策性水稻种植保险经营模式的各个环节情况如图8所示。

表3　2012～2015年云南政策性农险共保体组成及服务区域

共保联合体	服务区域
人保财险云南分公司、太保财险云南分公司	玉溪、保山、丽江、西双版纳、大理
人保财险云南分公司、国寿财险云南分公司	楚雄、怒江、文山
人保财险云南分公司、阳光财险云南分公司	昆明、曲靖、红河
人保财险云南分公司、平安财险云南分公司	昭通、德宏
人保财险云南分公司、大地财险云南分公司	普洱、迪庆
人保财险云南分公司、华泰财险云南分公司	临沧

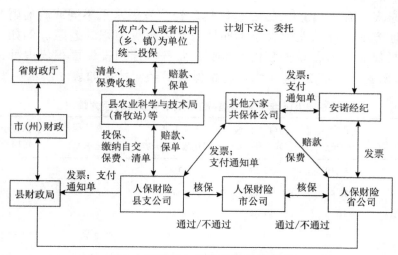

图8　云南省农业保险运营流程图

保费分摊方面，中央财政支付占40%，除去昆明地区农户无需自缴外（由昆明市财政局额外承担），其他15个市（州）的农户自缴占10%，剩余的50%由省、市（州）、县三级财政分摊。具体分摊比例见表4。

表4　云南省各州市水稻保费计划分摊比例情况　　　　单位：%

地区	中央	省级	州（市、县）	农户
昆明	40	10	40	10
玉溪	40	13	37	10
曲靖、楚雄、红河	40	15	35	10
大理	40	30	20	10
昭通、保山、普洱、文山、西双版纳、德宏、丽江、临沧	40	32	18	10
腾冲县①	40	40	10	10
怒江、迪庆	40	50	0	10

B. 云南省水稻种植保险的经营情况

2014年，云南省水稻种植保险实现保费收入9086.02万元，完成计划投保数的83.49%，保费收入同比下降4.10%，已决赔款1398.63万元，未决赔款1640.97万元，赔付率33.45%②。

从各州市水稻种植保险的经营情况来看，存在发展不平衡的现象。这主要是由于两方面的原因：一是地区气候条件、地理环境等因素的差异，这些因素对水稻种植的影响程度不同。例如，水稻保费收入最高的大理达1422.28万元，而最低的迪庆只有83.46万元。二是因地区经济发展水平不同或政府财政扶持力度不同，地方财政补贴能力大小不同导致计划投保面积的差距。例如，昆明和迪庆计划投保面积占种植面积的 100%，而普洱计划投保面积仅占种植面积的7.19%。云南省各州市2014年水稻种植保险的经营情况如表5所示。

表5　2014年云南省各州市水稻种植保险经营情况

地区	保费合计/万元	2014年计划完成率/%	保费收入同比增长率/%	计划面积变化率/%	计划投保面积占种植面积比重/%
昆明	754.40	82.37	-13.95	-0.06	100.00
曲靖	369.49	84.40	-11.66	-23.77	26.54
玉溪	291.39	83.02	70.75	100.00	60.30
昭通	246.42	55.42	40.41	52.00	54.29
楚雄	1121.38	79.87	7.58	8.27	98.77
红河	704.15	85.98	12.38	20.00	31.71

---

① 宣威市、镇雄县、腾冲县为省级直管辖县（市），计划数单独列出。

② 赔付率=（已决赔款+未决赔款）÷保费收入×100%。

续表

地区	保费合计/万元	2014 年计划完成率/%	保费收入同比增长率/%	计划面积变化率/%	计划投保面积占种植面积比重/%
楚雄	1121.38	79.87	−7.58	8.27	98.77
普洱	101.09	56.59	−25.94	30.86	7.19
西双版纳	169.70	58.02	−42.00	36.36	25.71
大理	1422.28	94.72	−5.28	−3.75	84.71
保山	897.06	88.47	3.41	18.18	50.76
德宏	1176.46	84.97	−15.03	0.00	74.19
丽江	416.53	98.94	14.23	15.45	88.30
怒江	90.21	57.83	−12.77	0.00	83.33
迪庆	83.46	103.38	7.00	3.50	100.00
临沧	682.50	100.00	−12.50	−12.50	50.07
云南省	9086.02	83.49	−4.10	6.79	51.41

注：简单赔付率＝（直接赔款金额÷保费金额）×100%

数据是从人保财险云南分公司经营数据整理而得

云南省水稻种植保险的可持续发展空间依然充足。对比图 9 和图 10 可以发现，各个州市水稻种植面积规模与保费收入规模不相符。随着地方经济的发展及水稻种植保险的认知度与认可度的提升，计划投保面积会不断扩大，从而使得计划投保面积与实际种植面积越来越接近，各地的水稻保险保费收入规模才会与水稻种植面积规模相符。

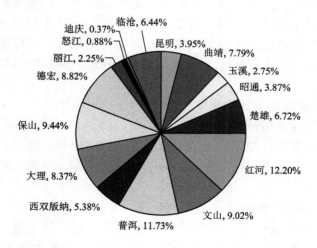

图 9　2014 年云南省各州市水稻种植规模比重

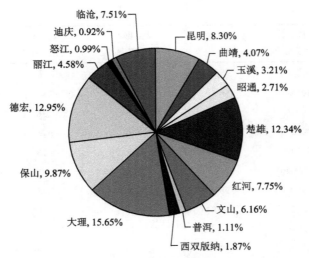

图 10　2014 年云南省各州市水稻保费规模比重

3. 存在的问题及成因分析

1）共保体联动运营机制不完善

2015 年作为首次以招标形式成立共保体来承办政策性农险的最后一个年头，运营期间仍暴露出一些问题。例如，共保体公司之间的沟通协作及省公司到县支公司的农险业务往来流转程序烦琐，运作效率不高。按照传统产业组织理论 SCP（结构—行为—绩效）理论，引入竞争主体较之前人保财险云南分公司独家承保更能提升农险市场绩效。但由于除人保财险云南分公司外，其余六家保险公司的乡镇基层服务体系建设滞后，不能从根本上提升云南农业保险的市场绩效。因此，第一，依托安诺保险经纪公司加强共保体之间的协调配合，更好地发挥其桥梁纽带作用；第二，加强与省财政厅、省农业厅、省保监局等部门的沟通，寻求政策扶持与协调。

2）水稻种植保险覆盖面较窄

虽然云南政策性水稻种植保险取得了一定的成绩，但依然发展不足，全省水稻种植保险的覆盖面还比较窄，未能形成全省整体性保险保障效应，特别是风险责任的承保方面，保险责任项目少、投保率低。2014 年，全省水稻的计划承保覆盖面仅为 51.41%。

3）各级财政部门对农险工作重视程度不一

现行的政策性保险计划下达模式和保费结算办法亟待完善，计划下达时间与农户的投保需求在农时节令上存在不衔接的情况，各级财政保险补贴资金划拨不及时，手续烦琐，与保险公司现行的经营管控要求存在矛盾。政府与企业之间需要做大量的沟通协调工作，降低了彼此的工作效率。此外，由于云南省属于少、边、穷地区,地方经济社会发展相对落后,各级政府财力有限,州(市)、县(市、区)政府财政对"三农"保险的投入不足,承受能力较弱,相当一部分县区对列入中央、省财政补贴范围的险种都无力配套资金,影响了保险保障职能的发挥。

4)部分地区"三到户"工作落实不到位

根据中国保监会监管要求,农业保险工作开展遵循"承保到户、凭证到户、理赔到户、赔款到户"的原则。为此,提供保险标的分户清单成为业务开展过程中的一项必不可少的工作。由于云南特殊的地质地貌特征,清单收集工作量大、烦琐、成本较高。同时受水稻播种时令的限定,财政承保计划下定的时间与播种时令不衔接,使得部分基层公司在提交水稻种植保险的投保单时无法提供相关的标的分户清单。如若核保通过,在没有分户清单的时候易导致出险之后的理赔难,不利于农险业务的开展;倘若核保不通过,农户对分摊生产风险的水稻种植保险需求又无法得到满足。

5)整体经营成本较高

云南农业生产模式以家庭承包的小户型为主,缺乏规模性种植水稻,加上地理环境的制约,人口与村落分布较为零散,使得水稻保险展业和查勘理赔的费用一直高居不下。例如,人保财险云南分公司的基层机构已经延伸至乡镇和村级,目前已在全省范围内建成 585 个农村营销服务部、756 个"三农"保险服务站、5611 个"三农"保险服务点,将水稻种植保险的基础服务触及农村一线,基本实现"机构网络到村、保险服务到户"。在建站布点基本到位的情况下,庞大的服务网络的日常运营成本也是巨大的。因此,工作重点由机构铺设向提高产能转化成为必然。

6)水稻生产巨灾风险分散机制欠缺

2013 年 12 月 8 日,财政部出台了《农业保险大灾风险准备金管理办法》(财金〔2013〕129 号),文件要求自 2014 年 1 月 1 日起,云南保险机构按种植业保险保费收入的 6%～8%、养殖业保险的 3%～4%、森林保险的 8%～10%计提农业大灾准备金。虽然财政部已下发相关巨灾分散的机制办法,保险经营机构也有相应的管理安排,但是保险公司经营"三农"保险不确定性仍较大,一旦出现大的自然灾害,极易出现经营亏损,影响公司的持续健康发展。例如,2012 年入夏时节,昭通市 7 个县(区)遭受稻飞虱侵害,造成 56 万余亩水稻不同程度受灾,占全市水稻种植面积的 26.33%。此次保险直接赔款只有几万元,水稻种植保险未能起到真正有效的经济补偿作用。长期如此,一方面造成农户对水稻种植保险的信赖度大大降低,不利于今后政策性水稻种植保险的开展;另一方面保险公司面临巨额的赔付压力,经营水稻种植保险业务的动力不足。

三、开展云南省水稻产量保险模式与实施路径

（一）国外经验借鉴与启示

1. 美国水稻产量保险

美国在国际稻米市场地位重要，其水稻生产具有大面积、高成本、高产量、高补贴、高出口的特点。水稻生产风险实行的是产量保险模式，主要包含在联邦作物保险（federal crop insurance）中，大约覆盖了 75%的水稻种植面积。保险公司为稻农提供两种农场产量保险：一是多重危害作物保险，补偿是基于农场实际种植历史水平平均数（APH）；二是基于县级范围产量的团体保险计划。第一种稻农可以选择其农场平均产量的 50%～85%的水平进行投保，种植历史主要有两种选择：一是灾荒风险（CAT），产量下降至正常水平 50%触发，赔付水平较低；二是全额（BUP），赔付高，保费高。约有 60%的水稻保险是 CAT 模式，政府补贴 60%左右。

除产量保险外，为了弥补 1996 年农业法案减少的补贴，先后设立了水稻收入保险（CRC）和收入担保（RA），前者是基于价格与产量预期的，应用较为广泛，若价格低于上季或收获时波动导致稻农收入下降到临界点以下，便予以补偿。后者是农民可在预期收入的 65%～75%范围内自由选择的险种。收入保险比例在 20%以下。

2. 日本水稻保险计划

日本于 1970 年推出一个稻米生产方案，旨在通过限制谷物种植来防止在消费水平下降的情况下，大米价格暴跌。该方案近期由于各种原因可能会造成潜在的廉价进口商品的大量涌入，而冲击本地水稻农民收入，故日本政府考虑废止此方案，预计在 2018 年结束，到时可能造成稻农收入的下降。日本水稻生产也具有高成本的特点，为了预防及降低负面影响，日本政府拨 3.21 亿日元（约合 330 万美元）用于研究对应的保险计划。

保险计划是基于收入变动的险种，大米价格暴跌导致农民收入下降时，保险赔付。具体措施将后续推出，包括扩大计划、涵盖水稻以外的其他农作物等。

3. 小结

美国和日本作为经济发达的水稻生产大国，都具有高成本的特点，美国水稻以出口为主，站在促进增收的角度，实行以产量保险为主的方式；而日本面临较为确定的价格冲击预期，站在维护农民收入的角度采取了收入保险方式。由此可见，不同模式侧重点不同，多种模式互相补充是目前国际上的主流趋势。

（二）云南开展水稻产量保险条件及市场需求情况调查

1. 农民需求旺盛，县级政府积极性高

根据对西畴县鸡街乡中寨村（相对较为贫困样本）的问卷结果得知，当地村民普遍认为现行保障水平（1.95元/亩自缴保费，260元/亩保险金）较低，降低损失作用不显著，而且村民能够接受的最高自缴保费高达10元/亩（即保费可以达到100元/亩）。可见这与供给方认为的"农户保险意识不强，保险需求不足"是不对应的，基层有需求，但是由于不了解、不清楚、不知道相关保险知识与产品，真实需求情况未能客观反映出来。从西畴县、广南县调研看，县级政府积极性非常高，均表示希望本县作为水稻产量保险试点地区。同时它们也表示，由于县级财政非常困难（自给率大约只有10%），希望县级财政不给予保费补贴，全部由中央财政或省级财政补贴。

2. 需求存在差异，保障需求层次不一

水稻品种不同，单产价格差别大，平均单产约400千克/亩，但产量波动范围较大，多至约800千克/亩，少至约200千克/亩。以广南八宝贡米为例，平均单产426.3千克/亩，55%的整精米率和每千克精米销售价16元，礼盒等包装成品价格30~95.5元/千克不等。产量保险最终落脚点是货币，以销售额为基础，市场需求层次不一，差别较大。实施水稻产量保险会大幅提升保障程度，根据实地入户调研考察结果发现，这是普遍具有需求的。然而这需要更高标准的人力、物力及财力支持，这将加大现行政策性农业保险实施过程中原本存在的困难与压力。如何平衡好这两个问题，是水稻产量保险落地实施发展的重要前提。

（三）云南开展水稻产量保险面临的主要障碍

1. 数据统计口径不一

水稻产量保险的费率厘定必须依靠历史产量来建模测算，产量数据的正确与否直接关系到水稻产量保险的保费高低，进而关系到水稻产量保险的实施效果的好坏。然而，当前产量的统计所得数主要有三个来源：云南农业厅、云南统计局和国家统计局云南调查总队。前者的统计数据是不对外公布的，后两者的数据虽然是对外公开的，但其统计的数据普遍比前者的统计数小很多，准确度不高。

2. 水稻优质品种播种少

从种植情况看，云南省的水稻种植品种大体分为两类：粳稻和籼稻。其中，粳稻集中种植在滇中地区，种植面积约为800万亩，占整个西南部粳稻种植面积的近50%；籼稻主要在滇西部一带种植，种植面积与粳稻近乎持平；紫米品种仅有少量种植。虽然近年来少数地区实施优质水稻杂交、选育、示范种植，并取得

了一定成果，但总体来说，受自然环境因素影响，云南省优质品种如八宝米的播种还是相对较少，只有 6019.36 万千克（2014 年）。

从产销情况看，云南省粮食缺口主要是大米。从需求情况看，云南省的大米消费主要是口粮，少量用作酿造。消费增长的原因，一是人口增加，二是随着城乡人民生活水平的提高，对细粮的需求增加，优质粮食的供求矛盾十分突出。种植高价值的优质米可以提升农户对风险的把控，促成产量保险的开展。

3. 水稻种植面积过于分散

云南山区纵横交错，呈现出繁杂的气候特征，水稻种植面积过于分散，并呈现出区域性灾害特点，大致分为以下五类：一是以西双版纳景洪、元江、德宏、红河河口等地区为代表的热带、地热河谷三季水稻种植；二是玉溪新平、红河弥勒、石屏、蒙自、开远等滇东南单季水稻种植；三是普洱、西双版纳勐海等滇南双季水稻种植；四是怒江、盐津、绥江等滇北部河谷地带单季水稻种植；五是楚雄、曲靖等滇中地区水稻种植。

4. 逆向选择和道德风险

广南县水稻主要面临病虫害与洪涝灾，其中，病虫害较为分散，符合保险大数法则。然而对水稻影响严重、损失程度较大的灾害是洪涝灾，其发生地区集中于低洼地区，如果以灾害为依据进行精算定价及承保归类划分，必然导致逆向选择情况的发生。如果保额提升得过高，将有较大概率发生道德风险。八宝米公司已在雇佣农户种植薪酬分配方式改变过程中出现过类似问题，如果农户个人的经济损失能得到一定程度的补偿，那么很有可能会采取不利于增加产量的行为，将无法推动农业生产发展。

5. 县级财政配套难

通过对文山州多县调研考察得知，大部分县级财政存在 90% 左右的收入支出缺口（西畴年财政收入 1.4 亿元，支出 14 亿元；广南年收入 3.78 亿元，支出 31 亿元），目前 18% 的财政补贴标准存在一定的压力，难以落实产量保险，提升保障水平需要更高的财政补贴比例。

（四）开展水稻产量保险模式

1. 多层次的保险保障模式

根据开题专家咨询会议中专家意见和在西畴县、文山县等地调研来看，云南水稻产量保险分为三个层次：第一层次是与现行水稻保险（保物化成本）相衔接。第二层次的保障对象多为一般个体种粮户，具体保险金额按照每亩产量 400 千克，每千克稻谷 2.7 元，为防止道德风险最高赔付 80% 来测算，即保险金 860 元/亩。

第三层次保障对象多为高价值优质稻米种植户。广南八宝米种植户估算八宝米每亩种植成本在 1500～1800 元，同时考虑道德风险、地方财政的保费补贴能力，第三层次保险金为 1500 元/亩，依然保物化成本为主（种植户对此非常满意，说可以使他们灾后立即回复再生产）。为了防范农户道德风险，提高农户种粮积极性，第三层次水稻保险限定为某一地域的某一高价值水稻，如广南八宝贡米、德宏遮放贡米等，具体见表 6。同时，商业性保险在跟进，为云南高原特色水稻产业化发展提供全方位、全流程、全产业链保障。

表 6　水稻产量保险三个层次

层级	险种细分说明	保险金额	保险标的	补充商业保险
第一层次	水稻产量保险（现行的水稻保险）	260 元/亩	一般水稻	无
第二层次	水稻产量保险	860 元/亩		
第三层次	（高价值）水稻产量保险	1500 元/亩 政策性保险为 860 元/亩 商业性保险为 640 元/亩	高价值水稻（限定为广南县八宝米、德宏州遮放贡米等）	保险公司与种粮企业具体协商，如粮食储存保险、粮食安全责任保险等

2. 各级政府财政补贴和赔付划分标准

按照简单易行和与原制度衔接的原则，并根据相关规定，水稻产量保险依然为中央政策性保险，中央财政保费补贴 40%，地方[省、州（市）、县]三级财政保费补贴 50%，个人缴纳保费 10%，并根据各州（市）经济发展情况不同，制定保费财政补贴比例。第三层次保险是在第二层次的政策性保险基础上，加上商业性保险。具体见表 7。

表 7　云南省各州（市）水稻保费计划分摊比例情况　　　　　单位：%

地区	中央	省级	州（市）、县	农户
昆明	40	10	40	10
玉溪	40	13	37	10
曲靖、楚雄、红河	40	15	35	10
大理	40	30	20	10
昭通、保山、普洱、文山、西双版纳、德宏、丽江、临沧	40	32	18	10
腾冲县、宣威市、镇雄县	40	40	10	10
怒江、迪庆	40	50	0	10

在赔偿处理方面，也与原来制度方案一致[①]。水稻发生保险责任范围内的损失，生长期不同，每亩的最高赔偿金额也不同，根据水稻的生长特点，将水稻生长期划分为移栽成活—分蘖期、拔节期—抽穗期、扬花灌浆—成熟期三个不同的生长期。约定每季每亩水稻基本险保险金额按照水稻生产周期赔付，其中，移栽成活—分蘖期最高赔偿 40%，拔节期—抽穗期最高赔偿 70%，扬花灌浆—成熟期最高赔偿 100%。

（五）云南五种水稻产量保险费率精算与评估

1. 云南省水稻区域生产风险的等级划分方法

关于风险概念的界定，一直存在两种观点：一种是强调风险表现为不确定性；另一种是强调风险表现为损失的不确定性。二者皆认为风险是不确定的，但是后者突出损失的不确定才是风险，对于盈利或者无盈利、无损失的不确定性不属于风险。本文对风险的理解属于广义风险范畴，即事件发生的不确定性，指实际结果偏离预期结果的程度。因此，对于水稻单产波动模型的拟合所采用的样本数据除了减产数据，还包含实际单产量高于或者等于趋势单产值的情况。

在已有理论研究里，一般采用定性方法和定量方法对生产风险进行划分。前者主要有主导指标法、套迭法和经验法等，一般是设定一些指标对不同地区或不同农业种类进行衡量，并依据指标进行生产风险划分。后者常见方法有聚类分析法和线性规则法等，主要运用数理统计方法，通过一定的数据方法处理和模型来划分不同的生产风险区域。本文结合主导指标法与聚类分析法两种方法对云南省水稻生产风险进行划分。

1）主导指标法

风险区域的划分的具体指标体系一般包括反映农作物灾害形成条件差异的指标、农作物灾害统计指标及农作物损失产量指标三类。对云南水稻种植进行生产风险划分时设计了五个主导指标：水稻单产量变异系数、水稻种植的专业化系数、水稻种植的效率指数、P（水稻单产量减产率大于 5% 的概率）和水稻受灾指数，共同构建水稻生产风险的区域划分指标体系。具体见表 8。

表 8　水稻生产风险的区域划分指标及其解释

指标	指标含义	指标类型
A1	水稻单产量变异系数	综合型指标
A2	水稻种植的专业化系数	各地区种植业生产规模指标

---

① 原来水稻保险（保险金 260 元/亩，保费 19.5 元/亩）产品开发是按照保"产量"来设计的，只不过由于 2007 年试点的时候，降低保险赔偿金，按照保物化成本制定保险赔偿金，其赔偿划分标准均比较科学。

指标	指标含义	指标类型
A3	水稻种植的效率指数	各地区种植业生产水平指标
A4	水稻单产量减产率大于5%的概率	各地区自然条件指标
A5	水稻受灾指数	各地区灾害统计指标

A. 水稻单产量变异系数

A1 为水稻单产量变异系数，是衡量水稻单位面积产量年际变动幅度的综合型指标。变异系数越小，说明水稻生产越稳定，其生产风险越小。其中，分析所需的水稻单产量数据要求平稳，对于非平稳的数据需要进行趋势化去除。

B. 水稻种植的专业化系数

A2 为水稻种植的专业化系数，反映一个地区水稻生产的规模和专业化程度。一般而言，水稻的种植规模越大，其生产风险也越大。专业化系数的计算公式如下：

$$RSI_i = \frac{RP_i / TP_i}{RP / TP} \tag{1}$$

其中，RSI_i 为 i 区的水稻种植的专业化系数，RP_i 为州市（县）i 区水稻的种植面积；TP_i 为州市（县）i 区所有农作物的种植面积；RP 为云南省水稻的种植面积；TP 为云南省所有农作物的种植面积。

$RSI_i > 1$ 表明与全省水稻种植平均专业化水平相比，i 区水稻的生产规模较大；反之，$RSI_i < 1$ 表明 i 区水稻的生产规模相对于全省平均水平较小。

C. 水稻种植的效率指数

A3 为水稻种植的效率指数，主要是从资源内涵生产力的角度反映水稻的生产风险程度。计算公式如下：

$$REI_i = \frac{AY_i}{AY} \tag{2}$$

其中，REI_i 为 i 区水稻种植的效率指数；AY_i 为州市（县）i 区水稻的平均单产；AY 为云南省水稻的平均单产。

一般而言，REI_i 值越大，表明生产优势越明显，同时生产风险也越大。$REI_i > 1$ 表明 i 区水稻的生产效率与全省水稻平均种植效率水平相比更具有优势；$REI_i < 1$ 表明 i 区州市水稻平均单产量与全省平均水平相比，其生产效率处于劣势。

D. 水稻单产减产率大于5%的概率

A4 为水稻单产减产率大于 5%的概率，是基于邓国等将单产减产率大于5%

的年份称为灾年（邓国等，2002）。从定义可以看出，该指标反映某一地区自然条件的优劣。计算公式如下：

$$P（水稻单产减产率＞5\%）=F（-0.05）\qquad（3）$$

其中，$F（\cdot）$ 为单产波动的分布函数。$P（水稻单产减产率＞5\%）$ 的值越大，说明该地区水稻也容易受灾，水稻的生产风险也越大。

采用随机单产波动模型评估水稻生产风险的步骤如下：第一，收集历年各州市水稻种植的单产数据。第二，检验各州市水稻单产数据的稳定性，如果单产数据是非平稳时间序列数据，则需要剔除趋势，进行平稳性转化。第三，拟合单产波动模型。在剔除趋势后，需要选择最优单产波动模型并估计参数得到最优模型。第四，根据已经得到的最优单产模型计算各州市水稻的单产风险。

a）数据处理

在对一组时间序列数据进行分析之前，必须对时间序列数据进行稳定性检验，即进行单位根检验。常见的单位根检验方法主要有两种：ADF 检验（augmented Dickey-Full test）和 Phillips-Perron（PP）检验。Dibooglu 和 Enders（1995）指出，较 ADF 检验而言，PP 检验具有残差假设较少，拒绝存在单位根原假设可信度更强的优点。因此，本文选择 PP 检验对云南省 16 个州市水稻的单产时间序列数据进行单位根检验。对于平稳序列数值可直接进行模型拟合，而对于非平稳序列需要进行趋势剔除转化为平稳序列。对于趋势值的确定，可以通过多种方法进行。例如，滑动平均值法、趋势线回归模型法等。趋势线回归模型法具有较大的主观性，而且不适合随机性时间序列。简单的滑动平均值法经过滑动平均后，会损失序列数据，使得样本变小，进而损失样本信息。本文采用的是滑动平均加权修正法。该方法是以一定的步长计算出滑动平均值，再将滑动平均值按照每个时期出现次数进行简单平均来模拟趋势产量，方法简单且不存在损失样本数据的情况。

假设 $Y_t^1, Y_t^2, Y_t^3, Y_t^4, \cdots, Y_t^{16}$ 分别表示云南省 16 个州市历年水稻种植的实际单产量数据，$t=1,2,\cdots,24$ 对应的时间点为 1989～2012 年。

水稻实际种植的单产数据可表示为

$$Y_t^i = y_t^i + w_t^i,\ i=1,2,3,\cdots,16 \qquad（4）$$

其中，y_t^i 为时间序列中的确定值，即趋势值；w_t^i 为随机波动值，即剔除趋势后的平稳时间序列数据。

对于趋势值 y_t^i 的确定，本文采取滑动平均加权修正法，具体表达式为

$$\overline{y_t^i} = \frac{1}{K} \sum_{t}^{K+t-1} Y_t^i \tag{5}$$

$$y_t^i = \frac{1}{Q} \sum_{t=1}^{Q} \overline{y_t^i} \tag{6}$$

其中，$\overline{y_t^i}$ 为简单滑动平均值；K 为滑动步长；Q 为每个时期在 $\overline{y_t^i}$ 中的累计次数。根据上面的式（5）和式（6），通过简单滑动平均后可以得出 $N-K+1$ 个 $\overline{y_t^i}$ 值（N 为样本容量）。每个 t 点均有 Q 个 $\overline{y_t^i}$ 值，Q 的大小与 N、K 有关。当 $K \leqslant N/2$ 时，$Q = 1,2,\cdots,K,\cdots,K,\cdots,2,1$。其中，连续为 K 的个数为 $N-2(K-1)$。

确定了趋势值之后就可以得到平稳的时间序列数据 w_t^i，表达式为

$$w_t^i = Y_t^i - y_t^i \tag{7}$$

虽然得到的 w_t^i 是一个平稳系列数据，但是具有量纲性，不具备可比性。张峭等认为采用相对随机波动（row stochastic value，RSV）系列可以有效地进行无量纲化处理并作为生产风险的代表，其计算表达式为

$$\mathrm{RSV}_t^i = \frac{w_t^i}{y_t^i}, \quad i = 1,2,3,\cdots,16 \tag{8}$$

b）单产波动模型的分布拟合

对单产随机波动模型进行选择前，可以根据柱状图或散点图对分布形式进行一个简单的推断，进而对所选分布采用 Chi-Squared 检验、KS 检验、AD 检验等方法来确定各个州市水稻单产波动模型的最优分布模型。对 RSV_t^i 系列值进行分布拟合，选择最优分布得到函数表达式 $f(x)$。

c）生产风险的评估

根据最优分布的概率密度函数 $f(x)$ 可以得到单产分布函数 $F(x)$，赋予 x 一定的数值就可以得到水稻发生损失 x 的概率。例如，赋予 $F(x)$ 函数表达式中 x 的值为 -0.05，就可以得到 $F(-0.05)$ 的值。

E. 水稻受灾指数

A5 为水稻受灾指数，是地区旱灾、冰雹及洪涝灾害发生频率及危害程度。主要依据云南各种灾害的区域划分及灾害等级来计算，计算公式如下：

$$\mathrm{CAI}_i = \frac{1}{n} \sum_{j}^{n} X_{ij} \tag{9}$$

其中，CAI_i 为 i 区的水稻受灾指数；X_{ij} 为州市（县）i 区的发生 j 灾害的风险等级；n 为主要灾害种类的总数。

CAI_i 值越大，表明水稻生产越容易遭受灾害，生产风险也越大。

2）聚类分析法

聚类分析法可以在没有先验知识的情况下，将一批样本数据按照各自性质上的亲疏程度进行自动分类。常见的聚类分析方法有层次聚类分析法和快速聚类分析法。聚类过程包括组内（间）联接法、最近（远）邻元素法、中位数聚类法和质心聚类法等。度量标准主要有欧式距离、欧式平方距离、余弦和皮尔森相关性等。

3）实证研究

本文收集了 1989～2012 年云南省各州市水稻种植的产量、播种面积、农作物产量和农作物播种面积等数据，数据来源于《云南统计年鉴》、中国种植业信息网、云南统计局网站、云南气象局网站和云南农业厅。

根据各地水稻种植面积、产量计算单产量数据。若以 1%为显著水平，那么根据表 9 的结果可以看出只有曲靖、保山和西双版纳的水稻单产序列数据的 P 值等于 1%，其他 13 个州市数据的 P 值均大于 1%。因此可以得出结论：曲靖、保山和西双版纳的水稻单产序列数据是平稳性的，其他 13 个州市的水稻单产序列数据是非平稳性的。

表 9　云南省各州市水稻单产数据的 PP 检验结果

地区	P 值	地区	P 值	地区	P 值	地区	P 值
昆明	0.4582	曲靖	0.01	玉溪	0.7804	保山	0.01
昭通	0.1577	丽江	0.0487	普洱	0.9234	临沧	0.1656
楚雄	0.0505	红河	0.7987	文山	0.4882	西双版纳	0.01
大理	0.0582	德宏	0.1445	怒江	0.1478	迪庆	0.1922

为了体现中长期的水稻产量趋势，本文采用步长 $K=10$。按照上述关于利用随机单产波动模型评估水稻生产风险的方法，首先对 13 组非平稳性数据进行趋势剔除处理，然后对 16 组平稳数据进行无量纲化处理，得到 16 组相对随机波动序列值，最后利用每组相对随机波动序列值进行模型拟合得到最优模型。通过 Easyfit 软件对序列值拟合，发现西双版纳、保山、大理、迪庆、普洱、文山、红河、临沧和曲靖服从 Gen Extreme Value 分布；楚雄、丽江和昆明服从 Dagum（4P）分布；昭通和德宏服从 Gumbel Min 分布；玉溪服从 Cauchy 分布；怒江服从正态分布。

依据各指标的计算方法可以得出云南省各州市风险指标值，见表 10。

表 10　云南省各州市风险指标值

地区	变异系数/%	SAI	EAI	F（−0.05）/%	CAI
昆明	7.29	0.73	1.20	32.56	2.00
曲靖	8.59	0.46	1.03	27.89	2.33
玉溪	4.69	0.76	1.19	11.39	2.30
保山	9.77	1.48	1.14	28.73	2.30
昭通	14.65	0.34	0.97	27.02	2.87
丽江	9.22	0.91	1.03	50.64	2.63
普洱	13.87	1.64	0.71	19.76	2.23
临沧	12.80	0.86	0.82	18.01	1.90
楚雄	12.47	1.40	1.18	41.18	2.00
红河	8.01	1.44	1.03	15.26	2.13
文山	13.16	0.75	0.97	21.59	2.50
西双版纳	12.57	2.93	0.87	35.58	1.83
大理	12.08	1.33	1.20	22.35	1.93
德宏	4.79	2.18	0.92	13.02	2.07
怒江	6.09	0.60	0.89	12.30	1.60
迪庆	12.54	0.42	0.59	29.25	2.20

选取欧式距离的平方作为指度量标，通过组间联接方法对样本数据进行层次聚类分析，采用 SPSS 软件分析得到聚类冰柱图，见图 11。由此可见，将云南省水稻生产风险可划分为五个类别，即风险最高区——西双版纳；风险较高区——昆明、曲靖、玉溪、文山、丽江、昭通；风险中等区——普洱、大理、楚雄、红河、保山；风险较低区——临沧、怒江、迪庆；风险最低区——德宏。

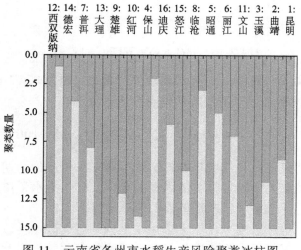

图 11　云南省各州市水稻生产风险聚类冰柱图

2. 云南省水稻产量保险费率的测算方法

保险费率由纯保险费率与附加保险费率两部分组成。纯保险费率是根据损失概率原理使保险公司的保费收入与其赔付支出相等时的保险费率。附加保险费率是保险机构经营业务所需的各项业务管理费、手续费、材料费等费用与保险金额的比率。

保险费率的厘定应遵循收支平衡的原理，一个合理的保险费率带来的效用应该等价于其承受的风险，因此水稻产量保险纯费率的厘定是以水稻生产风险分析为前提和基础的。对于水稻产量保险而言，不能期望任何一年的保费收支平衡，但是从长期来看是应该符合收支平衡原理的。

水稻产量保险纯费率的厘定方法主要有经验费率法和单产分布模型法两种。其中，经验费率法是根据单个农户或地区的历史水稻种植损失情况和自身经验，对当期水稻种植保险的纯费率进行估计的一种方法，该方法需要有大量的经验数据。然而，我国整个农业保险开展得较晚，没有足够多的历史数据，因此根据经验费率法来厘定纯费率可能得到一些不严谨的结论。而单产分布模型法是利用数理统计及概率论知识，拟合某地区某种水稻单产风险的分布函数，通过求得分布函数的期望值来厘定纯费率的方法。相比较而言，该方法理论严谨，其计算结果更为准确，近年来也得到了较为广泛的应用，因此本文也基于这种方法对云南省水稻产量保险的纯费率进行厘定。

本文主要采用水稻的单产风险来进行水稻产量保险纯保费率的厘定分析。某州市水稻产量保险的合理纯费率应该等于该州市水稻产量的期望损失百分比。设 x 为区域水稻的 RSV 序列值，水稻单产随机波动模型的分布函数为 $F(x)$，相应的概率密度函数为 $f(x)$，L 为在一定保障水平下水稻的损失值，水稻产量保险的保障水平为 Y_C，则有

$$x = \frac{Y_t^i - y_t^i}{y_t^i} \tag{10}$$

$$L = Y_C y_t^i - y_t^i(1+x) = y_t^i[Y_C - (1+x)] \tag{11}$$

其中，Y_t^i 为水稻实际产量值；y_t^i 为水稻趋势产量值。根据式（10）可知 x 的取值范围为 $[-1, Y_C - 1]$，则水稻产量保险的纯费率表达式为

$$r = E[Y_C - (1+x)] = \int_{-1}^{Y_C-1} [Y_C - (1+x)]f(x)\mathrm{d}x \times 100\% \tag{12}$$

从以上计算公式可知，纯保险费率 r 就等同于水稻产量的期望损失率，而水稻产量的期望损失率大小受两个关键因素的影响：一个是水稻单产分布模型的密度函数 $f(x)$；另一个是水稻产量保险的保障水平 Y_C。

由于农作物在生产过程中自然灾害往往呈现一定的区域性，区域产量作物承保标准还应考虑相邻区域农作物生产过程中风险的相关性，为此需要对存在偏差

的保险纯费率作出相应调整才能反映该区域纯粹的风险大小。本文借用加拿大 Manitoba 省农业保险产品根据相邻区域费率对某个特定区域的费率水平进行调整的做法，具体调整公式如下：

$$R_i = \frac{(N+1)RR_i + \sum_{j \neq i} RR_j}{2N+1} \qquad (13)$$

其中，i 为目标区域；j 为目标区域 i 相邻的区域；RR_i 和 RR_j 为调整前的纯费率；R_i 为调整后的纯费率；N 为与目标区域处于相邻区域的个数。

由上可知，西双版纳、保山、大理、迪庆、普洱、文山、红河、临沧和曲靖服从 Gen Extreme Value 分布；楚雄、丽江和昆明服从 Dagum（4P）分布；昭通和德宏服从 Gumbel Min 分布；玉溪服从 Cauchy 分布；怒江服从正态分布。为了防范道德风险和降低业务管理成本，沿用当前水稻种植保险的绝对免赔率为 20%，规定水稻产量保险的保障水平为 80%。根据纯费率计算公式，利用 Matlab 软件测量保障水平为 80% 的情况下（$Y_C=0.8$），即起赔线为 20% 的情况下，云南省各州市水稻产量保险的纯费率。

$$r = \int_{-1}^{-0.2} \left[Y_C - (1+x) \right] f(x) \mathrm{d}x \times 100\%$$
$$+ \int_{-1}^{-0.2} \left[Y_C - (1+x) \right] f(x) \mathrm{d}x \times 100\% \cdot \int_{-0.2}^{0} \left[Y_c - (1+x) \right] f(x) \mathrm{d}x \times 100\%$$
$$= \int_{-1}^{-0.2} \left[Y_C - (1+x) \right] f(x) \mathrm{d}x \times 100\% \cdot \left\{ 1 + \int_{-0.2}^{0} \left[Y_c - (1+x) \right] f(x) \mathrm{d}x \times 100\% \right\}$$

结果如图 12 所示。

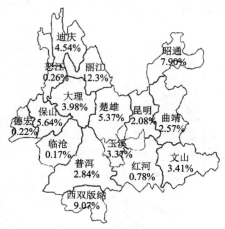

图 12　云南省各州市水稻产量保险调整前的纯费率

由于水稻种植生长的整个过程面临的灾害风险具有很强的系统性，相邻区域的水稻产量大小存在较强的依附性。单一地根据某个州市的水稻单产数据确定平均损失来计算相应的保险费率是不全面的。为了体现存在偏差区域水稻种植的系统性风险，需要依据式（13）对相邻区域的费率进行调整，最终得到含系统性风险的调整后费率。具体见图13。

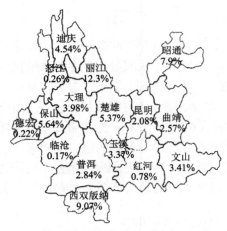

图 13　云南省各州市水稻产量保险调整后的纯费率

除了纯保险费率，保险费率还应包含附加保险费率，附加费率指一定时期内保险机构经营业务所需的各项业务管理费、手续费、材料费等费用开支与保险金额的百分比，一般按照纯费率的一定比例来确定。本文借用财产保险公司对附加费率的经验测算法，规定水稻产量保险的附加费率为纯费率的20%。根据保险费率等于纯保险费率加上附加保险费率的计算公式，得到云南省各州市水稻产量保险的费率。具体如图14所示。

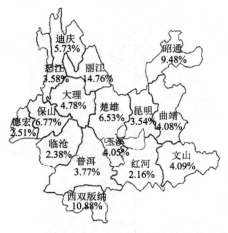

图 14　云南省各州市水稻产量保险的费率

通过测算结果可以发现，云南省各州市水稻产量保险的费率水平基本与生产风险区域划分保持相一致。风险等级越高，产量保险费率越高；反之亦成立。

3. 水稻产量保险模式测算结果与目前水稻保险的比较

根据公平性原则，以各州市水稻种植面积为权重，进行费率权数平均得到全省统一的费率。用公式表示为

$$R = \frac{\sum\limits_{i=1} R_i S_i}{\sum\limits_{i=1} S_i} , \quad i=1,2,3,4,\cdots,16 \qquad (14)$$

其中，R 为全省水稻产量保险费率；R_i 为调整后的纯费率；S_i 为各州市水稻种植面积。

为了方便比较水稻产量保险与当前水稻种植保险的情况，以 2014 年为例。由于 2014 年计划制订是依托 2013 年水稻种植面积，故权重中各州市水稻种植面积采用 2013 年统计数，从而得到：

$$R = \frac{3.54\% \times 2.86 + 4.08\% \times 5.64 + \cdots + 5.73\% \times 0.27}{72.37}$$
$$= 4.82\%$$

假设每亩水稻平均产量为 400 千克，每千克稻谷平均收购价格为 2.7 元，保障程度为 80%，得出每亩保险金额为 $400 \times 2.7 \times 80\% \approx 860$ 元，每亩保费 $860 \times 6\% = 51.6$ 元。

第一种情况：在 2014 年计划投保面积内保障水平为 80%，农户自担 10%保费的情况下，全部投保水稻产量保险与全部投保政策性水稻种植保险的财政补贴对比情况如表 11 所示。

表 11　水稻产量保险与水稻种植保险的对比（一）

	全部投第一层次保险	全部投第二层次保险	后者与前者比较
保险金额	260 元	860 元	3.31 倍
费率	7.5%	6%	下降 1.5 个百分点
保费	19.5 元	51.6 元	2.65 倍
各级财政资金计划补助	9 794.93 万元	19 338.71 万元	增加 9 543.78 万元
其中：中央财政	4 353.30 万元	8 594.98 万元	增加 4 241.68 万元
地方财政　省级财政	2 694.76 万元	5 320.43 万元	增加 2 625.67 万元
州市、县区财政	2 746.87 万元	5 423.30 万元	增加 2 676.43 万元

第二种情况：在 2014 年计划投保面积内保障水平为 80%，农户自担 10%保费的情况下，一半面积投保水稻产量保险、一半面积投保政策性水稻保险与全部投保政策性水稻种植保险的财政补贴对比情况如表 12 所示。

表 12　水稻产量保险与水稻种植保险的对比（二）

		全部政策性水稻种植保险	一半政策性水稻种植保险/一半水稻产量保险	后者与前者比较
	保险金额	260 元	260 元/860 元（等同于 560 元）	2.15 倍
	费率	7.5%	7.5%/6%（等同于 6.75%）	下降 0.75 个百分点
	保费	19.5 元	19.5 元/51.6 元（等同于 35.55 元）	1.82 倍
	各级财政资金计划补助	9 794.93 万元	14 566.82 万元	增加 4 771.89 万元
	其中：中央财政	4 353.30 万元	6 474.14 万元	增加 2 120.84 万元
地方财政	省级财政	2 694.76 万元	4 007.60 万元	增加 1 312.84 万元
	州市、县区财政	2 746.87 万元	4 085.08 万元	增加 1 338.21 万元

　　第三种情况：在 2014 年计划投保面积内保障水平为 80%，农户自担 10%保费的情况下，20%面积投保水稻产量保险、80%面积投保政策性水稻保险与全部投保政策性水稻种植保险的财政补贴对比情况如表 13 所示。

表 13　水稻产量保险与水稻种植保险的对比（三）

		全部政策性水稻种植保险	80%投保第一层次/20%投保第二层次	后者与前者比较
	保险金额	260 元	260 元/860 元（等同于 380 元）	1.46 倍
	费率	7.5%	7.5%/6%（等同于 7.2%）	下降 0.3 个百分点
	保费	19.5 元	19.5 元/51.6 元（等同于 25.92 元）	1.33 倍
	各级财政资金计划补助	9 794.93 万元	11 703.69 万元	增加 1 908.76 万元
	其中：中央财政	4 353.30 万元	5 201.64 万元	增加 848.34 万元
地方财政	省级财政	2 694.76 万元	3 219.90 万元	增加 525.14 万元
	州市、县区财政	2 746.87 万元	3 282.15 万元	增加 535.28 万元

4. 高价值水稻保险——以广南县水稻种植为例

　　广南县 2014 年种植水稻 22 万亩，产量 98 707 吨，其中优质稻 14.12 万亩，占总种植面积的 64.18%，产量 6019.36 万千克，占总产量的 60.98%，主要推广运用品种为云恢 290、广稻 2 号、滇屯 502、红优 6 号、文稻 1、2 号等优质稻品种，重点分布在八宝、莲城、旧莫、那洒、者兔五个乡镇。

　　根据上述结果，文山服从 Gen Extreme Value 分布：

$$f(x)=\frac{1}{0.06789}\exp\left\{-\left[1-1.0049\times\left(\frac{x+0.01379}{0.06789}\right)\right]^{\frac{1}{1.0049}}\right\}\times\left[1-1.0049\times\left(\frac{x+0.01379}{0.06789}\right)\right]^{-1+\frac{1}{1.0049}}$$

　　从八宝镇调研结果来看，高价值水稻种植的每亩成本在 1500 元以上。同理，在保障水平为 80%的情况下，上述研究得到文山的初步费率为 4.1%，进而得到高价值水稻保险的费率为

$$r = \left(\frac{1500}{0.8} \times 4.1\% \right) \div 1500 = 5.13\%$$

所以，对高价值水稻产量保险的费率建议为 5.13% 左右。

四、推进云南水稻产量保险的措施建议

（一）总体思路

发展云南水稻产量保险总体思路：认真贯彻党的十八届三中全会、中央农村工作会议、省委九届七次全会、省委农村工作会议精神，深化"三农"金融服务改革创新工作，贯彻并落实 2014 年和 2015 年中央一号文件"不断提高稻谷、小麦、玉米三大粮食品种保险的覆盖面和风险保障水平"和"加大中央、省级财政对主要粮食作物保险的保费补贴力度"的要求，以服务农村经济发展方式转变为目的，坚持以人为本的理念，以水稻龙头企业为抓手，着力做好：①注重顶层设计，制定全省统一的水稻产量保险制度，做好新旧制度衔接；②建立多层次水稻产量保险保障机制；③试点县市由分管农业副县长为组长，由气象部门、农业部门、财政部门、金融办及相关保险公司等部门领导组成"云南省政策性农业保险领导小组"，并以此为组织基础形成完善农业保险服务体系，不断提升服务能力，提升农业保险制度运行效率。

（二）遵循的基本原则

1. 先行先试，分阶段推进的原则

在条件成熟的地区现行开展试点，以点带面，点面结合。第一步，在制度模式设计完整、服务体系建设较为完善，以及其他各方面条件较为成熟的地区现行开展试点，不怕试错，大胆推进，积累经验教训；第二步，在项目跟踪考察的基础上反复修改、完善制度实施，并逐步扩大试点范围；第三步，进一步扩大实施范围，逐步在全省推广实施，最终实现全覆盖。

2. 政府引导，发挥基层政府部门积极性的原则

水稻产量保险属于准公共品，具有外部性，微观主体的有限理性和机会主义倾向会造成市场失灵，市场机制难以起到配置资源的作用，需要政府发挥配置的积极作用，因为此时政府配置资源成本更低和效率更高。当前，极端天气日益频繁，需要更高保障水平的保险制度，保障粮食安全，推动农业现代化，这就要求政府在水稻产量保险的研究、推广中发挥更为积极的作用，甚至在服务体系建设中发挥主导作用，以保证政策性农业保险到产量保险模式的转变。

3. 协同推进，市场跟进的原则

在政府引导的前提下，也要发挥市场配置资源优势。首先是第一、二层级中落地服务的保险公司在查勘、理赔上的具体服务；然后是第三层级中商业保险针

对云南特色农业发挥产品多样性及专业优势，逐步形成全方位、全流程、全产业链的综合保障模式，并在这些领域发挥主导作用。最终实现政府与市场两种资源配置制度在农业保险不同领域发挥各自主导的积极作用。

4. 自主自愿，引导种植户（农村合作社）积极参与

总体上坚持自主自愿原则。种植大户（农村合作社）是水稻产量保险中的重要组成部分，具有相当的成本、管理优势，所以重点引导种植大户（农村合作社）积极参与，有利于现行保障制度与产量保险制度由互相融合到平稳过渡的过程，降低制度成本；有利于提高精算定价的准确性，确保满足各种不同层次的需求；有利于政府与市场的协调互补，推动商业性保险参与、补充政策性保险；有利于加大对高原特色农业的支持，在长期带来相应的社会、经济效益。

（三）水稻产量保险制度方案

1. 政策依据

一是 2014 年中央一号文件明确指出"不断提高稻谷、小麦、玉米三大粮食品种保险的覆盖面和风险保障水平"。二是 2015 年中央一号文件明确指出"加大中央、省级财政对主要粮食作物保险的保费补贴力度"，这些表述意在保障主要粮食作物生产，聚焦我国粮食安全。三是 2014 年国务院出台《关于加快发展现代保险服务业的若干意见》（新"国十条"）（国发〔2014〕29 号），明确提出：积极发展农业保险。按照中央支持保大宗、保成本，地方支持保特色、保产量，有条件的保价格、保收入的原则，鼓励农民和各类新型农业经营主体自愿参保，扩大农业保险覆盖面，提高农业保险保障程度。四是云南省政府出台《关于进一步发挥保险功能作用促进经济社会发展的意见》（云政发〔2015〕23 号），明确指出：加快发展主要粮食作物、生猪、蔬菜和特色农产品目标价格保险、天气指数保险、产量保险、农产品质量保证保险等新型险种。

2. 保险金、保费、各级财政保费补贴

依据相关文件规定，水稻产量保险可以列为中央政策性保险，中央财政保费补贴 40%，地方[省、州（市）、县]三级财政保费补贴 50%，个人缴纳保费 10%。分为三个层次，分别如下。

第一层次：现行的水稻保险，保险金额 260 元/亩，保费 19.5 元/亩，费率 7.5%，农户自缴 1.95 元/亩。

第二层次：保险金额 860 元/亩，保费 51.6 元/亩，费率 6%，农户自缴 5.16 元/亩。

第三层次：保险金额 1500 元/亩，保费 82.5 元/亩，费率 5.5%，农户自缴 8.25 元/亩。保险标的限定具体水稻品种和种植地点，如文山州广南县的八宝米。具体见表 14 和表 15。

表14　多层次水稻产量保险方案

层次	险种分类说明	保险金额	费率	保费	中央财政补贴保费比例	地方财政补贴保费比例	农户自缴保费比例	保险标的范围	补充商业保险	赔付标准	起赔线
第一层次	水稻保险（现行的水稻保险）	260元/亩	7.5%	19.5元/亩	40%保费（7.8元/亩）	州、市、县三级财政补贴按照相关规定执行，具体见表15。（共补贴9.75元/亩）	10%保费（1.95元/亩）	一般水稻	保险公司与种粮企业、合作社、农户具体协商，如粮食储存保险、大米安全责任保险、稻谷收储保险、育秧保险、价格指数保险等	每季每亩水稻按照保险金额投活一期赔付。其中移栽成活一期最高赔偿40%，拔节期—抽穗期最高赔偿70%，扬花—灌浆期—成熟期最高赔偿100%	20%
第二层次	水稻产量保险（政策性保险）	860元/亩	6%	51.6元/亩	40%保费（20.64元/亩）	州、市、县三级财政补贴按照相关规定执行，具体见表15。（共补贴25.8元/亩）	10%保费（5.16元/亩）				
第三层次	（高价值）水稻产量保险（政策性+商业型保险）	1500元/亩	5.5%	82.5元/亩	40%保费（20.64元/亩）	州、市、县三级财政补贴按照相关规定执行，具体见表15。（共补贴25.8元/亩）	10%保费（5.16元/亩）	高价值水稻（限定为广南县八宝米、德安州遮放贡米等）			

剩余保费由粮食收购企业、合作社或农户自己缴纳，共计30.9元/亩

止病虫害，特别是与农户签订购买灭害协议的粮食企业专门安排农业科技人员到农户指导防

注：（1）费率精算说明：第二层次具有经济规模效应，第三层次和第三层次测算的费率会比较低。

（2）第三层次水稻保险说明：第三层次保险是在第二层次政策保险的基础上+商业性保险，商业性保险保险金额为1500-860=640元，保费由购粮企业或合作社补或成农户自己缴纳。政策性部分由各级财政补贴按照第二层次标准予于补助

表 15　云南省各州市水稻保费计划分摊比例情况　　　　　　　单位：%

地区	中央	省级	州（市）、县	农户
昆明	40	10	40	10
玉溪	40	13	37	10
曲靖、楚雄、红河	40	15	35	10
大理	40	30	20	10
昭通、保山、普洱、文山、西双版纳、德宏、丽江、临沧	40	32	18	10
腾冲县、宣威市、镇雄县	40	40	10	10
怒江、迪庆	40	50	0	10

3. 水稻不同生长阶段的赔偿标准和保险责任

在赔偿处理方面，水稻发生保险责任范围内的损失，生长期不同，每亩的最高赔偿金额也不同，根据水稻的生长特点，将水稻生长期划分为移栽成活—分蘖期、拔节期—抽穗期、扬花灌浆—成熟期三个不同的生长期。约定每季每亩水稻基本险保险金额按照水稻生产周期赔付，其中，移栽成活—分蘖期最高赔偿 40%，拔节期—抽穗期最高赔偿 70%，扬花灌浆—成熟期最高赔偿 100%。具体标准见表 16。

表 16　水稻不同生长期的最高赔偿标准

生长期	每亩最高赔偿标准
移栽成活—分蘖期	每亩保险金额 × 40%
拔节期—抽穗期	每亩保险金额 × 70%
扬花灌浆—成熟期	每亩保险金额 × 100%

水稻保险的责任有自然灾害及意外事故所致农产品的严重损失。自然灾害主要是暴雨、洪水（政府行蓄洪除外）、内涝、风灾、雹灾、冻灾、干旱、暴风、虫灾、地震等，意外事故主要是火灾及其他。自然灾害种类及级别以相关政府权威发布为准。

损失程度由各县农业保险领导小组协商决定。各县农业保险领导小组由分管农业的常务副县长、农业局、气象局、金融办、保险公司、保险行业协会等领导共同组成。损失率采用抽样法进行确认，损失率=单位面积平均植株损失数量÷

单位面积平均植株总数量，或者是损失率＝平均损失产量÷平均正常产量。

（四）工作重点

1. 选择试点地区

每个州市选择一到两个基础比较好的县区（包括财政自给率较好、水稻种植大县）作为第三层次水稻产量保险试点，如文山州的广南县、红河州的弥勒县、德宏州遮放镇等地。

2. 选择若干保险公司分别在不同试点先行先试

根据云南省水稻种植的区域性灾害特点，分别选取不同保险公司分区域专项具体负责落地实施：①热带、地热河谷三季水稻，以西双版纳景洪、元江、德宏、红河河口等地区为代表，这些地区的热量条件充足，结实率高。但是水稻生育期较短，从而有效穗和穗粒数少。②滇东南单季水稻，以玉溪新平、红河弥勒、石屏、蒙自、开远等为代表，这些地区水稻产量高，但因春季升温慢，水稻种植易受"倒春寒"天气侵袭。③滇南双季水稻，以普洱、西双版纳勐海等为代表，这些地区日照偏少，存在降水量多、病虫害严重、水稻结实率低的特点。④滇北部河谷地带单季水稻，以怒江、盐津、绥江等为代表，这些地区水稻种植总面积小，地域分布零散，气候呈现春季升温迟，但升温速度快，秋季降温早，属于典型的大陆性气候。⑤滇中地区，以楚雄、曲靖等为代表，降水量偏少，易发干旱灾害。

（五）对策建议

1. 调整各县支持农业发展的财政补贴的支出结构，提高水稻保险保障水平

充分用好 WTO 规则允许的"绿箱"政策，改进调整"黄箱"支持政策。一是调整各县支持农业发展的财政补贴的支出结构（如农机补贴、价格补贴等），用于提高云南水稻保险的风险保障水平的农业保险保费财政补贴。二是农业财政补贴增量向农业企业购买其他农业保险，如机秧保险、农机保险、粮食储存保险、粮食安全责任保险、大米价格指数保险等倾斜，推动云南优质大米产业化发展，保障粮食安全。

2. 成立农业保险联席会议，提高制度效率

由分管农业副县长牵头，由相关职能部门，如农业局、财政局、气象局、保险公司、州市保险行业协会和专家学者共同成立"农业保险联席会议"，由乡镇政府联合保险公司共同建立"三农"保险服务站点，形成服务体系联动机制。进一步推动保险公司探索"互联网＋"的农业保险服务模式。

3. 以水稻种植企业为抓手，集中投保

鼓励由农业龙头企业或专业合作组织和农产品行业协会组织社员（会员）集中参保第三层次水稻保险，鼓励各区县组织分散农户以村、乡镇为单位整体参保，推动保险公司与龙头企业联系，开展全方位的深入合作。

4. 省农业厅牵头建立具有较为广泛民意的农业保险服务质量评价机制

建立农业保险服务质量评价体系，并由基层政府人员、专家学者和被保险农户参与评价，由公共媒体监督并公布评价结果。评价结果决定经营机构是否有资格参与下一年度农业保险及森林火灾保险投保活动。

玉溪市农业保险发展调查报告

农业保险在以粮食作物为主的普通农业生产过程中起到重要的保驾护航的作用，同时对于以经济作物为代表的特色农业而言，农业保险可以在前期生产、后期加工、销售、扩大生产等环节都能向其提供全流程、全方位、全产业链条充分的保险保障。本文以玉溪市农业保险发展现状为基础，通过实地调研的形式分析农业保险发展现状和特色经济农作物的保险需求，总结出当前玉溪农业保险发展所面临的主要挑战，并对农业保险如何促进特色农作物产业化进程进行探索。

一、玉溪市农业保险发展现状

根据玉溪市农业保险保费标准和保障程度的变化进程，玉溪市种植业农业保险可分 2012 年之前和 2012 年之后两个阶段。2012 年之前的玉溪农业保险主要保障农作物为水稻、玉米、油菜，基本保险责任范围不包括干旱和病虫灾害。在 2012 年之后，根据云南农业保险相关政策变革之后的要求，玉溪市农作物保障范围新增加了甘蔗保险，并将干旱和病虫害纳入基本保险保障范围，转型之后的玉溪市农业保险已经具备"农业巨灾保险"的雏形。

（一）2011 年玉溪市农业保险发展状况

2011 年，玉溪市在红塔区、易门县、峨山县设立试点，试点规模计划 25 万亩。其中，红塔区水稻 5 万亩、油菜 4 万亩；易门县水稻 3 万亩、玉米 5 万亩、油菜 2 万亩；峨山县油菜 6 万亩。结合实际情况，玉溪市对试点区域的农业保险只投保基本责任险，不投保旱灾保险责任。基本险责任为暴雨、洪水、内涝、风灾、雪灾、雹灾和冻灾（含 8 月低温）等自然灾害。由于当年受旱灾影响，红塔区水稻承保计划中的 5 万亩改为 22 236 亩水稻和 29 152 亩玉米，其他按计划种植。承保面积达 251 388 亩，其中水稻 52 236 亩、玉米 79 152 亩、油菜 120 000

亩，比计划 250 000 亩增加 1388 亩，增长 0.6%，如表 1 所示。

表 1　2011 年玉溪市农业保险承保情况

试点地区	承保面积/亩			基本保险责任
	水稻	玉米	油菜	
红塔区	22 236	29 152	40 000	人力无法抗拒的自然灾害，基本险责任为暴雨、洪水、内涝、风灾、雪灾、雹灾和冻灾（含 8 月低温）等自然灾害
易门县	30 000	50 000	20 000	
峨山县	—	—	60 000	

资料来源：人保财险玉溪分公司

保障额度分别为水稻 210 元/亩，玉米 200 元/亩，油菜 230 元/亩，按试点面积全部签订了保险单，签单保费总额为 272 万元，其中水稻约 54.85 万元、玉米约 79.15 万元、油菜 138 万元。如表 2 所示。

表 2　2011 年玉溪市农业保险保费收入情况

试点作物	保障额度/（元/亩）	保费收入/元
水稻	210	548 478
玉米	200	791 522
油菜	230	1 380 000

资料来源：人保财险玉溪分公司

玉溪市决定其种植业保费资金全由政府财政承担，水稻每亩保费 10.5 元。玉米每亩保费 10 元，油菜每亩保费 11.5 元。财政补贴分别由中央、省级、市（州）级、县级组成，所占比例为 40∶13∶25∶22，具体情况如表 3 所示。

表 3　2011 年玉溪市农业保险基本险保费补贴构成　　　　单位：元/亩

试点作物	保费总计	中央财政（40%）	省级财政（13%）	市（州）级财政（25%）	县级财政（22%）
水稻	10.5	4.2	1.37	2.63	2.3
玉米	10	4	1.3	2.5	2.2
油菜	11.5	4.6	1.5	2.87	2.53

资料来源：人保财险玉溪分公司

2011 年玉溪市农业种植业保险的理赔金额共计 1 389 414.6 元，其中，水稻冰雹灾害定损 3719 亩，支付赔款 273 714 元；油菜雪灾定损 11 229 亩，支付赔款 1 078 017元；玉米冰雹灾定损 578.7 亩，支付赔款 37 683.6 元，具体情况如表 4 所示。

表 4　2011 年玉溪市农业保险赔付情况

受灾物种	冰雹受灾/亩	雪灾受灾/亩	赔款支出/元
水稻	3 719	—	273 714
玉米	578.7	—	37 683.6
油菜	—	11 229	1 078 017
合计	4 297.7	11 229	1 389 414.6

资料来源：玉溪市农业局

（二）2012 年玉溪市农业保险发展状况

2012 年，玉溪市在原有的 3 个试点区域基础上新增江川、澄江、新平县（区）试点，试点规模计划 43 万亩，比 2011 年新增面积 18 万亩，保障农作物和保险责任范围与 2011 年相同，具体情况如表 5 所示。但由于红塔区、澄江县当年大春旱情严重，为确保中心城区人畜饮水安全，原计划的水稻种植面积改为种植其他旱作植物。试点六县（区）承保面积达 401 405.09 亩，其中水稻 91 405.09 亩、玉米 150 000 亩、油菜 160 000 亩，比计划 430 000 亩减少 28 594.91 亩，减少 6.65%。

表 5　2012 年玉溪市农业保险计划承保情况

试点地区	计划面积/万亩			基本保险责任
	水稻	玉米	油菜	
红塔区	3	—	6	
江川县	2	2	2	人力无法抗拒的自然灾害，基本险责任为暴雨、洪水、内涝、风灾、雪灾、雹灾和冻灾(含 8 月低温)等自然灾害
澄江县	2	2	2	
易门县	—	5	2	
峨山县	—	—	6	
新平县	5	6	—	

资料来源：玉溪市农业局

2012 年的保障额度与 2011 年相同，仍为水稻 210 元/亩，玉米 200 元/亩，油菜 230 元/亩。2012 年农业保险保费总额达到 429.98 万元，其中水稻 95.98 万元、玉米 150 万元、油菜 184 万元。与 2011 年相比增长 58%，具体情况如表 6 所示。

表 6　2012 年玉溪市农业保险保费收入情况

试点作物	保障额度/（元/亩）	保费收入/万元
水稻	210	95.98
玉米	200	150
油菜	230	184

资料来源：人保财险玉溪分公司

2012 年，玉溪市政府决定农业保险保费仍由政府财政全部承担，与 2011 年相同，水稻每亩保费 10.5 元，玉米每亩保费 10 元，油菜每亩保费 11.5 元。财政补贴分别由中央、省级、市（州）级、县级组成，所占比例为 40∶13∶25∶22，具体情况如表 7 所示。

表 7　2012 年玉溪市农业保险基本险保费补贴构成　　　　单位：元/亩

试点作物	保费总计	中央财政（40%）	省级财政（13%）	市（州）级财政（25%）	县级财政（22%）
水稻	10.5	4.2	1.37	2.63	2.3
玉米	10	4	1.3	2.5	2.2
油菜	11.5	4.6	1.5	2.87	2.53

资料来源：人保财险玉溪分公司

2012 年，玉溪市农业保险赔款共理赔约 92.54 万元（除峨山县），其中水稻保险赔款 335 931.09 元，玉米保险赔款 264 735 元，油菜保险赔款 324 734.09 元，受灾面积达 29 926.32 亩，具体情况如表 8 所示。

表 8　2012 年玉溪市农业保险赔付情况

受灾物种	受灾面积/亩	赔款支出/元
水稻	5 451.47	335 931.09
玉米	4 530.2	264 735
油菜	19 944.65	324 734.09
合计	29 926.32	925 400.18

资料来源：玉溪市农业局

（三）2013 年玉溪市农业保险发展状况

2013 年玉溪市农业保险计划承包面积达 460 000 亩，但实际承保面积为459 515.2 亩，其中水稻 87 515.2 亩、玉米 182 000 亩、油菜 150 000 亩、甘蔗 40 000亩，比计划 460 000 亩减少 484.8 亩。与 2012 年相比，承包面积增加 58 110.11

亩。2013 年新增加了甘蔗保险。未完成计划目标的原因是澄江县当年大春旱情严重，改种其他旱地农作物。比较明显的变化是水稻保险中将干旱和病虫害首次纳入基本保险责任，玉米和油菜保险将干旱纳入基本保险责任，极大提升了保障范围和程度。具体情况如表 9 所示。

表 9　2013 年玉溪市农业保险承保情况

试点作物	承保面积/亩	基本保险责任
水稻	87 515.2	暴雨、洪水（政府行蓄洪除外）、内涝；风灾、雹灾；冻灾；干旱、病虫害
玉米	182 000	暴雨、洪水（政府行蓄洪除外）、内涝；风灾、雹灾；冻灾；干旱
油菜	150 000	暴雨、洪水（政府行蓄洪除外）、内涝；风灾、雹灾；冻灾；干旱
甘蔗 ↓	40 000	火灾；暴风、龙卷风。因暴雨导致洪水、洪涝、山体滑坡、泥石流造成甘蔗冲毁、掩埋的损失。霜（冰）冻、干旱

资料来源：人保财险玉溪分公司

　　2013 年，玉溪市农业保险保费收入达到 867.95 万元，其中水稻 170.65 万元、玉米 300.30 万元、油菜 207.00 万元、甘蔗 190.00 万元。水稻、玉米、油菜的保障额度与往年相比有明显提高，分别为 260 元/亩、275 元/亩、230 元/亩，其中甘蔗保险作为 2013 年新增险种，保费为 500 元/亩，具体情况如表 10 所示。

表 10　2013 年玉溪市农业保险保费收入情况

试点作物	保障额度/（元/亩）	保费收入/万元
水稻	260	170.65
玉米	275	300.30
油菜	230	207.00
甘蔗	500	190.00

资料来源：玉溪市农业局

　　在保费组成部分中，水稻、玉米、油菜与往年一样，都由政府财政进行承担，与往年不同的是保费的提高，转型之后以上三种的农业保险保费分别为 19.5 元/亩、16.5 元/亩、13.5 元/亩。甘蔗作为经济作物，保费为 47.5 元/亩。由于其保额较大、保费较高，政府财政进行补贴之后，由生产农户自行承担 20%，具体情况如表 11 所示。

表 11　2013 年玉溪市农业保险基本险保费补贴构成　　　　　单位：元/亩

试点作物	保费总计	中央财政（40%）	省级财政（13%）	市（州）级财政（25%）（甘蔗为15%）	县级财政（22%）（甘蔗为12%）	农户自担
水稻	19.5	7.8	2.535	4.875	4.29	0
玉米	16.5	6.6	2.145	4.125	3.63	0
油菜	13.5	5.4	1.755	3.375	2.97	0
甘蔗	47.5	19	6.175	7.125	5.7	9.5

资料来源：玉溪市农业局

　　2013 年玉溪市农业保险承包期间不同程度地发生了霜冻、干旱、暴雨和大风等自然灾害，受灾农户达 89 752 户，受灾农作物面积 103 383.5 亩。通过保险公司和农业部门现场勘查定损，保险公司共理赔 618.41 万元。水稻保险支付赔款 14.48 万元，受灾面积 1212.5 亩。玉米保险支付赔款 121.36 万元，受灾面积 12 504 亩。油菜保险支付赔款 379.35 万元，受灾面积 86 718 亩。甘蔗保险支付赔款 103.22 万元，受灾面积 2949 亩。具体情况情况见表 12。

表 12　2013 年玉溪市农业保险赔付情况

受灾物种	受灾面积/亩	赔款支出/万元
水稻	1 212.5	14.48
玉米	12 504	121.36
油菜	86 718	379.35
甘蔗	2 949	103.22
合计	103 383.5	618.41

资料来源：玉溪市农业局

二、面临的主要挑战

　　玉溪市农业保险经过近几年的发展，已经初步形成了"玉溪农业巨灾保险"，走在了云南省农业保险的发展前列。但在覆盖面积、资金配套、财政补贴、工作经费、社会救助、特色农业保险等方面也面临着一些挑战。

　　（一）承保面积未实现全覆盖

　　据玉溪市农业局工作人员反映，玉溪市实际承保农作物种植面积远远大于每年政府规定计划的承保面积。未覆盖的土地缺乏配给的专项财政补助，未参保农户也没有能力专门购买保费较高的商业性农业保险，导致农业灾害发生时未参保农户无法获得赔偿，对自身再生产能力造成影响。同时，政府相关部门每年对于计划承保面积的规定下达较晚，往往是在农作物种植期之后，错过农忙时节。由于未先确定承保农作物面积，实际农作物种植面积远远大于计划承保面积，加之给予的财政补贴在计划下达时已经确定，对于未参保的土地，政府和保险公司都"无能为力"。

（二）配套资金调配困难

由于实际种植面积与计划面积相差较大，承保计划面积的财政补贴资金是固定的，当某一险种的计划承保面积未达到时，其财政补贴资金就有剩余，而剩余的资金并不能弥补其他险种多于计划承保的面积所需的财政补贴。例如，2014年澄江县水稻计划面积为1万亩，而实际承包面积为4304.55亩，剩余5695.45亩的财政补贴保费约11万元。玉米的计划承包面积为5万亩，实际种植面积为6.3万~7万亩，多余1.3万~2万亩的玉米缺乏财政补贴，并且水稻保险剩余的财政补贴保费无法弥补多出的玉米保险补贴保费，具体情况如表13所示。这种情况并非只有澄江县存在，在试点地区的其他几个县区也都存在。

表13　2014年澄江县水稻、玉米保险承保情况

试点物种	计划承保面积/亩	实际种植面积/亩	多出面积/亩	缺少补贴保费/元
水稻	10 000	4 304.55	−5 695.45	−110 000
玉米	50 000	63 000~70 000	13 000~20 000	214 500~330 000

资料来源：人保财险玉溪分公司

（三）县级财政补贴下拨困难

当前农业保险财政补贴由中央、省级、市（州）级、县（区）级四个等级共同组成，根据补贴的程度可分为粮食作物和经济作物。以水稻、玉溪、油菜为代表的粮食作物的保费财政补贴比例为40∶13∶25∶22；以甘蔗为代表的经济作物的保费财政补贴为40∶13∶15∶12，剩余的20%由种植农户自担，如表14所示。无论是粮食作物，还是经济作物，都需要县区级财政进行保费补贴，县级财政补贴都占据了很大一部分。但是对于财政收入较少的县而言，从县级财政中划出补贴资金比较困难，保费给付不及时会导致在灾害事故发生时保险公司以保费拖欠为由，不进行积极的理赔服务，造成了赔款给付滞后，影响了农户灾后再生产的能力。以2012年易门县和峨山县油菜保险为例，由于当年年底易门县保费才拨付，而峨山县年底尚未拨付，对于易门县和峨山县产生的油菜损失，保险公司并未进行及时的理赔。在玉溪市农业局当年工作报告中也未显示出两地的受灾情况，这不利于进行数据收集和工作分析。

表 14　2014 年玉溪市农业保险各级财政补贴比例　　　　　　单位：%

承保作物	中央补贴	省级补贴	市级补贴	县级补贴	农户自担
水稻、玉米、油菜	40	13	25	22	0
甘蔗	40	13	15	12	20

资料来源：玉溪市农业局

（四）工作经费和保障额度限制政策执行

农业保险实施的相关政策规定，对于农业保险赔款必须要严格执行"赔款到户"的要求，但就玉溪市的调研工作来看，赔款到户的工作进展不尽如人意。农业保险的理赔流程为保险公司根据确认的损失及保单约定，理算到户的赔偿金额在受灾村委会或适当场合公告公示后，经投保人委托通过"一折通"方式兑现到受灾种植户或农业企业。在执行兑现过程中，由于给予基层服务体系的人员的工作经费不足，加之当地地理环境复杂，农技人员无法按时完成兑现到户的任务，这就造成了赔款没有及时发放到户。由于农业保险主要险种是针对以粮食作物为主的基本物化成本保障，保障额度比较低，农户对于赔款响应并不积极。对于大多数农户来说，农作物的种植只是为满足自身的生活需要，其更倾向于经济作物的种植，对于粮食作物的农业保险赔款并不急需，一些农户甚至要求承担更高的保费以获得更高的保障。农业保险的保障程度太低也无法提高农户的重视程度，同时限制了农技人员对农业保险相关政策的执行力度。

（五）农业灾后社会救助体系缺乏

从玉溪市调研工作来看，玉溪市整体农业灾后社会救助体系缺乏。民政部门的社会救助的资金有大量积累，但只在遇到特大自然灾害导致大量经济损失的情况下启动社会救助资金，对于一般自然灾害所导致损失的情况并不启动社会救助资金。对于积累的社会救助资金，民政部门希望以农户的保险需求为基础，以商业保险公司参与的方式，为农户提供农业保险保费补贴。但是这种方式显然不符合社会救助资金的职能，根据社会救助的职能，农业社会救助应该是在其社会成员遭受自然灾害时对其他低收入群体，给予其物质上的帮助，满足其日常的基本生活需求，而不是为满足其保险需求给予其保费补贴，这样做显然无法体现社会救助的公平性、普惠性。从整体情况来看，玉溪市农业灾后社会救助职能失位。

（六）农业保险未推动特色农业产业化

1. 特色水果农作物保险需求未满足

农业保险的保障范围应不仅包括以粮食作物为主的基本农作物，还应包括推动地区经济发展的特色经济农作物。以玉溪市为例，2013 年其柑橘、核桃、葡萄、蓝莓为代表的经济作物种植面积分别达到 117 920 亩、800 000 亩、21 030 亩、6179.6 亩，具体情况见表 15。柑橘的每亩收益在 2 万元左右，核桃成果之后每亩收益 1 万元左右，葡萄一年每亩收益约 2 万元，蓝莓一年每亩收益约 5 万元，以玉溪市澄江县生产蓝莓的蓝茜庄园为例，庄园每年收益 300 万~400 万元。此类水果经济作物有一个共性，其植物从幼苗到成树开火结果都需要一个较长的周期，农户在前期都需要很大的经济投入。由于幼苗对自然灾害和病虫害的抵抗能力较差，一旦发生灾害，农户就会损失很大。对于种植这些经济农作物的农户来说，急需此类保险来保障生长期间的幼苗发育。除幼苗生长期在外，农户在果实成熟期间对农业保险的需求也很大，特别是对于葡萄、蓝莓等挂果植物，其果实容易被冰雹、暴雨灾害打落，造成巨大经济损失。从玉溪市红塔区神农葡萄庄园调研得知，农户对于此类保险急需，保险公司也在开发相关的险种，但最终因保险费率问题双方无法达成共识，因此现在玉溪市对于特色经济农作物的农业保险没有很好地开展。

表 15　2013 年年底玉溪市水果种植面积统计　　　　　　单位：亩

种植地区	柑橘	葡萄	蓝莓
红塔区	—	14 860	1 000
江川县	—	260	1 302
澄江县	2 500	120	3 388.6
通海县	4 877	434	167
华宁县	69 879	1 300	322
易门县	1 550	900	—
峨山县	2 560	650	—
新平县	28 664	1 851	—
元江县	7 872	655	—
合计	117 902	21 030	6 179.6

资料来源：人保财险玉溪分公司

2. 特色蔬菜农作物保险需求未满足

玉溪市除特色水果种植业对相关农业保险急需之外，其蔬菜种植业对相关农业保险需求也很强。以对玉溪祥隆农业科技发展有限公司的调研工作为例，该公司有 9 个基地的 1700 亩种植土地，年产量 35 000 吨，产值超过 1 亿元，带动农户 2000 户，农民年增收 1000 万元以上，已经成为玉溪市特色农业发展的典范。其主要蔬菜作物为小香葱、春菜，极易受到冰雹、冷冻、暴雨等自然灾害和病虫害的影响，但因保险相关费率过高，农户与保险公司就保费问题也未达成一致。从特色蔬菜农作物对,保险的需求情况来看，农户对于农业保险是急需的，保险公司也根据其情况制定了相关险种，但是未曾达到有效需求，其根本原因在于双方对于保险费率问题未达成共识。

根据农业保险保障特色农业前期生产、后期加工、销售、扩大再生产环节的要求，从对玉溪市农业保险促进特色农业产业化发展现状调研工作来看，玉溪市尚未建立起对特色农业前期生产保障，对后期的加工、销售、扩大再生产环节的保障更没有体现，农业保险促进特色农业产业化发展的职能缺位。

三、对策和建议

通过对玉溪市农业保险发展所面临的挑战进行分析，当前应从扩大承包面积、调节配套资金、精减财政补贴等级、提高经费和保障额度、确立农业灾后救助职能、政府参与推动几个方面着手，去推动当前玉溪市农业保险又好又快发展。

（一）扩大计划承保面积

农业保险财政保费补贴是根据当年下达的农业计划种植面积而定，若出现实际种植面积在计划面积之上的情况，财政补贴资金无法对多出的实际农田进行保费财政补贴，多出的土地的农户也无力进行投保。根据往年实际种植面积多于计划面积的情况，可以重新对计划面积进行规划，最主要的是扩大计划种植面积。扩大承保面积主要从两个方面入手：一方面，在计划面积上要根据地方的实际需要下达种植面积，县区政府可以在每年农忙时节之前向市州级政府上报当年本县区倾向于粮食种植的面积，再由市州级政府进行规划之后及时下达，避免因错过农忙时节导致的问题重新出现，尽量做到"扩大多少，保障多少"；另一方面，省级、市州级、县区级三级政府应当建立应急财政补贴资金，当出现超计划种植的情况时，可以使用应急财政补贴资金对多出的土地进行承保，对于超出计划种植面积农户也可收取一定的保费来减轻政府的财政负担。总结起来，扩大计划承保面积要做到种前合理规划，种后配备应急政策。

（二）建立配套资金调节机制

农业保险财政补贴资金是根据不同险种配套使用的，不同险种之间由于保障额度和保费水平的不同无法进行调配。配套资金无法调配的现象主要是在某一农作物的计划面积未能实现的情况下出现的。例如，在计划下达之后的第二年出现旱情比较严重的情况下，水稻种植无法完成计划种植面积，农户会选择玉米等旱作进行种植，但水稻险配套补贴资金无法弥补玉米险的保费。针对这种情况，应出台配套资金调节机制。一方面，省级、市州级、县区级三级政府可建立专门资金用以弥补财政补贴保费的不足。另一方面，可以将计划面积作为一个参考数，县区政府在每年耕种期结束之后，向市州级政府上报当年的农作物种植情况，再由市州级政府上报到省级政府，财政补贴重新规划之后再下拨。对于前期需要支付的农业保险保费，可以由市州级和县区级政府财政进行垫付，在财政补贴下拨之后对垫付的部分进行弥补，采取"先承保，后补贴"的模式。

（三）精简财政补贴等级

精简财政补贴等级主要是针对一些财政收入相对较低的县区无法承担本县区的农业保险财政补贴费用的情况。由于一些财政收入相对薄弱的县区无法从财政预算中划拨农业保险保费，保险公司无法获得足额保费，打消了其工作的积极性，影响了农业保险的保障功能。针对财政困难的县区，应从财政补贴等级入手，精简财政补贴等级，取消县区级农业保险财政补贴，建立由中央、省级、市州级三级财政构成的新型财政补贴等级模式。农业保险保费规模较低，对于县区级财政无法承担的部分，可由省级和市州级财政共同分担，分担的财政补贴对省级财政影响并不大。这样做既减少了贫困县区的财政负担，保证了农业保险按时承保，也提高了保险公司的工作积极性，保障了农户在农业灾后的再生产活动。

（四）提高工作经费和保障额度

由于农业保险承包面积较大、承保地区道路情况复杂等条件的限制，保险公司无法依靠自身力量去完成前期的核保、保费收取工作和后期的查勘、理赔工作，这就需要依靠当地的农技人员去协助。玉溪市近年来农业自然灾害较为严重，农作物一旦受灾，往往损失面积较大、赔付额度较高，保险公司对于农技人员的业务开展经费划拨明显不足，导致农技人员在农业保险工作中积极性不高，特别是在灾后的查勘、定损的工作中存在拖延的情况，导致农业灾后赔款发放不及时，不利于灾后农户的再生产活动。农户对保障额度的要求也有不同，多数农户呼吁保险公司能够进一步提高保障额度。针对赔款滞后和保障程度较低的问题，应从保险公司和政府部门两方面着手：一方面，保险公司应该加大对农业保险的业务开展经费，建立专项资金，保证农业保险各个方面工作的开展；另一方面，政府相关部门应广泛听取农户意见，对农业保险的保障额度进行及时调整，让农业保险受到农户的重视，使农业保险更"接地气"。

（五）确立农业灾后救助职能

农业灾后救助为社会救助职能在农业领域的体现，应体现社会救助的公平性、普惠性。根据当前玉溪市民政部门社会救助资金大量积累，民政部门依托社会救助资金寻求保险公司实现"社会救助"造成自身职能错位的情况，应该重新确立社会救助在农业灾后的职能。应当从建立法律法规、确定社会救助标准、实行政府和社会多方监管三方面入手。首先，应建立玉溪市农业灾后社会救助相关准则，从法律的角度对社会救助的职能进行重新定位，民政部门要严格遵守准则的相关规定，不得对社会救助资金进行套用和滥用。其次，民政部门要建立严格的农业灾后社会救助执行标准，对由农业自然灾害造成生活困难的农户进行及时的社会救助，同时对于五保户、低保户等特殊群体要给予灾前、灾后全方位的救助。最后，应由政府和社会联手对农业灾后社会救助工作进行多方监管，保证农业灾后社会救助工作及时、有效进行。通过立法环节为社会救助重新定义社会保救助提供依据，并通过政府和社会多方监管，真正体现农业灾后社会救助的真正职能。

（六）政府参与推动特色农业产业化进程

1. 特色农业保险没有形成有效需求的经济学分析

针对当前玉溪市以水果和蔬菜为代表的特色农业保险未形成有效需求的情况，政府作为农业保险有效的推动力量应尽快参与进来，推动特色农业保险促进特色农业产业化进程。当前玉溪市水果和蔬菜特色农业保险为形成有效需求的关键性因素在保费问题没有达成共识，农户认为保险公司制定的保费过高，自身无法承担。特色农业保险保费问题其实就是农户和保险之间的博弈，特色农作物的种植农户对农业保险的需求是刚性的，但是农业保险作为准公共物品具有一定的正外部性，容易造成市场失灵，从而使得特色农业保险并没有形成有效需求。农业保险的需求不足是由于农业保险"消费"的正外部性产生的，农民进行农业保险"消费"时，利益外溢使边际社会收益大于边际私人收益。但如果政府对投保不进行补贴，而由农民承担全部保费，农民"消费"的边际私人成本就会大于边际社会成本。在图 1 中，MPR 为边际个人收益，MSR 为边际社会收益，MSC 为边际社会成本，MPC 为边际个人成本。农民"消费"农险的过程中，$MPC \succ MSC$，$MSR \succ MPR$。农民和社会分别按照边际成本等于边际收益的原则确定农业保险的最佳均衡量 Q_m 和 Q_n，结果使私人均衡量 Q_m 小于社会均衡量 Q_n，这就使得农业保险的供给量小于整个社会的实际需求量，造成了农业保险的需求不足。

根据制度经济学家庇古对外部性研究分析得出，消除外部性最好的方式是使外部性内在化，而政府津贴正是庇古认为外部性内在化的有效途径。政府津贴在农业保险方面的应用就体现在政府财政补贴，从粮食作物保险的保费补贴情况可以看出，其正是对庇古的政府津贴理论的运用。特色农业保险业属于农业保险的范畴，同样可以运用到以经济作物为代表的特色农业保险当中，采取政府财政补贴的方式消除外部性，使特色农业保险的真正满足农户需求。

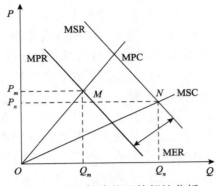

图 1　农业保险的正外部性分析

2. 以甘蔗保险为例推动特色农业保险发展

以玉溪市甘蔗保险为例，甘蔗作为经济作物，其保费构成与水稻、玉米、油菜保险都具有一定的政府财政补贴，不同点在于甘蔗保险农户需对保费进行自担，这为其他经济作物参与农业保险提供可以借鉴的模式。对于玉溪市水果和蔬菜的特色农业保险的推动，可以借鉴甘蔗保险的经验，由政府、保险公司和农户代表共同制定保费划分标准，可以由省级、市州级、县区级三级财政和农户共同承担，对保费的划分具有比较大的弹性，分担比例可根据各级财政预算情况和农户自身的经济条件而定。对于水果和蔬菜的种植户来说，其经济基础较好，可以考虑精简财补贴政划分等级，由农户承担较大的比例。在提供前期生产环节的基础上，可以积极开展针对产后销售、扩大再生产环节的保险保障。以对玉溪市祥隆农业科技发展有限公司调研为例，公司当前正在筹备建设其"冷链"生产环节，需要向银行借款弥补自身资金不足，保险公司可以根据其需要"量身制定"信用保险。农产品形成"品牌化"的最关键的因素是"产品责任可追溯"。根据责任可追溯的特点，可以在其"冷链"环节建成之后，对其销售的产品承保产品责任保险，运输过程中提供农作物运输保险，解决对农业产品的责任可追溯。这就为其提供了"全流程、全方位、全产业链"农业保险保障服务。

玉溪市农业保险推动特色农业产业化的关键在于满足特色农业产业前期生产环节的基础上，深度挖掘其后期加工、销售、运输、扩大再生产环节所需要的保险保障需求。对于保险公司来说，既扩大自身业务来源，也推动特色农业产业化进程。对于农户来说，既满足了前期保障农作物生长的需求，也满足了后期加工、销售、运输、扩大再生产的环节中保障食品安全和产品责任可追溯的需求。

参 考 文 献

奥尔森 M. 2007. 集体行动的逻辑[M]. 陈郁, 等译. 上海: 上海三联书店: 2

陈璐. 2004. 政府扶持农业保险发展的经济学分析[J]. 财经研究, (6): 69-76

陈璐, 宗国富, 任碧云. 2008. 中国农业保险风险管理与控制研究[M]. 北京: 中国财政经济出版社

陈文辉. 2016. 中国农业保险市场年报[M]. 天津: 南开大学出版社

代辉, 武文波, 刘纯波, 等. 2014. 洪涝灾害天空地一体化灾情查勘技术研究[J]. 自然灾害学报, 23(1): 1-6

邓国, 王昂生, 周玉淑, 等. 2002. 中国粮食产量不同风险类型的地理分布[J]. 自然资源学报, (2): 210-215

邓国取. 2007. 中国农业巨灾保险制度研究[M]. 北京: 中国社会科学出版社: 6-33

邓国取, 罗剑朝. 2006. 美国农业巨灾保险管理及其启示[J]. 中国地质大学学报(社会科学版), (9): 21-25

凡勃 T B. 1964. 有闲阶级论——关于制度的经济研究[M]. 蔡受百译. 北京: 商务印书馆: 139

方伶俐. 2008. 中国农业保险需求与补贴问题研究[D]. 武汉: 华中农业大学博士学位论文

付雪晖. 2010-08-19. 贡山普拉底发生特大泥石流灾害[N]. 云南日报, 1 版

费友海. 2005. 我国农业保险发展困境的深层根源——基于福利经济学角度的分析[J]. 金融研究, (3): 133-144

冯文丽. 2002. 美、日农业保险制度对我国农险模式选择的启示[J]. 农村经济, (12): 91-92

冯文丽. 2004. 我国农业保险市场失灵与制度供给[J]. 金融研究, (4): 124-129

龚维斌. 2008. 中外社会保障体制比较[M]. 北京: 国家行政学院出版社: 365-390

古永继. 2004. 历史上的云南自然灾害考析[J]. 农业考古, (1): 233-238

哈耶克 F A. 1962. 通向奴役的道路[M]. 北京: 商务印书馆: 453-460

郝演苏. 2010. 关于建立我国农业巨灾保险体系的思考[J]. 农村金融研究, (6): 5-12

洪宗华. 2011. 农业巨灾保险风险管理机制研究[D]. 福州: 福建师范大学: 46-88

黄英君. 2009. 我国农业保险发展的市场运行机制研究[J]. 保险研究, (11): 44-51

蒋奇勇, 刘绍刚. 2011. 我国省(区、市)地方政府在农业自然灾害预防与救助中的责任[J]. 安徽农业科学, 39(25): 15349-15351

李冰, 刘镕源, 刘素红, 等. 2012. 基于低空无人机遥感的冬小麦覆盖度变化监测[J]. 农业工程学报, 28(13): 160-165

李红, 周波. 2012. 基于FME的中国大陆重大自然灾害风险等级评价[J]. 深圳大学学报理工版, 29(1): 18-24

李明辉. 2008. 论我国农业灾害救助法律制度的构建[J]. 安徽农业科学, 33(36): 51-52

李文芳. 2008. 不同地区农作物保险购买影响因素的比较实证研究 [J].生态经济, (9): 52-57

李艳. 2006. 我国农业保险的社会福利与效率的平衡:政府参与型模式研究[J]. 生产力研究, (12): 16-19

李有祥, 张国威. 2004. 论我国农业再保险体系框架的构建[J]. 金融研究, (7): 106-111

李志勇, 陈虹, 卢汉民. 2010. 遥感技术在地质灾害调查中的应用[J]. 测绘技术装备, 12(1): 30-31

林海荣, 李章成, 周清波, 等. 2009. 基于 ETM 植被指数和冠层温度差异遥感监测棉花冷害[J].棉花学报, 21(4): 284-289

林义. 1997. 社会保险制度分析引论[M]. 成都: 西南财经大学出版社: 38

刘春华. 2009. 巨灾保险制度国际比较及对我国的启示[D]. 厦门: 厦门大学硕士学位论文: 6-43

刘汉民. 2007. 企业理论、公司治理与制度分析[M]. 上海: 上海三联书店: 201-203

刘金霞. 2004. 农业风险管理理论方法及其应用研究[D]. 天津: 天津大学博士学位论文: 11-19

刘京生. 2000. 我国财政支持型农业保险的构想[J]. 投资与理财, (7): 44

刘京生. 2003. 政策与补贴: 发展农业保险的关键[J]. 金融博览, (10): 32

刘京生. 2005. 促进我国巨灾保险发展[J]. 中国金融, (7): 57-58

马泽忠, 王福海, 刘智华, 等. 2011. 低空无人飞行器遥感技术在重庆城口滑坡堰塞湖灾害监测中的应用研究[J]. 水土保持学报, 25(1): 253-256

穆琳. 2009. 构建与完善我国巨灾风险分散机制研究[D]. 天津: 天津财经大学: 61-69

聂峰. 2009. 略论我国农业自然灾害保险救助问题[J]. 时代金融, (8): 21-23

诺斯 D C. 1995. 制度变迁理论纲要[J]. 改革, (3): 52-56

皮立波. 2006. 农险风险分散的又一选择[J]. 中国保险, (3): 12-15

钱振伟. 2013. 农业保险发展理论与实践——基于对云南实践的跟踪调查[M]. 北京: 中国金融出版社

钱振伟, 丁江萍, 彭博, 等. 2012. 国际农业保险巨灾风险分散经验借鉴与启示[J]. 上海保险, (5): 66-68

钱振伟, 张艳, 王翔. 2011. 创新政策性农业保险模式及其巨灾风险分散机制研究[M]. 北京: 经济科学出版社: 7-109

秦光荣. 2013-04-22. 4 年大旱教训深刻痛下决心大干水利——对云南连年干旱问题的回顾与反思[N]. 云南日报, 1 版

青木昌彦. 2001. 比较制度分析[M]. 周黎安译. 上海: 上海远东出版社: 259-302

单琨, 刘布春, 刘园, 等. 2012. 基于自然灾害系统理论的辽宁省玉米干旱风险分析[J]. 农业工程学报, 28(8): 186-194

史建民, 孟昭智. 2003. 我国农业保险现状、问题及对策研究[J]. 农业经济问题, (9): 45-49

舒尔茨 T W. 2000. 制度与人的经济价值的不断提高[A]//财产权利与制度变迁[C]. 上海: 上海三联书店: 253

孙蓉. 2008. 保险资源配置中的政府与市场[J]. 保险研究, (5): 17-20

孙蓉, 费友海. 2009. 风险认知、利益互动与农业保险制度变迁——基于四川试点的实证分析[J]. 财贸经济, (6): 35-40

孙香玉, 钟甫宁. 2008. 对农业保险补贴的福利经济学分析[J]. 农业经济问题, 2: 4-11

孙香玉, 钟甫宁. 2009. 福利损失、收入分配与强制保险——不同农业保险参与方式的实证研究[J]. 管理世界, (5): 80-96

汤爱平, 陶夏新, 谢礼立, 等. 1999. 论城市灾害管理模型[J]. 自然灾害学报, (2): 43-47

唐彦东. 2011. 灾害经济学[M]. 北京: 清华大学出版社: 33, 43

田振坤, 傅莺莺, 刘素红, 等. 2013. 基于无人机低空遥感的农作物快速分类方法[J]. 农业工程学报, 29(7): 109-116

庹国柱. 2013. 中国农业保险大灾风险分散机制和大灾风险准备金规模研究[J]. 保险研究, (6): 3-15

庹国柱, 郭心义, 赵乐. 2008. 政策性农业保险: 北京模式的实践与思考[J]. 北京农业职业学院学报, 22(5): 44-47

庹国柱, 李军. 2003. 我国农业保险试验的成就、矛盾及出路[J]. 金融研究, (9): 88-98

庹国柱, 王国军. 2002. 中国农业保险与农村社会保障制度研究[M]. 北京: 首都经济贸易大学出版社

庹国柱, 赵乐, 朱俊生. 2010. 农业保险巨灾风险管理研究——以北京市为例[M]. 北京: 中国财政经济出版社: 56-89

庹国柱, 朱俊生. 2004. 建立我国政策性农业保险制度的几个问题(下)[J]. 金融理论探索, (6): 55-57

庹国柱, 朱俊生. 2009. 政策性农业保险: 制度安排迫在眉睫[J]. 中国金融家, (11): 103-105

汪铭. 2012. 云南农业防灾减灾对策措施浅析[J]. 中国农技推广, 28(12): 10-11

王灿宇. 2010. 浅议云南山区水利建设[J]. 云南农业, (7): 60-61

王春乙, 王石立, 霍治国, 等. 2005. 近 10 年来中国主要农业气象灾害监测预警与评估技术研究进展[J]. 气象学报, 63(5): 659-671

王慧芳, 顾晓鹤, 董莹莹, 等. 2011. 冬小麦冻害灾情及长势恢复的变化向量分析[J]. 农业工程学报, 27(11): 145-150

王宁, 胡杏, 曲瑞伟. 2012. 云南农业灾害的主要类型及其对策初探[J]. 云南农业大学学报(社会科学版), 6(6): 11-15

王雍君. 2007. 为财税体制注入科学理念[J]. 瞭望, (44): 46

王子平, 冯百侠, 徐静珍. 2001. 资源论[M]. 石家庄: 河北科学技术出版社: 18

谢家智, 蒲林昌. 2003. 政府诱导型农业保险发展模式研究[J]. 保险研究, (11): 42-44

谢家智, 周振. 2009. 基于有限理性的农业巨灾保险主体行为分析及优化[J]. 保险研究, (7): 76-83

邢鹏. 2004. 中国种植业生产风险与政策性农业保险研究[D]. 南京: 南京农业大学博士学位论文

闫峰, 李茂松, 王艳姣, 等. 2006. 遥感技术在农业灾害监测中的应用[J]. 自然灾害学报, 15(6): 131-136

严登华. 2013. 1961 年以来海河流域干旱时空变化特征分析[J]. 水科学进展, 24(1): 34-41

杨红卫, 童小华. 2012. 中高分辨率遥感影像在农业中的应用现状[J]. 农业工程学报, 28(24): 138-149

尧水根. 2010. 略论中国农业自然灾害救助机制构建[J]. 农业考古, (6): 213-214

喻国华. 2005. 农村专业合作经济组织发展的限制因素及对策[J]. 广东合作经济, (5): 21-24

袁明. 2011. 我国农业巨灾风险管理机制创新研究[D]. 重庆: 西南大学硕士学位论文: 32-101

张竞竞. 2012. 河南省农业水旱灾害风险评估与时空分布特征[J]. 农业工程学报, 28(18): 98-106

张林源, 苏桂武. 1996. 论预防减轻巨灾的科学措施[J]. 四川师范大学学报(自然科学版), (1): 22-25

周佰成, 白雪, 李佐智. 2010. 部分国家发展农业巨灾保险的启示[J]. 经济纵横, (3): 34-36

周延礼. 2009. 构建中国巨灾保险制度的若干思考[J]. 中国金融, (18): 12-15

周延礼. 2010. 加快转变发展方式 不断提高质量和效益 促进财产保险业又好又快发展[J]. 保

险研究, (4): 3-9

周振. 2010. 美国农业巨灾保险发展评析与思考[J]. 农村金融研究, (7): 21-25

周志艳, 闫梦璐, 陈盛德, 等. 2015. Harris 角点自适应检测的水稻低空遥感图像配准与拼接算法[J]. 农业工程学报, 31(14): 186-193

朱俊生. 2009. 中国农业保险制度模式运行评价——基于公私合作的理论视角[J]. 中国农村经济, (3): 14-19

邹强, 周建中, 周超, 等. 2012a. 基于可变模糊集理论的洪水灾害风险分析[J]. 农业工程学报, 28(5): 126-132

邹强, 周建中, 周超, 等. 2012b. 基于最大熵原理和属性区间识别理论的洪水灾害风险分析[J]. 水科学进展, 23(3): 323-333

Ahsan S M, Ali A, Kurian K . 1982. Toward a theory of agricultural insurance[J]. American Journal of Agricultural Economics, 64: 520-529

Blaikie P, Cannon T, Davis I. 1994. At Risk: Natural Hazards, People's Vulnerability and Disasters[M]. London: Routledge

Chen S Y, Guo Y. 2006. Variable fuzzy sets and its application in comprehensive risk evaluation for flood-control engineering system[J]. Fuzzy Optim Decis Making, 5(2): 153-162

Christofides S. 2004. Pricing of catastrophe linked securities[R]. Brussels: Astin Colloquium International Actuarial Association

Cochrane H C, Huszar P C. 1984. Economics of timing storm drainage improvements[J]. Water Resources Research, 20(20): 1331-1336

Corti T, Wuest M, Bresch D, et al. 2011. Drought induced building damages from simulations at regional scale[J]. Natural Hazards, 11: 335-342

Cox E. 2000. Free-form text data mining integrating fuzzy systems, self-organizing neural nets and rule-based knowledge bases[J]. Pc Ai, 14(5): 22-26

Cummins J D. 1988. Risk-based premiums for insurance guaranty funds[J]. The Journal of Finance, 43(4): 823-839

Dibooglu S, Enders W. 1995. Multiple cointegrating vectors and structural economic models: an application to the French Franc/U. S. Dollar exchange rate[J]. Southern Economic Journal, 61(4): 1098-1116

Duncan J, Myers R J. 2000. Crop insurance under catastrophic risk[J]. American Journal of Agricultural Economies, 82: 842-855

Duveiller G, Weiss M, Baret F, et al. 2011. Retrieving wheat green area index during the growing season from optical time series measurements based on neural network radiative transfer inversion[J]. Remote Sensing of Environment, 115(3): 887-896

Feng M C, Yang W D, Cao L L, et al. 2009. Monitoring winter wheat freeze injury using multi-temporal MODIS data[J]. Agricultural Science in China, 8(9): 1053-1062

Goodwin B K. 2001. Problems with market insurance in agriculture[J]. American Journal of Agricultural Economics, 83(3): 645-648

Gray J, Song C. 2012. Mapping leaf area index using spatial, spectral, and temporal information from multiple sensors[J]. Remote Sensing of Environment, 119: 173-183

Halcrow H G. 1949. Actuarial structures for crop insurance[J]. Journal of Farm Economics, 31(3):

418-443

Hazell P B, Haggblade S. 1991. Rural-urban growth linkages in India[J]. Indian Journal of Agricultural Economics, 46(6): 515-529

Hurwicz L. 1996. Feasible balanced outcome functions yielding constrained Walrasian and Lindahl allocations at Nash equilibrium points in economies with two agents when the designer knows the feasible set[R]. Presented in May 1997 at the Decentralization Conference, Pennsylvania State University

Khashei M, Hamadani A Z, Bijari M. 2012. A novel hybrid classification model of artificial neural networks and multiple linear regression models[J]. Expert Systems with Applications, 39(3): 2606-2620

Kunreuther H, Linnerooth J, Vaupel J W. 1984. A decision-process perspective on risk and policy analysis[J]. Management Science, 30(4): 475-485

Kunreuther H, Michel-Kerjan E. 2004. Policy watch: challenges for terrorism risk insurance in the United States[J]. Journal of Economic Perspectives, 18(4): 201-214

Lane M. 2000. Pricing risk transfer transactions[J]. Astin Bulletin, 30: 259-293

Li A N, Jiang J G, Bian J H, et al. 2012. Combining the matter element model with the associated function of probability transformation for multi-source remote sensing data classification in mountainous region[J]. ISPRS Journal of Photogrammetry and Remote Sensing, 67:80-92

Li S J, Wu H, Wan D S, et al. 2011. An effective feature selection method for hyperspectral image classification based on genetic algorithm and support vector machine[J]. Knowledge-Based Systems, 24(1): 40-48

Maeda E E, Wiberg D A, Pellikka P K E. 2011. Estimating reference evapotranspiration using remote sensing and empirical models in a region with limited ground data availability in Kenya[J]. Applied Geography, 31(1): 251-258

Main R, Cho M A, Mathieu R, et al. 2011. An investigation into robust spectral indices for leaf chlorophyll estimation[J]. ISPRS Journal of Photogrammetry and Remote Sensing, 66(6): 751-761

Miranda M J. 1991. Area-yield crop insurance reconsidered[J]. American Journal of Agricultural Economics, 73(2): 233-242

Miranda M J, Glauber J W. 1997. A systemic risk reinsurance and the failure of crop insurance markets[J]. American Journal of Agricultural Economies, 79: 206-215

Mishra P. 1996. Agricultural Risk, Insurance and Income: A Study of the Impact and Design of India's Comprehensive Crop Insurance Scheme[M]. Aldershot: Avebury Publishing

Mosley P, Krishnamurthy R. 1995. Can crop insurance work? The case of India[J]. Journal of Development Studies, (3): 428

Muñoz J D, O'Finley A, Gehl R, et al. 2010. Nonlinear hierarchical models for predicting cover crop biomass using Normalized Difference Vegetation Index[J]. Remote Sensing of Environment, 114(12): 2833-2840

Musgrave R A. 1959. The Theory of Public Finance: A Study in Public Economy[M]. New York, London, Toronto: McGraw-Hill Book Company

Nelson C, Loehman E. 1987. Further toward a theory of agricultural insurance[J]. American Journal of Agricultural Economics, 69(3): 523-531

Prabhakar M, Prasad Y G, Thirupathi M, et al. 2011. Use of ground based hyperspectral remote sensing for detection of stress in cotton caused by leafhopper(Hemiptera: Cicadellidae)[J]. Computers and Electronics in Agriculture, 79(2): 189-198

Quintano C, Fernandez-Manso A, Stein A, et al. 2011. Estimation of area burned by forest fires in Mediterranean countries:a remote sensing data mining perspective[J]. Forest Ecology and Management, 262(8): 1597-1607

Ray L A, Ellson R N. 1994. Method and apparatus for credit card verification: U.S. Patent 5, 321, 751[P]

Remmerswaal J C M. 1995. Solidarity and health insurance : Heterogeniteit in Verzekering - Liber Amicorum G.W. de Wit, 1994[J]. Insurance Mathematics & Economics, 16(2): 180

Rhee J, Im J, Carbone G J. 2010. Monitoring agricultural drought for arid and humid regions using multi-sensor remote sensing data[J]. Remote Sensing of Environment, 114(12): 2875-2887

Sakamotoa T, Gitelsonb A A, Nguy-Robertson A L, et al. 2012. An alternative method using digital cameras for continuous monitoring of crop[J]. Agricultural and Forest Meteorology, 154/155: 113-126

Serrano L, Flor C G, Gorchs G. 2012. Assessment of grape yield and composition using the reflectance based Water Index in Mediterranean rained vineyards[J]. Remote Sensing of Environment, 1(18): 249-258

Stiglitz J E. 1990. Peer monitoring and credit markets [J]. The World Bank Economic Review, 4(3): 351-366

Tang J L, He D J, Jing X, et al. 2011. Maize seedling/weed multiclass detection in visible/near infrared image based on SVM[J]. Journal Infrared Millimeter Waves, 30(2): 97-103

The United Nations Development Program. 2004. Reducing disaster risk a challenger for development[R]

Wang S S. 2004. Cat bond pricing using probability transforms[R]. Geneva: Special Issue on Insurance and the State of the Art in Cat Bond Pricing

Wang Y P, Chang K W, Chen R K, et al. 2010. Large-area rice yield forecasting using satellite imageries[J]. International Journal of Applied Earth Observation and Geo-information, 12(1):27-35

Wright B D, Hewitt J A. 1994. All-risk crop insurance: lessons from theory and experience[A]//Hueth D L, Furtan W H. Economics of Agricultural Crop Insurance: Theory and Evidence[C]. Dordrecht: Springer: 73-112

Wu B F, Li Q Z. 2012. Crop planting and type proportion method for crop acreage estimation of complex agricultural landscapes[J]. International Journal of Applied Earth Observation and Geo-information, 16: 101-112

Xie T, Zhou J Z, Song L X, et al. 2011. Dynamic evaluation and implementation of flood loss based on GIS grid data[J]. Communications in Computer and Information Science, 228: 558-565

Zeng Y, Huang J, Wu B, et al. 2008. Comparison of two canopy reflectance models inversion for mapping forest crown closure using imaging spectroscopy[J]. Canadian Journal of Remote Sensing, 34(3): 235-244

Zhang R Q, Zhu D L. 2011. Study of land cover classification based on knowledge rules using high-resolution remote sensing images[J]. Expert Systems with Applications, 38(4): 3647-3652

附　　录

表 A1　历年云南省各州市水稻种植面积情况　　单位：万亩

年份	全省	昆明	曲靖	玉溪	保山	昭通	丽江	普洱	临沧
1989	1511.58	103.63	114.23	77.52	104.47	48.46	33.10	208.33	127.97
1990	1539.22	103.05	115.35	78.27	106.55	48.60	34.18	210.82	128.84
1991	1517.21	102.63	113.53	75.31	105.84	47.58	33.65	209.19	128.57
1992	1490.03	100.32	111.19	71.00	101.61	48.73	33.23	203.97	125.73
1993	1397.05	83.37	102.67	57.72	99.78	45.82	31.28	197.77	123.58
1994	1410.47	88.94	107.19	55.40	100.83	41.70	32.30	190.68	122.31
1995	1411.44	87.05	106.23	56.21	100.20	45.59	32.41	191.48	122.04
1996	1408.74	86.86	105.35	55.78	98.67	45.52	32.67	191.34	120.48
1997	1381.74	85.23	104.87	50.78	95.02	45.33	32.53	184.53	119.38
1998	1379.45	85.03	106.20	56.07	96.56	43.40	32.72	182.17	117.88
1999	1354.50	95.99	91.98	52.89	94.44	44.50	32.72	176.11	117.83
2000	1337.85	89.18	90.63	46.26	94.85	45.37	32.75	174.06	117.62
2001	1309.40	84.96	89.16	44.39	93.15	46.02	32.47	169.52	114.76
2002	1261.92	81.83	89.72	41.07	91.41	45.04	32.14	160.31	108.32
2003	1214.18	75.84	86.49	37.30	89.37	44.44	31.13	153.86	102.75
2004	1191.76	72.06	80.00	36.52	90.71	44.80	30.87	149.61	100.70
2005	1177.13	71.62	80.91	35.92	89.91	43.53	30.15	145.49	86.46
2006	1161.86	70.57	79.42	36.97	89.61	42.32	30.50	142.96	84.94
2007	1141.72	68.85	79.55	36.97	88.32	41.36	29.96	138.85	81.67
2008	1159.86	66.56	79.93	37.40	94.05	42.35	30.41	136.77	81.07
2009	1171.18	63.94	86.37	38.65	95.12	42.07	30.08	137.41	77.67
2010	1100.72	53.20	76.66	33.31	96.16	42.03	28.77	135.30	73.48
2011	1167.90	53.70	85.50	33.90	103.65	43.80	28.50	133.80	69.45
2012	1083.30	43.65	79.05	30.90	103.20	42.75	26.10	129.90	66.75

年份	楚雄	红河	文山	西双版纳	大理	德宏	怒江	迪庆
1989	106.49	160.41	107.06	107.28	102.12	95.57	10.67	4.27
1990	113.63	161.53	108.92	108.27	111.61	94.56	10.62	4.42
1991	112.25	157.99	104.35	107.29	112.56	91.23	10.87	4.36

续表

年份	楚雄	红河	文山	西双版纳	大理	德宏	怒江	迪庆
1992	111.55	155.03	107.08	104.40	110.69	90.10	10.96	4.44
1993	98.72	143.00	99.90	99.10	109.30	89.55	11.07	4.45
1994	107.12	145.58	106.61	96.31	109.51	90.46	11.17	4.37
1995	105.99	145.05	105.50	99.93	108.45	89.73	11.16	4.42
1996	105.52	145.50	105.91	102.90	108.72	87.95	11.09	4.48
1997	103.94	143.28	103.46	103.16	108.62	86.05	11.19	4.38
1998	106.68	147.64	105.87	98.18	108.36	77.02	11.26	4.41
1999	105.84	148.44	103.52	92.80	107.01	75.03	11.06	4.33
2000	103.25	149.27	103.42	90.91	106.23	78.59	11.05	4.40
2001	99.80	147.28	104.13	88.26	105.63	74.75	10.64	4.49
2002	97.00	145.10	102.95	86.49	103.03	62.72	10.31	4.50
2003	94.23	142.57	100.69	83.60	99.22	58.29	10.05	4.37
2004	89.86	138.41	99.84	82.62	97.26	64.16	10.14	4.20
2005	87.50	137.84	98.21	82.13	98.01	75.29	9.98	4.18
2006	92.58	137.73	95.48	77.08	97.46	70.21	9.97	4.08
2007	92.89	137.05	96.87	68.36	94.69	72.38	9.94	4.03
2008	93.05	141.86	99.84	68.33	96.93	77.22	9.88	4.23
2009	93.17	141.98	101.04	66.44	98.39	84.76	9.77	4.32
2010	75.38	134.25	94.82	66.96	86.49	89.86	9.85	4.18
2011	89.55	148.80	102.30	64.20	96.45	99.30	10.50	4.50
2012	74.40	131.40	97.80	57.75	88.80	96.90	9.60	4.50

表 A2　历年云南省各州市水稻产量情况　　　　单位：万吨

年份	全省	昆明	曲靖	玉溪	保山	昭通	丽江	普洱	临沧
1987	457.96	45.40	41.57	37.99	33.19	11.63	10.46	38.86	27.07
1988	458.31	43.06	40.18	36.41	34.39	11.65	11.33	39.39	27.95
1989	467.54	43.54	42.89	38.59	36.05	13.71	11.17	39.93	28.68
1990	509.44	45.59	46.74	38.65	39.96	14.25	12.53	42.02	31.38
1991	516.87	45.63	43.32	39.17	42.13	11.82	12.77	44.94	32.34
1992	503.39	42.25	41.27	37.64	40.01	13.67	13.03	44.30	32.39
1993	479.31	39.87	41.43	31.94	35.84	12.03	11.52	44.73	30.28
1994	510.23	44.45	43.76	30.86	40.78	12.90	13.09	44.74	32.75
1995	515.77	43.57	42.09	31.80	39.08	14.90	13.00	45.23	32.36

续表

年份	全省	昆明	曲靖	玉溪	保山	昭通	丽江	普洱	临沧
1996	535.15	44.20	46.38	31.94	40.49	15.78	13.26	46.52	32.58
1997	533.77	44.16	41.51	29.52	41.52	15.93	13.20	46.73	32.75
1998	540.86	45.11	45.73	32.80	41.61	15.51	13.41	46.99	32.26
1999	534.34	48.06	40.76	30.91	40.06	15.48	13.51	46.17	32.37
2000	536.29	45.48	40.40	26.82	41.11	16.19	13.48	47.04	33.45
2001	595.87	43.77	41.45	24.82	41.54	16.08	13.48	46.69	33.42
2002	543.20	40.29	34.55	22.93	40.58	10.85	9.38	45.41	31.75
2003	635.89	38.71	39.54	20.86	40.71	15.05	11.97	44.39	30.30
2004	639.40	37.97	36.68	20.28	41.41	15.62	11.20	43.47	29.86
2005	646.34	37.50	37.72	19.65	42.20	14.71	12.70	42.05	28.00
2006	651.17	37.22	36.36	20.37	43.16	15.01	12.97	42.54	28.04
2007	589.70	36.19	36.05	19.99	42.33	14.90	12.67	41.58	26.75
2008	621.01	35.24	38.28	20.29	43.99	16.12	13.10	41.43	27.10
2009	636.23	34.37	41.11	20.81	45.30	16.62	13.02	41.64	26.59
2010	616.57	29.40	38.24	17.37	46.48	17.67	13.18	41.39	25.79
2011	509.20	27.99	38.43	17.58	51.44	18.43	12.76	41.29	24.73
2012	483.82	23.31	36.27	16.08	52.10	18.57	11.94	41.07	24.20

年份	楚雄	红河	文山	西双版纳	大理	德宏	怒江	迪庆
1987	40.63	51.50	24.48	25.08	36.88	29.52	2.77	0.92
1988	37.94	49.23	27.52	25.58	39.51	29.98	3.05	1.14
1989	32.53	55.63	28.45	26.82	33.36	31.74	3.34	1.11
1990	41.99	58.27	31.39	26.89	42.43	32.69	3.47	1.18
1991	44.05	59.36	31.47	28.13	43.73	33.22	3.60	1.18
1992	41.62	57.25	32.17	27.96	41.45	33.49	3.72	1.17
1993	39.82	53.35	31.62	26.42	43.87	31.83	3.64	1.12
1994	46.32	55.36	32.61	27.59	46.08	33.90	3.83	1.23
1995	47.30	57.76	33.96	28.72	47.39	33.58	3.80	1.26
1996	48.38	60.40	36.56	29.80	48.91	34.65	3.99	1.31
1997	49.24	61.32	38.20	30.23	49.87	34.37	3.94	1.29
1998	50.24	63.18	39.48	29.18	50.70	29.13	4.14	1.41
1999	50.22	64.14	38.12	29.01	51.52	28.48	4.15	1.39
2000	50.84	65.34	39.49	29.10	51.72	30.38	4.01	1.44
2001	49.52	63.20	40.26	28.64	52.26	28.26	3.88	1.50
2002	47.41	63.21	38.10	26.81	45.41	23.33	3.65	1.18

续表

年份	楚雄	红河	文山	西双版纳	大理	德宏	怒江	迪庆
2003	45.94	63.20	39.39	27.23	47.99	21.63	3.66	1.39
2004	45.56	61.96	39.72	28.06	47.11	21.98	3.48	1.31
2005	45.34	61.50	39.59	27.68	48.52	28.75	3.64	1.38
2006	46.10	61.38	38.92	26.66	48.77	27.46	3.62	1.42
2007	46.58	60.84	39.70	24.73	48.15	27.66	3.62	1.42
2008	47.28	62.40	41.10	24.11	50.14	29.45	3.73	1.51
2009	48.42	63.62	41.64	24.61	52.01	33.09	3.79	1.57
2010	39.02	60.40	39.57	23.92	45.56	35.62	3.94	1.57
2011	45.92	66.91	43.25	24.41	50.54	39.76	4.09	1.16
2012	39.24	60.77	42.27	24.42	48.00	40.17	3.91	1.50

公式 B　云南省各州市水稻单产分布密度函数和分布函数

西双版纳服从 Gen Extreme Value 分布：

$$f(x) = \frac{1}{0.130\,73} \exp\left\{-\left[1 - 0.287\,92 \times \left(\frac{x + 0.045\,69}{0.130\,73}\right)\right]^{\frac{1}{0.287\,92}}\right\} \times \left[1 - 0.287\,92 \times \left(\frac{x + 0.045\,691}{0.130\,73}\right)\right]^{-1 + \frac{1}{0.287\,92}}$$

$$F(x) = \exp\left\{-\left[1 - 0.287\,92 \times \left(\frac{x + 0.045\,69}{0.130\,73}\right)\right]^{\frac{1}{0.287\,92}}\right\}$$

保山服从 Gen Extreme Value 分布：

$$f(x) = \frac{1}{0.109\,72} \exp\left\{-\left[1 - 0.510\,97 \times \left(\frac{x + 0.024\,34}{0.109\,72}\right)\right]^{\frac{1}{0.510\,97}}\right\} \times \left[1 - 0.510\,97 \times \left(\frac{x + 0.024\,34}{0.109\,72}\right)\right]^{-1 + \frac{1}{0.510\,97}}$$

$$F(x) = \exp\left\{-\left[1 - 0.510\,97 \times \left(\frac{x + 0.024\,34}{0.109\,72}\right)\right]^{\frac{1}{0.510\,97}}\right\}$$

大理服从 **Gen Extreme Value** 分布:

$$f(x) = \frac{1}{0.074\,14} \exp\left\{-\left[1 - 0.975\,21 \times \left(\frac{x + 0.013\,26}{0.074\,54}\right)\right]^{\frac{1}{0.975\,21}}\right\} \times \left[1 - 0.975\,21 \times \left(\frac{x + 0.013\,26}{0.074\,54}\right)\right]^{-1 + \frac{1}{0.975\,21}}$$

$$F(x) = \exp\left\{-\left[1 - 0.975\,21 \times \left(\frac{x + 0.013\,26}{0.074\,54}\right)\right]^{\frac{1}{0.975\,21}}\right\}$$

迪庆服从 **Gen Extreme Value** 分布:

$$f(x) = \frac{1}{0.096\,85} \exp\left\{-\left[1 - 0.535\,61 \times \left(\frac{x + 0.028\,87}{0.096\,85}\right)\right]^{\frac{1}{0.535\,61}}\right\} \times \left[1 - 0.535\,61 \times \left(\frac{x + 0.028\,87}{0.096\,85}\right)\right]^{-1 + \frac{1}{0.535\,61}}$$

$$F(x) = \exp\left\{-\left[1 - 0.535\,61 \times \left(\frac{x + 0.028\,87}{0.096\,85}\right)\right]^{\frac{1}{0.535\,61}}\right\}$$

普洱服从 **Gen Extreme Value** 分布:

$$f(x) = \frac{1}{0.060\,89} \exp\left\{-\left[1 - 1.0718 \times \left(\frac{x + 0.011\,45}{0.060\,89}\right)\right]^{\frac{1}{1.0718}}\right\} \times \left[1 - 1.0718 \times \left(\frac{x + 0.011\,45}{0.060\,89}\right)\right]^{-1 + \frac{1}{1.0718}}$$

$$F(x) = \exp\left\{-\left[1 - 1.0718 \times \left(\frac{x + 0.011\,45}{0.060\,89}\right)\right]^{\frac{1}{1.0718}}\right\}$$

文山服从 **Gen Extreme Value** 分布:

$$f(x) = \frac{1}{0.067\,89} \exp\left\{-\left[1 - 1.0049 \times \left(\frac{x + 0.013\,79}{0.067\,89}\right)\right]^{\frac{1}{1.0049}}\right\} \times \left[1 - 1.0049 \times \left(\frac{x + 0.013\,79}{0.067\,89}\right)\right]^{-1 + \frac{1}{1.0049}}$$

$$F(x) = \exp\left\{-\left[1 - 1.0049 \times \left(\frac{x + 0.013\,79}{0.067\,89}\right)\right]^{\frac{1}{1.0049}}\right\}$$

红河服从 Gen Extreme Value 分布：

$$F(x)=\frac{1}{0.04348}\exp\left\{-\left[1-1.0217\times\left(\frac{x+0.01145}{0.04348}\right)\right]^{\frac{1}{0.0217}}\right\}\times\left[1-1.0217\times\left(\frac{x+0.01145}{0.04348}\right)\right]^{-1+\frac{1}{0.0217}}$$

$$F(x)=\exp\left\{-\left[1-1.0217\times\left(\frac{x+0.01145}{0.04348}\right)\right]^{\frac{1}{1.0217}}\right\}$$

临沧服从 Gen Extreme Value 分布：

$$f(x)=\frac{1}{0.05345}\exp\left\{-\left[1-0.22999\times\left(\frac{x+0.01933}{0.05345}\right)\right]^{\frac{1}{0.22999}}\right\}\times\left[1-0.22999\times\left(\frac{x+0.01933}{0.05345}\right)\right]^{-1+\frac{1}{0.22999}}$$

$$F(x)=\exp\left\{-\left[1-0.22999\times\left(\frac{x+0.01933}{0.05345}\right)\right]^{\frac{1}{0.22999}}\right\}$$

曲靖服从 Gen Extreme Value 分布：

$$f(x)=\frac{1}{0.09282}\exp\left\{-\left[1-0.40001\times\left(\frac{x+0.02616}{0.09282}\right)\right]^{\frac{1}{0.40001}}\right\}\times\left[1-0.40001\times\left(\frac{x+0.02616}{0.09282}\right)\right]^{-1+\frac{1}{0.40001}}$$

$$F(x)=\exp\left\{-\left[1-0.40001\times\left(\frac{x+0.02616}{0.09282}\right)\right]^{\frac{1}{0.40001}}\right\}$$

楚雄服从 Dagum（4P）分布：

$$f(x)=\frac{510100000\times0.17461\times\left(\frac{x+5026000}{5026000}\right)^{510100000\times0.17461-1}}{5026000\times\left[1+\left(\frac{x+5026000}{5026000}\right)^{510100000}\right]^{1.17461}}$$

$$F(x) = \left[1 + \left(\frac{x + 5\,026\,000}{5\,026\,000}\right)^{-510\,100\,000}\right]^{-0.174\,61}$$

丽江服从 Dagum（4P）分布：

$$f(x) = \frac{31\,538\,000 \times 0.226\,73 \times \left(\dfrac{x + 534\,580}{534\,580}\right)^{31\,538\,000 \times 0.226\,73 - 1}}{534\,580 \times \left[1 + \left(\dfrac{x + 534\,580}{534\,580}\right)^{31\,538\,000}\right]^{1.226\,73}}$$

$$F(x) = \left[1 + \left(\frac{x + 534\,580}{534\,580}\right)^{-31\,538\,000}\right]^{-0.226\,73}$$

昆明服从 Dagum（4P）分布：

$$f(x) = \frac{1\,085\,000 \times 0.230\,47 \times \left(\dfrac{x + 11\,161}{11\,161}\right)^{1\,085\,000 \times 0.230\,47 - 1}}{11\,161 \times \left[1 + \left(\dfrac{x + 11\,161}{11\,161}\right)^{1\,085\,000}\right]^{1.230\,47}}$$

$$F(x) = \left[1 + \left(\frac{x + 11\,161}{11\,161}\right)^{-1\,085\,000}\right]^{-0.230\,47}$$

德宏服从 Gumbel Min 分布：

$$f(x) = \frac{1}{0.0335} \exp\left[\frac{x - 0.016}{0.0335} - \exp\left(\frac{x - 0.016}{0.0335}\right)\right]$$

$$F(x) = 1 - \exp\left[-\exp\left(\frac{x - 0.016}{0.0335}\right)\right]$$

昭通服从 Gumbel Min 分布：

$$f(x) = \frac{1}{0.090\,13} \exp\left[\frac{x - 0.054\,13}{0.090\,13} - \exp\left(\frac{x - 0.054\,13}{0.090\,13}\right)\right]$$

$$F(x) = 1 - \exp\left[-\exp\left(\frac{x - 0.054\,13}{0.090\,13}\right)\right]$$

玉溪服从 Cauchy 分布：

$$f(x) = \left\{ 0.015\,29\pi \times \left[1 + \left(\frac{x + 0.0091}{0.015\,29} \right)^2 \right] \right\}^{-1}$$

$$F(x) = \frac{1}{\pi}\arctan\left(\frac{x + 0.0091}{0.015\,29} \right) + 0.5$$

怒江服从正态分布：

$$f(x) = \frac{1}{0.041\,36 \times \sqrt{2\pi}}\exp\left[-\frac{1}{2} \times \left(\frac{x + 0.002\,01}{0.041\,36} \right)^2 \right]$$

$$F(x) = \Phi\left(\frac{x + 0.002\,01}{0.041\,36} \right)$$